高职高专园林专业系列规划教材

园林植物栽培与养护

主　编　潘　利
副主编　吕晓琴　毕红艳
参　编　李利博　张　婷
　　　　赵　霞
主　审　江润清　高　卿

机 械 工 业 出 版 社

本书按照高职高专园林及相关专业的教学基本要求,采用"项目——任务——技能"的形式编写,力求继承与创新、全面与系统、实用与适用,体现职业教育教材的特点。全书设 4 个项目,分别为园林植物苗木培育技术、园林植物保护地栽培技术、园林植物栽植技术和园林植物养护管理技术,每个项目包括几个任务,全书共有 17 个任务,每个任务按照实际生产过程划分为不同的技能,每个技能均由"技能描述""技能情境""技能实施""技术提示""知识链接""学习评价"等环节组成。

本书适用于高职高专院校、应用型本科院校、成人高校及二级职业技术院校、继续教育学院和民办高校的园林及相关专业的学生,也可作为园林绿化工、育苗工、花卉工职业技能鉴定及岗位培训教材。

图书在版编目(CIP)数据

园林植物栽培与养护/潘利主编 . –北京:机械工业出版社,2015.9(2021.7 重印)
高职高专园林专业系列规划教材
ISBN 978-7-111-51361-2

Ⅰ.①园⋯ Ⅱ.①潘⋯ Ⅲ.①园林植物 – 观赏园艺 – 高等职业教育 – 教材 Ⅳ.①S688

中国版本图书馆 CIP 数据核字(2015)第 197304 号

机械工业出版社(北京市百万庄大街 22 号 邮政编码 100037)
策划编辑:时 颂 责任编辑:时 颂
责任校对:孙 丽 封面设计:张 静
责任印制:郜 敏
北京盛通商印快线网络科技有限公司印刷
2021 年 7 月第 1 版第 4 次印刷
184mm×260mm·17.25 印张·424 千字
标准书号:ISBN 978-7-111-51361-2
定价:38.00 元

凡购本书,如有缺页、倒页、脱页,由本社发行部调换
电话服务 网络服务
服务咨询热线:010-88379833 机 工 官 网:www. cmpbook. com
读者购书热线:010-88379649 机 工 官 博:weibo. com/cmp1952
教育服务网:www. cmpedu. com
封面无防伪标均为盗版 金 书 网:www. golden-book. com

高职高专园林专业系列规划教材
编审委员会名单

主 任 委 员： 李志强

副主任委员： （排名不分先后）

迟全元　夏振平　徐　琰　崔怀祖　郭宇珍
潘　利　董凤丽　郑永莉　管　虹　张百川
李艳萍　姚　岚　付　蓉　赵恒晶　李　卓
王　蕾　杨少彤　高　卿

委　　　员： （排名不分先后）

姚飞飞　武金翠　周道姗　胡青青　吴　昊
刘艳武　汤春梅　雒新艳　雍东鹤　胡　莹
孔俊杰　魏麟懿　司马金桃　张　锐　刘浩然
李加林　肇丹丹　成文竞　赵　敏　龙黎黎
李　凯　温明霞　丁旭坚　张俊丽　吕晓琴
毕红艳　彭四江　周益平　秦冬梅　邹原东
孟庆敏　周丽霞　左利娟　张荣荣　时　颂

出 版 说 明

近年来，随着我国的城市化进程和环境建设的高速发展，全国各地都出现了园林景观设计的热潮，园林学科发展速度不断加快，对园林类具备高等职业技能的人才需求也随之不断加大。为了贯彻落实国务院《关于大力推进职业教育改革与发展的决定》的精神，我们通过深入调查，组织了全国二十余所高职高专院校的一批优秀教师，编写出版了本套"高职高专园林专业系列规划教材"。

本套教材以"高等职业教育园林工程技术专业教学基本要求"为纲，编写中注重培养学生的实践能力，基础理论贯彻"实用为主、必需和够用为度"的原则，基本知识采用广而不深、点到为止的编写方法，基本技能贯穿教学的始终。在编写中，力求文字叙述简明扼要、通俗易懂。本套教材结合了专业建设、课程建设和教学改革成果，在广泛的调查和研讨的基础上进行规划和编写，在编写中紧密结合职业要求，力争能满足高职高专教学需要，并推动高职高专园林专业的教材建设。

本套教材包括园林专业的16门主干课程，编者来自全国多所在园林专业领域积极进行教育教学研究，并取得优秀成果的高等职业院校。在未来的2～3年内，我们将陆续推出工程造价、工程监理、市政工程等土建类各专业的教材及实训教材，最终出版一系列体系完整、内容优秀、特色鲜明的高职高专土建类专业教材。

本套教材适用于高职高专院校、应用型本科院校、成人高校及二级职业技术院校、继续教育学院和民办高校的园林及相关专业使用，也可作为相关从业人员的培训教材。

机械工业出版社
2015 年 5 月

丛 书 序

    为了全面贯彻国务院《关于大力推进职业教育改革与发展的决定》，认真落实教育部《关于全面提高高等职业教育教学质量的若干意见》，培养园林行业紧缺的工程管理型、技术应用型人才，依照高职高专教育土建类专业教学指导委员会规划园林类专业分指导委员会编制的园林专业的教育标准、培养方案及主干课程教学大纲，我们组织了全国多所在该专业领域积极进行教育教学改革，并取得许多优秀成果的高等职业院校的老师共同编写了这套"高职高专园林专业系列规划教材"。

    本套教材包括园林专业的《园林绘画》《园林设计初步》《园林制图（含习题集）》《园林测量》《中外园林史》《园林计算机辅助制图》《园林植物》《园林植物病虫害防治》《园林树木》《花卉识别与应用》《园林植物栽培与养护》《园林工程计价》《园林施工图设计》《园林规划设计》《园林建筑设计》《园林建筑材料与构造》等 16 个分册，较好地体现了土建类高等职业教育培养"施工型""能力型""成品型"人才的特征。本着遵循专业人才培养的总体目标和体现职业型、技术型的特色以及反映最新课程改革成果的原则，整套教材在体系的构建、内容的选择、知识的互融、彼此的衔接和应用的便捷上不但可为一线老师的教学和学生的学习提供有效的帮助，而且必定会有力推进高职高专园林专业教育教学改革的进程。

    教学改革是一项在探索中不断前进的过程，教材建设也必将随之不断革故鼎新，希望使用该系列教材的院校以及老师和同学们及时将你们的意见、要求反馈给我们，以使该系列教材不断完善，成为反映高等职业教育园林专业改革最新成果的精品系列教材。

高职高专园林专业系列规划教材编审委员会

2015 年 5 月

前　言

党的十八大做出的"生态文明"建设部署和提出的建设"美丽中国"等目标，助推了我国园林绿化事业的迅猛发展。建设生态园林，园林植物栽培与养护管理工作将愈加重要。为了适应社会、经济和市场的发展需要，针对高等职业教育人才培养目标和园林专业建设要求，机械工业出版社组织编写了本书。

本书的开发和编写，是基于工作过程，以就业为导向，以职业能力培养为本，以学习项目和任务为主线，贯穿人才培养全过程，打破学科本位思想，在课程结构设计上尽可能地适应行业需要，结合学校实际情况和学生个体需求，遵循国家职业技能鉴定标准，突出职业岗位与职业资格的相关性。从而满足社会对实用型和应用型园林技术人才的需要。

本书由湖北城市建设职业技术学院的潘利担任主编，甘肃林业职业学院的吕晓琴、北京农业职业技术学院的毕红艳担任副主编，参编人员有唐山职业技术学院的李利博、上海农业职业技术学院的张婷、湖北城市建设职业技术学院的赵霞；全书由潘利负责统稿，武汉东湖风景生态旅游风景区磨山景区的江润清和湖北城市建设职业技术学院的高卿负责审稿。本书具体章节编写分工为：潘利编写项目一，毕红艳编写项目二中的任务三、四以及项目四中的任务一、二、三，张婷编写项目二中的任务一、二，吕晓琴编写项目三，李利博编写项目四中的任务四、五、六，赵霞负责项目二和三审稿后的修编。本书的编写得到了湖北城市建设职业技术学院、北京农业职业技术学院、上海农业职业技术学院、甘肃林业职业学院、唐山职业技术学院等院校和相关企业的领导、老师的大力支持和关心，在此表示感谢。本书还引用了大量前辈学者的观点、研究成果、文字和图片，一并对他们表示衷心感谢。

由于编者水平有限，书中难免有不足之处，诚请各位专家、同行和广大读者批评指正。

编　者

目　　录

项目一 园林植物苗木培育技术

项目引言

　　园林苗木是园林绿化的基础，培育数量充足、质量好的苗木是保证园林绿化成功的关键之一。凡在苗圃中培育的活体，无论年龄大小，在出圃前都称苗木。园林植物苗木培育的任务就是要在最短的时间内，以最低的成本，培育出优质高产的苗木。本项目依据实际工作情景，设置了苗圃地建立、实生苗的培育、营养繁殖苗的培育、大苗的培育与出圃四个任务，全面系统地介绍了园林植物苗木培育技术及相关理论知识。

学习目标

　　能独立进行常见园林苗木的生产，主要包括：
　　（1）了解园林苗木生产的理论知识。
　　（2）熟知苗圃地的类型、苗木规格、播种、扦插、嫁接、压条、分生繁殖的类型。
　　（3）掌握苗圃地选择、规划、建立，实生苗与营养苗的培育，大苗的培育、苗木调查与出圃技术。

任务一 苗圃的建立

【任务分析】

能在给定的区域建立一个苗圃地。

【任务目标】

（1）了解苗圃地的类型。
（2）熟知苗圃技术档案的内容。
（3）掌握园林苗圃地的选择、规划与苗圃技术档案建立。

技能一 园林苗圃地的选择

【技能描述】

能进行苗圃地的选择。

【技能情境】

（1）场地：校园周围场地。
（2）工具：卷尺、pH 试纸、高度仪等。

【技能实施】

1. 外部环境的考察
组织学生对给定的区域进行外部环境的考察。

2. 实地勘察
对选择的地点进行实地勘察，详细记录相关数据，主要勘察以下几个方面内容。

（1）交通条件。建设园林苗圃要选择交通方便的地方，以便于苗木的出圃和育苗物资的运入。在城市附近设置苗圃，主要应考虑在运输通道上有无空中障碍或低矮涵洞，如果存在这类问题，必须另选地点。乡村苗圃（苗木基地）距离城市较远，为了方便快捷地运输苗木，应当选择在等级较高的省道或国道附近建设苗圃，过于偏僻和路况不佳的地段，不宜建设园林苗圃。

（2）地形。地势较高的开阔平坦地带，便于机械耕作和灌溉，也有利于排水防涝。坡度一般以 1°~3° 为宜，在南方多雨地区，选择 3°~5° 的缓坡地对排水有利，坡度大小可根据不同地区的具体条件和育苗要求确定。在质地较为黏重的土壤上，坡度可适当大些，在沙质土壤上，坡度可适当小些。如果坡度超过 5°，容易造成水土流失，降低土壤肥力。地势低洼、风口、寒流汇集、昼夜温差大等地形，容易产生苗木冻害、风害、日灼等灾害，严重影响苗木生产，不宜选作苗圃地。

（3）土壤。苗木生长所需的水分和养分主要来源于土壤，植物根系生长所需要的氧气和温度也来源于土壤，因此，土壤对苗木的生长，尤其是对苗木根系的生长影响很大，选择苗圃地时，必须认真考虑土壤条件。土层深厚、土壤孔隙状况良好的壤质土（尤其是沙壤土、轻壤土、中壤土）具有良好的持水保肥和透气性能，适宜苗木生长。沙质土壤肥力低，保水力差，土壤结构疏松，在夏季日光强烈时表土温度高，易灼伤幼苗，带土球移植苗木时，因土质疏松，土球易松散。黏质土壤结构紧密，透气性和排水性能较差，不利于根系生长，水分过多易板结，土壤干旱易龟裂，实施精细的育苗管理作业有一定的困难。因此，选择适宜苗木生长的土壤是建立园林苗圃，培育优良苗木必备的条件之一。

苗木生长适宜的土层厚度应在50cm以上，有机质含量应不低于2.5%。在土壤条件较差的情况下建立园林苗圃，虽然可以通过不同的土壤改良措施克服各种不利因素，但苗圃生产经营成本将会增大。

（4）水源及地下水位。培育园林苗木对水分供应条件要求较高，建立园林苗圃必须具备良好的供水条件。水源可划分为天然水源（地表水）和地下水源。将苗圃设在河流、湖泊、池塘、水库等附近，修建引水设施灌溉苗木是十分理想的选择。但应注意监测这些天然水源是否受到污染和污染的程度如何，避免水质污染对苗木生长产生不良影响。在无地表水源的地点建立园林苗圃时，可开采地下水用于苗圃灌溉。这需要了解地下水源是否充足、地下水位的深浅及地下水含盐量高低等情况。如果在地下水源情况不明时选定了苗圃地，可能会给苗圃的日后经营带来难以克服的困难。如果地下水源不足，遇到干旱季节，则会因水量不足造成苗木干旱。地下水位很深时，打井开采和提水设施的费用增高，因此会增加苗圃建设投资。地下水含盐量高时，经过一定时期的灌溉，苗圃土壤含盐量升高，土质变劣，苗木生长将受到严重影响。因此，苗圃灌溉用水的水质要求为淡水，水中含盐量一般不超过1/1000，最多不超过1.5/1000。

3. 确定苗圃地的位置、类别

根据外部环境的考察和实地勘察，综合比较，确定苗圃地的位置、类别。

【技术提示】

（1）考察时注意安全。

（2）在苗圃地确认时也要综合考虑气象条件、苗圃用地病虫害情况、周围环境、电力和人力等情况。

【知识链接】 园林苗圃类型

1. 按园林苗圃面积划分

按照园林苗圃面积的大小，可划分为大型苗圃、中型苗圃和小型苗圃。

（1）大型苗圃。大型苗圃面积在20hm²以上。生产的苗木种类齐全，拥有先进设施和大型机械设备，技术力量强，承担一定的科研和开发任务，生产技术和管理水平高，生产经营期限长。

（2）中型苗圃。中型苗圃面积为3～20hm²。生产苗木种类多，设施先进，生产技术和管理水平较高，生产经营期限长。

（3）小型苗圃。小型苗圃面积为3hm²以下。生产苗木种类较少，规格单一，经营期限不固定，往往随市场需求变化而更换生产苗木种类。

2. 按园林苗圃所在位置划分

按照园林苗圃所在位置可划分为城市苗圃和乡村苗圃。

（1）城市苗圃。城市苗圃位于市区或郊区，能够就近供应所在城市绿化用苗，运输方便，且苗木适应性强，成活率高，适宜生产珍贵的和不耐移植的苗木，以及露地花卉和节日摆放用盆花。

（2）乡村苗圃（苗木基地）。乡村苗圃（苗木基地）是随着城市土地资源紧缺和城市绿化建设迅速发展而形成的新类型，现已成为供应城市绿化建设用苗的重要来源。由于土地成本和劳动力成本低，适宜生产城市绿化用量较大的苗木，如绿篱苗木、花灌木大苗、行道树大苗等。

3. 按园林苗圃育苗种类划分

按照园林苗圃育苗种类可划分为专类苗圃和综合苗圃。

（1）专类苗圃。专类苗圃面积较小，生产苗木种类单一。有的只培育一种或少数几种要求特殊培育措施的苗木，如专门生产果树嫁接苗、月季嫁接苗；有的专门从事某一类苗木生产，如针叶树苗木、棕榈苗木；有的专门利用组织培养技术生产组培苗等。

（2）综合苗圃。综合苗圃多为大、中型苗圃，生产的苗木种类齐全，规格多样化，设施先进，生产技术和管理水平较高，经营期限长，技术力量强，往往将引种试验与开发工作纳入其生产经营范围。

4. 按园林苗圃经营期限划分

按照园林苗圃经营期限可划分为固定苗圃和临时苗圃。

（1）固定苗圃。固定苗圃规划建设使用年限通常在 10 年以上，面积较大，生产苗木种类较多，机械化程度较高，设施先进。大、中型苗圃一般都是固定苗圃。

（2）临时苗圃。临时苗圃通常是在接受大批量育苗合同订单，需要扩大育苗生产用地面积时设置的苗圃。经营期限仅限于完成合同任务，以后往往不再继续生产经营园林苗木。

【学习评价】

采用多元化的评价体系，将学生专业知识、技能操作、技能成果和个人的职业素养有效地结合在一起（表 1-1-1）。

表 1-1-1　学生考核评价表

考核项目	权重	项目指标	考核等级				考核结果			备注
			A（优）	B（良）	C（及格）	D（不及格）	学生	教师	专家	
专业知识	25%	苗圃地类型	熟知	基本掌握	部分掌握	基本不能掌握				
		苗圃地选择	熟知	基本掌握	部分掌握	基本不能掌握				
技能操作	35%	外部环境与实地考察	考察方法正确，内容合理	考察方法正确，内容不太合理	考察方法有误，内容不合理	考察方法不正确，内容不合理				
技能成果	25%	考察记录	完整，正确	不完整，正确	不完整，不误	不完整，错误				
		苗圃地选择	地点符合要求	地点符合要求	地点符合要求	地点符合要求				

（续）

考核项目	权重	项目指标	考核等级				考核结果			备注
			A（优）	B（良）	C（及格）	D（不及格）	学生	教师	专家	
职业素养	15%	态度	认真，能吃苦耐劳；不旷课，不迟到早退	较认真，能吃苦耐劳；不旷课	旷课次数≤1/3或迟到早退次数≤1/2	旷课次数>1/3或迟到早退次数>1/2				
		合作	服从管理，能与同学很好配合	能与班级、小组同学配合	只与小组同学很好配合	不能与同学很好配合				
		学习与创新	能提前预习和总结，能解决实际问题	能提前预习和总结，敢于动手	没有提前预习或总结，敢于动手	没有提前预习和总结，不能处理实际问题				

【练习设计】

一、填空

1. 按照园林苗圃面积的大小，可划分为_____、_____、_____苗圃。

2. 按照园林苗圃育苗种类可划分为_____、_____苗圃。

3. 园林苗圃应建在地势较高的开阔平坦地带，坡度一般以_____为宜。

二、选择

1. 根据多种苗木生长状况来看，适宜的土层厚度应在（　　　）cm 以上。

A. 20　　　　　　　B. 30　　　　　　　C. 50　　　　　　　D. 60

2. 某苗圃面积为 $15hm^2$，它应属于（　　　）苗圃。

A. 大型　　　　　　B. 中型　　　　　　C. 小型　　　　　　D. 微型

三、简答

怎样选择苗圃地？

技能二　园林苗圃的建立

【技能描述】

能进行苗圃地的规划。

【技能情境】

（1）场地：校园周围场地。

（2）工具：图样、笔等。

【技能实施】

1. 园林苗圃地规划设计

（1）踏勘。由设计人员会同施工人员、经营管理人员以及其他有关人员到已确定的圃地范围内进行踏勘和调查访问工作，了解圃地的现状、地权地界、历史、地势、土壤、植被、水源、交通、病虫害、草害、有害动物、周围环境以及自然村落等情况，并提出初步的规划意见。

（2）测绘地形图。地形图是进行苗圃规划设计的基本材料。进行园林苗圃规划设计时，首先需要测量并绘制苗圃的地形图。地形图比例尺为 1/500～1/2000，等高距为 20～50cm。对于苗圃规划设计直接有关的各种地形、地物都应尽量绘入图中，重点是高坡、水面、道路、建筑等。

（3）苗圃用地面积计算。园林苗圃用地一般包括生产用地和辅助用地两部分。在苗圃地里，计算确定生产用地与辅助用地的面积，划分出生产用地和辅助用地的界限。

1）生产用地面积计算。计算生产用地面积的依据有：计划培育苗木的种类、数量、规格、要求出圃年限、育苗方式、单位面积产量等。具体计算公式如下：

$$p = NA/n \times B/C$$

式中　p——某树种所需的育苗面积；

　　　N——该树种的计划年产量；

　　　A——该树种的培育年限；

　　　n——该树种的单位面积产苗量；

　　　B——该树种育苗地轮作区的区数；

　　　C——该树种每年育苗所占轮作区的区数。

由于土地比较紧张，在我国一般不采用轮作制，故 B/C 常常不计算。在实际生产中，苗木的抚育、起苗、储藏等工序中苗木都会受到一定的损失，在计算面积时要留有余地，故每年的计划产苗量应适当增加，一般增加 3%～5%。

2）辅助用地面积计算。辅助用地又称非生产用地，一般大型苗圃的辅助用地占总面积的 15%～20%，中、小型苗圃占 18%～25%。

（4）苗圃用地区域划分。

1）生产用地区区域划分。在生产用地里面，进行播种繁殖区、营养繁殖区、移植区、大苗培育区、设施育苗区、采种母树区、引种驯化区等区域的划分。

2）辅助用地区域划分。辅助用地又称非生产用地，进行苗圃的管理区建筑用地和苗圃道路、排灌系统、防护林带、晾晒场、积肥场及仓储建筑等占用土地等区域的划分，并进行排灌和道路等设计。

（5）园林苗圃设计图的绘制和设计说明书的编写。

2. 园林苗圃地施工与验收

设计图样绘制完毕后，可以采用招标施工或者自行施工的方法进行施工并验收。

【技术提示】

（1）苗圃地的选择地的资料详尽。

（2）生产用地和辅助用地的设计比例符合相对应苗圃的规模。

【知识链接】

（一）生产用地的设置

生产用地是直接用来生产苗木的地块，为了方便耕作，通常将生产用地再划分为若干个作业区。包括播种区、营养繁殖区、大苗区、母树区、试验区等，若采用轮作制，则应划分轮作区。所以，作业区可视为苗圃育苗的基本单位，一般为长方形或正方形。

1. 播种繁殖区

播种繁殖区应靠近管理区；地势较高而平坦，坡度小于 2°；接近水源，灌溉方便；土质优良，深厚肥沃；背风向阳，便于防霜冻。如是坡地，则应选择最好的坡向。

2. 营养繁殖区

为培育扦插、嫁接、压条、分株等营养繁殖苗而设置的生产区。营养繁殖的技术要求较高，并需要精细管理，一般要求选择土层深厚、灌溉方便的地段作为营养繁殖区。

3. 移植区

为培育移植苗而设置的生产区。由播种繁殖区和营养繁殖区中繁殖出来的苗木，需要进一步培养成较大的苗木时，则应移入苗木移植区进行培育。

苗木移植区要求面积较大，地块整齐，土壤条件中等。由于不同苗木种类具有不同的生态习性，对一些喜湿润土壤的苗木种类，可设在低湿的地段，而不耐水浸的苗木种类则应设在较干燥而土层深厚的地段；进行裸根移植的苗木，可选择土质疏松的地段栽植，而需要带土球移植的苗木，则不能移植在沙质地段；有些喜阴植物还可以适当遮阴。

4. 大苗培育区

大苗培育区特点是株、行距大，占地面积大，培育的苗木大，规格高，根系发达，可直接用于园林绿化建设。

大苗的抗逆性较强，对土壤要求不太严格，但以土层深厚、地下水位较低的整齐地块为宜。为便于苗木出圃，位置应选在便于运输的地段。

5. 母树区

为获得优良的种子、插条、接穗等繁殖材料而设置的生产区。母树区不需要很大的面积和整齐的地块，大多是栽植在一些零散地块，以及防护林带和沟、渠、路的旁边等处。

6. 引种驯化区（试验区）

为培育、驯化由外地引入的树种或品种而设置的生产区（试验区）。需要根据引入树种或品种对生态条件的要求，选择有一定小气候条件的地块进行适应性驯化栽培。

7. 设施育苗区

为利用温室、荫棚等设施进行育苗而设置的生产区。设施育苗区应设在管理区附近，主要要求用水、用电方便。

（二）辅助用地的设置

辅助用地包括道路、排灌系统、防风林及管理区建筑等用地。

1. 道路系统的设置

一般设有一、二、三级道路和环路。一级路（主干道）多以办公室、管理处为中心（一般在圃地的中央附近），设置一条或相互垂直的两条路为主干道，宽 6～8m，其标高应高于耕作区 20cm；二级路通常与主干道相垂直，与各耕作区相连接，一般宽 4m，其标高应高于耕作区 10cm，中、小型苗圃可不设二级路；三级路是沟通各耕作区的作业路，一般宽 1.5～2.0m；在大型苗圃中，为了运输方便，需在苗圃周围设置环圃路。

2. 排灌系统的设置

灌溉系统包括水源（地面水、地下水）、提水设备（抽水机或水泵）和引水设施（地面渠道引水和暗管引水）三部分。

（1）明渠灌溉：渠道有主渠（一级渠道）、支渠（二级渠道）和毛渠（三级渠道）。主渠直接从水源引水，是永久性的大渠道；支渠是从主渠引水灌溉苗圃某一生产区的渠道，规格比主渠小；毛渠是直接供应苗床用水的小渠，规格更小。各种渠道的具体尺寸应根据水量、灌溉面积等决定。为了提高流速，减少渗漏，一、二级渠道多在底部及两侧加设水泥板或做成水泥槽。

（2）管道灌溉：主管和支管均埋入地下，其深度以不影响机械化耕作为宜，开关设在地端使用方便。喷灌和滴灌是常用管道灌溉的方法。

（3）排水系统：排水系统由大小不同的排水沟组成，排水沟包括明沟和暗沟。排水系统的设置根据苗圃的地形、土质、水量等因素决定。一般主要排水沟和灌溉渠应各居道路一侧，形成沟、路、渠相结合。

3. 建筑管理区的设置

建筑管理区包括房屋建筑和圃内场院等部分，如仓库、办公室、宿舍、机具房、种子储藏室、晒场、堆肥配肥场等。一般设在交通方便，地势高，靠近水源、电源或不适宜育苗的地方。

4. 防护林带的设置

苗圃周围应设置防护林带，以保护苗木不受干热风及寒流的危害。防护林带的占地面积一般为苗圃总面积的 5% ~ 10%。

林带结构以乔、灌木混交半透风式为宜。一般小型苗圃与主风向垂直设一条林带，中型苗圃在四周设置林带，大型苗圃除在四周设置林带外，还应在圃内结合道路等设置与主风向垂直的辅助林带。一般主防护林带宽 8 ~ 10m，株距 1 ~ 1.5m，行距 1.5 ~ 2m；辅助防护林带一般为 1 ~ 4 行乔木。林带的树种选择应尽量选用适应性强，生长迅速，树冠高大的乡土树种。

（三）设计说明书编写

设计说明书是园林苗圃设计的文字材料，它与设计图是苗圃设计两个不可缺少的组成部分。图样上表达不出的内容，都必须在说明书中加以阐述。设计说明书一般分为总论和设计两个部分进行编写。

1. 总论

主要叙述苗圃的经营条件和自然条件，并分析其对育苗工作的有利和不利因素以及相应的改造措施。

（1）经营条件。主要包括苗圃所处位置，当地的经济、生产、劳动力情况及其对苗圃生产经营的影响；有无铁路、公路，交通线的分布及道路情况，能否满足苗木及其他物资运输的需要；电力和机械化条件；周边环境条件如附近有无河、湖、水库等可供灌溉之用等。

（2）自然条件。主要包括地形坡度、坡向；土壤种类、土层厚度、养分状况及地下水位等；土壤病虫害感染度、杂草滋生情况及该地区的气候条件；苗圃地拟种植植物种类等。

2. 设计部分

包括苗圃面积、苗圃的区划说明（耕作区大小、各育苗区配置、道路系统设计、排灌系统设计、防护林带及篱垣设计）、育苗技术设计、投资和苗木成本计算等。

【学习评价】

采用多元化的评价体系，将学生专业知识、技能操作、技能成果和个人的职业素养有效地结合在一起（表1-1-2）。

表1-1-2　学生考核评价表

考核项目	权重	项目指标	考核等级				考核结果			总评
			A（优）	B（良）	C（及格）	D（不及格）	学生	教师	专家	
专业知识	25%	苗圃用地设置	熟知	基本掌握	部分掌握	基本不能掌握				
技能操作	35%	苗圃地计算	能正确计算，合理	能正确计算，较合理	计算有误，较合理	计算错误，不合理				
		设计说明的编制	完整，正确	不完整，正确	不完整，有误	不完整，存在大量错误				
技能成果	25%	规划设计方案	合理，充分利用土地，便于生产	较合理，充分利用土地，便于生产	较合理，不能充分利用土地，便于生产	较合理，不能充分利用土地，不便于生产				
职业素养	15%	态度	认真，能吃苦耐劳；不旷课，不迟到早退	较认真，能吃苦耐劳；不旷课	一般；旷课次数≤1/3或迟到早退次数≤1/2	旷课次数＞1/3或迟到早退次数＞1/2				
		合作	服从管理，能与同学很好配合	能与班级、小组同学配合	只与小组同学很好配合	不能与同学很好配合				
		学习与创新	能提前预习和总结，能解决实际问题	能提前预习和总结，敢于动手	没有提前预习或总结，敢于动手	没有提前预习和总结，不能处理实际问题				

【练习设计】

一、名词解释

生产用地　营养繁殖区

二、填空

1. 园林苗圃用地一般包括_____和_____两部分。

2. 苗圃生产用地常划分为_____、_____、_____、_____、_____和_____等。

三、选择

1. 一般大型苗圃的辅助用地占总面积的（　　　）。

A. 18% ～25%　　　　B. 15% ～25%　　　　C. 18% ～20%　　　　D. 15% ～20%

2. 辅助用地的二级路通常与主干道相垂直，与各耕作区相连接，一般宽（　　　）m。

A. 5　　　　　　　　B. 4　　　　　　　　C. 3　　　　　　　　D. 2

四、简答

设计说明书包括哪些部分？

五、计算

某苗圃每年出圃 2 年生侧柏苗 40 000 株，用 3 区轮作（每年 1/3 土地休闲，2/3 土地育苗）单位面积产苗量为 120 000 株/hm² 。问理论上需要多少 hm² 的土地才能完成育苗任务？

技能三　园林苗圃技术档案建立

【技能描述】

能进行苗圃技术档案填写、汇总。

【技能情境】

（1）场地：苗圃地。

（2）工具：图样、采集箱、竹筐、纸张等。

【技能实施】

（1）建立与健全育苗档案及其管理制度。

（2）观察并按照要求填写技术档案。按作业小区填写技术档案，分别记载施工日期、整地方式和标准、土壤消毒、育苗树种、种子来源及处理、育苗方法、播种量、播种期、出苗日期、生长状况、间苗定株日期及流水施肥等管理措施，以及出苗量和苗木质量等情况。

（3）签字保存。填写完毕的技术档案，由业务领导或者技术人员审查签字并保存。

【技术提示】

（1）苗圃技术档案是对园林苗圃生产和经营管理的历史记载，必须长期坚持，实事求是，保证资料的连续性、完整性和准确性。

（2）应设专职和兼职档案管理人员，专门负责苗圃技术档案工作。人员应保持稳定，如有工作变动，要及时做好交接工作。

（3）每年必须对材料及时收集汇总，进行整理、装订和分析总结，为今后的苗圃生产提供依据。

【知识链接】

（一）园林苗圃技术档案的作用

园林苗圃技术档案是园林技术档案的一种，通过不间断地记录，对苗圃土地利用情况、苗木生长状况、育苗的技术措施、物资材料的消耗和各项作业的用工量等提供系统的记载，作为档案资料加以保存。将这些逐年积累的档案资料进行整理和分析，为掌握各种苗木的生长规律，制定苗木的产量和质量指标，为总结育苗技术经验，探索土地、劳力、机具和物料的合理使用并实行科学管理，提供可靠的依据。

（二）园林苗圃技术档案的主要内容

1. 苗圃基本情况档案

主要包括苗圃的位置、面积、经营条件、自然条件、地形图、土壤分布图、苗圃区划图、固定资产、仪器设备、机具、车辆、生产工具、人员及组织机构等情况。

2. 苗圃土地利用档案

以作业区为单位，主要记载各作业区的面积、苗木种类、育苗方法、整地、改良土壤、灌溉、施肥、除草、病虫害防治以及苗木生长质量等基本情况（表1-1-3）。

表1-1-3 苗圃地土地利用表

作业区号：　　　　　　　　　　　　　　　　作业区面积：

年度	树种	育苗方式	作业方式	整地方式	施肥情况	除草情况	灌溉情况	病虫害情况	苗木情况	备注

填表人：

3. 苗圃作业档案

以日为单位，主要记载每日进行的各项生产活动及劳动力、机械工具、能源、肥料、农药等的使用情况（表1-1-4）。

表1-1-4 苗圃作业日记

年　月　日

苗木名称	作业区号	育苗方法	作业方式	作业项目	人工	机工	作业量		进度			工作质量说明	备注
							单位	数量	名称	单位	数量		
总计													
记事													

填表人：

4. 育苗技术措施档案

以树种为单位，主要记载各种苗木从种子、插条等繁殖材料的处理开始，直到起苗、假植、包装、出圃等育苗操作的全过程（表1-1-5）。

表1-1-5 育苗技术措施表

苗木种类：　　　　　　　　　　　　　　　育苗年度：

育苗面积	苗龄	前茬			
繁殖方法	实生苗	种子来源	储藏方式	储藏时间	催芽方法
		播种方法	播种量	覆土厚度	覆盖物
		覆盖起止日期	出苗率	间苗时间	留苗密度
	扦插苗	插条来源	储藏方法	扦插方法	扦插密度
		成活率			
	嫁接苗	砧木名称	来源	接穗名称	来源
		嫁接日期	嫁接方法	绑缚材料	解缚日期
	移植苗	移植日期	移植苗龄	移植次数	移植株行距
		移植苗来源	移植苗成活率		

（续）

整地	耕地日期		耕地深度		作畦日期	
施肥	—	施肥日期	肥料种类	施肥量	施肥方法	
	基肥					
	追肥					
灌溉	次数		日期			
中耕	次数		日期	深度		
病虫害	—	名称	发生日期	防治日期	药剂名称	浓度	方法
	病害						
	虫害						
出圃	日期		起苗方法		储藏方法	
育苗新技术应用情况						
存在问题及改进意见						

填表人：

5. 苗圃生产调查档案

主要对各种苗木的生长发育情况进行定期观测，并用表格形式（表 1-1-6、表 1-1-7）记载各种苗木的整个生长发育过程，以便掌握其生长发育周期以及自然条件和培育管理对苗木生长发育的影响，确定合适的培育技术措施。

表 1-1-6　育苗生长发育表

育苗年度：

苗木种类		苗龄		育苗繁殖方法		移植次数	
开始出苗				大量出苗			
芽膨大				芽展开			
顶芽形成				叶变色			
开始落叶				完全落叶			
生长量							
项目	月日	月日	月日	月日	月日	月日	月日	月日	月日	月日
苗高										
地径										

育苗面积			种条来源		繁殖方法	
出圃	级别	分级标准		单产		总产
	一级	高度				
		地径				
		根系				
		冠幅				
	二级	高度				
		地径				
		根系				
		冠幅				

（续）

	级别	分级标准		单产	总产
出圃	三级	高度			
		地径			
		根系			
		冠幅			
	等外级				
	其他				
备注				合计	

填表人：

表 1-1-7　苗木生长总表（　　　）年度

树种_____，播种（扦插、嫁接、移植）期_____；播种量（kg/hm², 粒/m²）_____，种子催芽方式_____；发芽日期_____，发芽最盛期_____；耕作方式_____，土壤_____，酸碱度_____，厚度_____，坡度_____；施肥种类_____，施肥量（kg/hm²）_____，施肥时间_____

调查次序	调查日期	标准地			前次调查各点合计株数	损失株数				现存株数	生长情况									灾害发展情况摘记
		行数	标准地	合计面积		病害	虫害	田间	作业损失		苗高		苗粗			苗根		冠幅		
											较高	一般	较粗	一般	较细	根长	较窄	一般	较窄	

6. 苗木销售档案

主要记载各年度销售苗木的种类、规格、数量、价格、日期、购苗单位及用途等。

7. 其他档案

在园圃技术档案里面还有一些其他档案，比如气象观测档案和科学试验档案。气象观测档案以日为单位，主要记载苗圃所在地每日的日照长度、温度、湿度、风向、风力等气象情况（可抄录当地气象台的观测资料）。

如果苗圃地进行了苗圃试验，需建立科学试验档案。以试验项目为单位，主要记载试验的目的、试验设计、试验方法、试验结果、结果分析、年度总结以及项目完整的总结报告等。

【学习评价】

采用多元化的评价体系，将学生专业知识、技能操作、技能成果和个人的职业素养有效地结合在一起（表1-1-8）。

表 1-1-8　学生考核评价表

考核项目	权重	项目指标	考核等级				考核结果			备注
			A（优）	B（良）	C（及格）	D（不及格）	学生	教师	专家	
专业知识	25%	苗圃技术档案内容	熟知	基本掌握	部分掌握	少量或者不能掌握				
技能操作	35%	观察，记录	考察详细，记录完整	考察详细，记录完整	考察详细，记录完整	考察详细，记录完整				
技能成果	25%	技术档案	完整，正确	不完整，正确	不完整，不误	不完整，错误				
职业素养	15%	态度	认真，能吃苦耐劳；不旷课，不迟到早退	较认真，能吃苦耐劳；不旷课	旷课次数≤1/3 或迟到早退次数≤1/2	旷课次数＞1/3 或迟到早退次数＞1/2				
		合作	服从管理，能与同学很好配合	能与班级、小组同学配合	只与小组同学很好配合	不能与同学很好配合				
		学习与创新	能提前预习和总结，能解决实际问题	能提前预习和总结，敢于动手	没有提前预习或总结，敢于动手	没有提前预习和总结，不能处理实际问题				

【练习设计】

一、简答

1. 园林苗圃技术档案建立时的注意事项？

2. 园林苗圃技术档案包括哪些内容？

二、实训

建立苗圃地的技术档案。

要求：分组通过对苗圃地参观、调查的形式收集资料，整理下列内容，填写档案表格。

1. 苗圃地利用情况。

2. 技术措施执行情况。

3. 气象观测资料。

4. 苗木生长情况，填写苗木生长总表和苗木生长调查表。

5. 建立苗圃作业日记。

任务一总结

任务一详细阐述了园林苗圃地的建立，包括园林苗圃地类型、园林苗圃地选择与规划和苗圃技术档案的内容与建立。通过任务一的学习，学生可以全面系统地掌握园林苗圃地建立的知识和技能。

任务二　实生苗的培育

【任务分析】

能进行实生苗的培育。

【任务目标】

（1）了解种子休眠，幼苗年生长规律。

（2）熟知种子调制储藏方法，播种前种子处理方法。

（3）能确定采种期和播种期，掌握园林种子采集、播种和播种后管理技术。

技能一　种子采集与处理

【技能描述】

能进行种子的采集、筛选、储藏和处理。

【技能情境】

（1）场地：校园绿地和实训基地。

（2）工具：枝剪、采集箱、竹筐、淘洗箩筐等。

【技能实施】

1. 选择母树

在校园绿地中选择树龄进入稳定而正常结实的成年期植株为采种母树，根据培养目标对母树性状进行选择。如培育目标为行道树，母树应具有主干通直、树冠整齐匀称等特点；花灌木则应选冠形饱满，叶、花、果具有典型观赏特征的。

2. 采种

（1）对种实较小，已成熟尚未开裂的种子，如侧柏、桧柏等，先在树下铺好采种布，用采种钩采种，或进行手采，然后将采集的种实全部集中。对已开裂的，在铺好采种布后，可用竹竿振动果枝，然后采集。

（2）对种实大的树种，如海棠、山楂、银杏、核桃等，可用竹竿击打采种或手摘种实。

（3）对大果穗或翅果树种，如臭椿、元宝枫、国槐等，可用高枝剪、采种钩将果穗剪下。

（4）对树体不高的灌木类，如紫薇，可用枝剪将种子剪下或手采。

3. 种实调制

种实调制是指种实采集后，为了获得纯净而优质的种实并使其达到适宜储藏或播种的程度所进行的一系列处理措施。多数情况下，采集的种实若含有鳞片、果荚、果皮、果肉、果翅、果柄、枝叶等杂物时，必须经过及时晾晒、脱粒、清除夹杂物、去翅、净种、分级、干燥等处理工序，才能得到纯净的种实。

对于不同类别以及不同特性的种实，具体地调制要采取相应的调制工序。

（1）脱粒和干燥。

1）干果类。干果类种实调制工序主要是使果实干燥，清除果皮、果翅、各种碎屑、泥土和夹杂物，取得纯净的种实，然后晾晒，使种实达到储藏所要求的干燥程度。

① 蒴果类：杨、柳等树种含水量高，采集后晾晒几小时，放入室内通风凉爽处阴干，并注意经常翻动，以防止发热。蒴果开裂后，敲打脱粒。丁香、连翘、泡桐、香椿等果实可直接晾晒，果皮开裂后，敲打脱粒。

② 荚果类：含水量较低，如刺槐、合欢、紫荆等的果实，采集后可直接晾晒，待荚果开裂，敲打脱粒，去除杂物，获得纯净种实。

③ 翅果类：槭树、白蜡、臭椿、榆树等的果实，干燥后去除杂物即可，不必脱去果翅。

④ 坚果类：含水量较高，采后通过水选或手选，除去虫蛀种实，放置通风处阴干，注意经常翻动，以防止发热。种实含水量降低到一定程度后，进行储藏。

2）肉质果类。肉质果的果肉含有较多的果胶和糖类，水分含量也高，采集后需要及时调制。调制工序主要为软化果肉、揉碎果肉，水淘洗出种子，然后干燥和净种。通常，从肉质果实中取出的种子含水率高，不宜在阳光下暴晒，应放在通风良好的地方摊放阴干，达到安全含水量时进行储藏。

3）球果类。

①自然干燥脱粒：将球果放在阳光下暴晒，待球果鳞片裂开后，用棒敲打，然后将杂物和种子分开。

②人工干燥脱粒：在球果干燥室进行，人工控制温度和通风条件，促进球果干燥，使种子脱出。

4. 净种与分级

（1）净种。净种就是除去种子中的夹杂物质等。通过净种可提高种子的净度，根据种实大小、夹杂物大小及密度的不同，可采用风选、水选等不同方式进行。

（2）分级。种粒分级是将某一园林植物的一批种子按种粒大小进行分类。种粒大小在一定程度上反映了种子品质的优劣。通常大粒种子的营养物质含量高、活力高、发芽率高、幼苗生长好。因此分级也是体现种子品质优劣的必要环节。分级工作通常与净种工作同时进行，也可采用风选、筛选及粒选法进行。可利用风力进行风选分级，也可利用筛孔大小不同的筛子进行筛选分级，还可借助种子分级器进行种粒分级。种子分级器的设计原理是，种粒通过分级器时，密度小的种粒被气流吹向上层，密度大的种粒留在底层，受震动后，即可分离出不同密度的种子。

5. 种子储藏

（1）干藏法。干藏法适合储藏含水量低的种子，大多数乔、灌木及草花种子均可用此法。种子应充分干燥，然后装入种子袋或桶中，放置在阴凉、通风干燥的室内。密封干藏法将干燥种子放置于密闭器中，在容器中加入适量干燥剂并定期检查，更换干燥剂。密封干燥法可有效延长种子寿命。

（2）湿藏法。湿藏法适用于含水量高的种子，多限于越冬储藏，并往往和催芽结合。常用的方法为层积储藏，也称层积催芽。一般是将种子与相当于种子容量 2～3 倍的湿沙或其他基质混拌，埋于排水良好的地下或堆放于室内，保持一定湿度。这类方法可有效地保持种子生活力，并具有催芽作用，提高种子的出芽率和发芽的整齐度。

【技术提示】

（1）选择母树是壮龄阶段的。

（2）种子必须是成熟的。

（3）采集后的种子必须及时处理。

（4）湿藏法进行种子储藏时要定期观察，以防止湿度偏大引起种子发霉。

【知识链接】

（一）园林植物的生长发育

1. 园林植物的生命周期

园林植物在个体发育中，一般要经历种子休眠和萌发、营养生长及生殖生长三个阶段（无性繁殖的种类可以不经过种子时期）。每个阶段对外界环境条件要求不同，栽培养护管理技术也不一样。但各类植物的生长发育阶段之间没有明显的界线，是渐进的过程，各个阶段的长短受植物本身系统发育特征及环境的影响。因此要根据不同阶段采取不同的栽培养护管理技术，也可以通过合理的栽培养护技术，在一定的程度上加速或延缓某一阶段的到来。

园林植物的种类很多，不同种类园林植物生命周期长短相差甚大，下面分别就木本植物和草本植物播种苗（实生苗）进行介绍。树木生长发育阶段划分如图 1-2-1 所示。

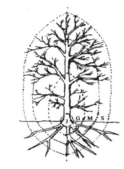

图 1-2-1　树木生长发育阶段划分
J—幼年阶段　　G—生长阶段
M—成熟阶段　　S—开始衰老阶段

（1）木本植物。木本植物在个体发育的生命周期中，实生树种从种子的形成、萌发到生长、开花、结实、衰老等，其形态特征与生理特征变化明显。从园林树木栽培养护的实际需要出发，将其整个生命周期划分为以下几个年龄时期。

1）种子期（胚胎期）。植物自卵细胞受精形成合子开始，至种子萌发为止。胚胎期主要是促进种子的形成、安全储藏和在适宜的环境条件下播种并使其顺利发芽。胚胎期的长短因植物而异，有些植物种子成熟后，只要有适宜的条件就发芽；有些植物的种子成熟后，给予适宜的条件不能立即发芽，而必须经过一段时间的休眠后才能发芽。

2）幼年期。从种子萌发到植株第一次开花为止。幼年期是植物地上、地下部分进行旺盛的离心生长时期。植株在高度、冠幅、根系长度、根幅等方面生长很快，体内逐渐积累起大量的营养物质，为营养生长转向生殖生长做好了形态上和内部物质上的准备。

幼年期的长短，因园林树木种类、品种类型、环境条件及栽培技术而异。

这一时期的栽培措施是加强土壤管理，充分供应水肥，促进营养器官健康而均衡地生长，轻修剪多留枝，使其根深叶茂，形成良好的树体结构，制造和积累大量的营养物质，为早见成效打下良好的基础。对于观花、观果树木则应促进其生殖生长，在定植初期的 1～2 年中，当新梢长至一定长度后，可喷洒适当的抑制剂，促进花芽的形成，达到缩短幼年期的目的。

目前园林绿化中，常用多年生的大规格苗木，所以幼年期多在园林苗圃中度过，要注意应根据不同的绿化目的培养树形。

3）青年期。从植株第一次开花时始到大量开花时止。其特点是树冠和根系加速扩大，是离心生长最快的时期，能接近或达到最大营养面积。植株能年年开花和结实，但数量较少，质量不高。这一时期的栽培措施：应给予良好的环境条件，加强肥水管理。对于以观花、观果为目的的树木，轻剪和重肥是主要措施，目标是使树冠尽快达到预定的最大营养面积；同时，要缓和树势，促进树体生长和花芽形成，如生长过旺，可少施氮肥，多施磷肥和钾肥，必要时可使用适量的化学抑制剂。

4）壮年期。从树木开始大量开花结实时始到结实量大幅下降，树冠外延小枝出现干枯时止。其特点是花芽发育完全，开花结果部位扩大，数量增多；叶片、芽和花等的形态都表现出定型的特征；骨干枝离心生长停止，树冠达最大限度以后，由于末端小枝的衰亡或回缩修剪而又趋于缩小；根系末端的须根也有死亡的现象，树冠的内膛开始发生少量生长旺盛的更新枝条。

这一时期的栽培措施应加强水、肥的管理；早施基肥，分期追肥；要细致地进行更新修剪，使其继续旺盛生长，避免早衰；同时切断部分骨干根，促进根系更新。

青年期与壮年期都是植物的成熟期，植株从第一次开花时始到树木衰老时期止。

5）衰老期。以骨干枝、骨干根逐步衰亡，生长显著减弱到植株死亡为止。其特点是骨干枝、骨干根大量死亡，营养枝和结果母枝越来越少，枝条纤细且生长量很小，树体平衡遭到严重破坏，树冠更新复壮能力很弱，抗逆性显著降低，木质腐朽，树皮剥落，树体衰老，逐渐死亡。

这一时期的栽培技术措施应视目的的不同而不同。对于一般花灌木来说，可以萌芽更新，或砍伐重新栽植；而对于古树名木来说则应采取各种复壮措施，尽可能延续生命周期，只有在无可挽救、失去任何价值时才予以伐除。

对于无性繁殖树木的生命周期，除没有种子期外，也可能没有幼年期或幼年阶段相对较短。因此，无性繁殖树木生命周期中的年龄时期，可以划分为幼年期、成熟期和衰老期三个时期。各个年龄时期的特点及其管理措施与实生树相应的时期基本相同。

（2）草本植物。

1）多年生草本植物。多年生草本植物的生命周期与木本植物相似。但因其寿命仅10年左右，故各个生长发育阶段与木本植物相比相对短些。

2）一、二年生草本植物。一、二年生草本植物生命周期很短，仅1~2年的寿命，但其一生也必须经过种子期、幼苗期、青年期、壮年期和衰老期。各个生长发育期比较短，一生只开一次花。

幼苗期一般2~4个月。二年生草本花卉多数需要通过冬季低温，翌春才能进入开花期。一、二年生草本花卉在地上、地下部分有限的营养生长期内应精心管理，使植株能尽快达到一定的株高和株形，为开花打下基础。

青年期、壮年期是观赏盛期，自然花期约1~2个月。为了延长其观赏盛期，除进行水、肥管理外，应对枝条进行摘心或扭梢，使其萌发更多的侧枝并开花。

2. 园林植物的年生长周期

植物的年生长周期是指植物在一年之中随着环境，特别是气候（如水、热状况等）的季节性变化，在形态和生理上与之相适应的生长和发育的规律性变化。

植物有规律地年复一年地生长（重演），构成了植物一生的生长发育。植物有节律的与季节性气候变化相适应的树木器官动态时期，称为生物气候学时期，即植物在一年中随着气候变化各生长发育阶段开始和结束的具体时期，简称物候期。而发生相应的形态有规律性变化（萌芽、抽枝、展叶、开花、结实及落叶、休眠等）的现象，称为物候现象。年周期是生命周期的组成部分，物候期则是年周期的组成部分。研究植物的年生长发育规律对于不同季节的栽培管理具有十分重要的意义。

（1）木本园林植物的生长周期。树木都具有随外界环境条件的季节变化而发生与之相适应的形态和生理功能变化的能力。不同树种或品种对环境反应不同，因而在物候进程上也会有很大的差异。差异最大的是落叶树种和常绿树种两类。

温带地区的气候在一年中有明显的四季。作为落叶树种与气候相对应的物候季相变化尤为明显。落叶树在一年中可明显地分为生长和休眠两大物候。从春季开始进入萌芽生长后，在整个生长期中都处于生长阶段，表现为营养生长和生殖生长两个方面。到了冬季为适应低温等不利的环境条件，树木处于休眠状态，为休眠期。在生长期与休眠期之间又各有一个过渡期，即从生长转入休眠的落叶期和由休眠转入生长的萌芽期。常绿树的年生长周期不如落叶树那样在外观上有明显的生长和休眠现象，因为常绿树终年有绿叶存在。但常绿树种并非不落叶，而是叶寿命较长，多在一年以上至多年，每年仅脱落一部分老叶，同时又能增生新叶，因此，从整体上看全树终年连续有绿叶。以温带地区落叶植物为例，乔木植物的生长周期主要分为以下几个时期。

1）萌芽期。萌芽物候期从芽萌动膨大开始，经芽的开放到叶展出为止，是休眠转入生长的过渡阶段。对一个植株来说，以芽的萌动作为植物由休眠期转入生长期的形态标志。

树木由休眠转入生长要求一定的温度、水分和营养条件。树木萌芽主要决定于温度，土壤过于干旱，树木萌动推迟，空气干燥有利于芽萌发。当温度和水分适合时，经过一定时间，树体开始生长。首先是树液流动，根系加大活动，经一定积温后，芽开始膨大、生长。

这一阶段，新叶形成，根系、枝梢加长生长，应加强松土、除草、施肥。但树木抗寒能力较低，加遇突然降温，萌动的芽会发生冻害，在北方特别容易受到晚霜的危害。可通过早春灌水、萌动前涂白、施用维生素和青鲜素（MH）等生长调节剂，延缓芽的开放；或在晚霜发生之前，对已开花展叶的树木根外喷洒磷酸二氢钾等，提高花、叶的细胞液浓度，增强抗寒能力。

2）生长期。在萌动之后，幼叶初展至叶柄形成离层、开始脱落为生长期。这一时期在一年中占有的时间较长，也是树木的物候变化最大、最多的时期，反映物候变化的连续性和顺序性，同时也显示各树种的遗传特性。树木在外形上发生极显著的变化。其中成年树的生长期表现为营养生长和生殖生长两个方面，每个生长期都经历萌芽、抽枝展叶、芽的分化与形成和开花结果等过程。

树木由于遗传性和生态适应性的不同，生长期的长短、各器官生长发育的顺序、各物候期开始的迟早和持续时间的长短也会不同，即使是同一树种各个器官生长发育的顺序也有不同。生长期是落叶树的光合生产时期，也是其生态效益与观赏功能发挥最好的时期。这一时期的长短和光合效率的高低，对树木的生长发育和功能效益都有极大的影响。人们只有根据树木生长期中各个物候期的特点进行栽培，才能取得预期的效果。如在树木萌发前通过松土、施肥、灌水等措施，提高土壤肥力，使其形成较多的吸收根，促进枝叶生长和开花结果；在枝梢旺盛生长时，对幼树新梢摘心，可增加分枝次数，提前达到整形要求；在枝梢生长趋于停滞时，根部施肥应以磷肥为主，叶面喷肥则有利于促进花芽分化。

3）落叶期。落叶期从叶柄开始形成离层至叶片落尽或完全失绿为止。枝条成熟后的正常落叶是生长期结束并将进入休眠的形态标志，说明树木已做好了越冬的准备。秋季日照变短，气温降低是导致树木落叶进入休眠的主要因素。

温度下降是通过影响光合作用、蒸腾作用、呼吸作用等生理活动以及生长素和抑制剂的合成而影响叶片衰老和植物衰老的。光是生物合成的重要能源，它可影响植物的多种生理活动，包括生长素和抑制剂（如脱落酸）的合成而改变落叶期。如果用增加光照时间来延长正常日照的长度，即可推迟树木的落叶期；当接受的光照短于正常日照时，树木的落叶期提前。

4）休眠期。休眠期是从秋季叶落尽或完全变色至树液流动，芽开始膨大为止的时期。树木休眠是在进化中为适应不良环境，如低温、高温、干旱等所表现出来的一种特性。正常的休眠有冬季、旱季和夏季休眠。树木夏季休眠一般只是某些器官的活动被迫休止，而不是表现为落叶。温带、亚热带的落叶树休眠，主要是对冬季低温所形成的适应性。休眠期是相对生长期而言的一个概念，从树体外部观察，休眠期落叶树地上部的叶片脱落，枝条变色成熟，冬芽成熟，没有任何生长发育的表现，而地下部的根系在适宜的情况下可能有微小的生长，因此休眠是生长发育暂时停顿的状态。

（2）草本园林植物的年周期。园林植物与其他植物一样，在年周期中表现最明显的有两个阶段，即生长期和休眠期。但是，由于草本园林植物的种类和品种繁多，原产地立地条件也极为复杂，年周期的变化也不一样，尤其是休眠期的类型和特点多种多样：一年生植物由于春天萌芽后，当年开花结实，而后死亡，仅有生长期的各时期变化而无休眠期，因此，年周期就是生命周期；二年生植物秋播后，以幼苗状态越冬休眠或半休眠；多数宿根花卉和球根花卉则在开花结实后，地上部分枯死，地下储藏器官形成后进入休眠状态越冬（如萱草、芍药、鸢尾，以及春植球根类的唐菖蒲、大丽花等）或越夏（如秋植球根类的水仙、郁金香、风信子等，它们在越夏时进行花芽分化）；部分多年生常绿草本园林植物，在适宜的环境条件下，周年生长保持常绿状态而无休眠期，如万年青、书带草和麦冬等。

3. 园林植物生长发育的相关性

园林植物是统一的有机体，在其生长发育的过程中各器官和组织的形成及生长表现为相互促进或相互抑制的现象即园林植物生长发育表现为整体性，也可称为相关性。

（1）地上部分和地下部分的相关性。园林植物地上部分和地下部分的生长有明显的相关性，即一般情况植物根系发达则树冠高大而植物根系少则树冠也小。植物的这种相关性，是由于它们之间有营养物质及微量生理活性物质供需上的相互依存。根供给叶片水分和无机盐，而叶片将光合产物输送给根。另外，根系生长所需要的维生素、生长素是靠地上部合成后运输供应的，而叶片生长所需的细胞分裂素等物质，是在根内合成后运输供应的。地上部分和地下部分的相对生长强度通常用根冠比来表示，即根系的干物质总重与全株枝、叶的干物质总重的比值。外界条件对根冠比的影响较大。一般在土壤比较干旱、氮肥少、光照强的条件下，根系的生长量大于地上枝叶的生长量，根冠比大；反之在土坡湿润、氮肥多、光照弱、温度高的条件下，地上枝叶生长迅速，则根冠比小。合适的根冠比对植物长期生长是有利的，在栽培中通常利用修剪技术进行根冠比的调节。

（2）极性与顶端优势。极性是指植物体或其离体部分的两端具有不同的生理特性，如新芽在形态学上端长出，而根部从形态学下端长出。极性现象的产生是因为植物体内生长素的向下极性运输。生长素的向下极性运输使茎的下端集中了足够浓度的生长素，有利于根的形成。生长素浓度低的形态学上端则长出芽来。因此栽培过程中要合理利用植物的极性，如在扦插过程中，应避免倒插，以便发生的新根能顺利进入土中；在修剪中对于顶端优势强的树种除去顶芽，促进侧芽的生长。

（3）营养生长和生殖生长的相关性。旺盛的营养生长是得到良好的生殖器官（花和果）的基础。二者的生长是协调的，但有时会产生因养分的争夺造成生长和生殖的矛盾。一般情况下当植株进入生殖生长占优势时期，植物的养分便集中供应生殖生长。在栽培过程中，如果肥、水供应不足，则会导致枝、叶生长不良，而使开花结实量少或不良，或是引起树势衰退，造成植株过早进入生殖（开花和结果）阶段；在营养生长阶段水分和氮肥供应过多，会造成枝叶生长过于旺盛引起徒长现象，导致花芽分化不良、开花迟、落花落果或果实不能充分发育。栽培上利用控制水、肥、合理修剪、抹芽或疏花及疏果等措施来调节营养体生长和生殖器官发育的矛盾。

（二）种子成熟

种子成熟，是卵细胞受精以后种子发育过程的终结。从种子发育的内部生理特征和外部形态特征看，种子的成熟一般包括生理成熟和形态成熟。

1. 生理成熟

当种子发育到一定程度时，体积不再有明显的增加，营养物质的积累日益增多，水分含量逐渐变少，整个种子内部发生一系列的生理生化变化。当种胚发育完全，种实具有发芽能力时称为生理成熟。生理成熟的种子的特点是：含水量较高，营养物质处于易溶状态，种子不饱满，种皮还不够致密，尚未完全具备保护功能的特性，不耐储藏。因而此时不宜采集种子。但对于一些休眠期很长且不易打破其休眠的植物种子，如椴树、水曲柳等的种子，可采集生理成熟的种子后立即播种，以缩短休眠期，提高发芽率。

2. 形态成熟

种子的外部形态呈现出成熟特征时称为形态成熟。

多数园林植物的种子达到生理成熟后，隔一定时间才能达到形态成熟，这样的种子不耐储藏而且成苗率低。但有些植物的种子，其形态成熟与生理成熟几乎同时完成，如杨、柳等的种子。银杏、冬青和水曲柳等的种子，形态成熟时种胚还有待继续发育，它们需要经过一段时间的适当条件储藏后，种胚才能逐渐发育成熟，才能具有正常的发芽能力，这种现象称为生理后熟。

总的来看，种子成熟应该包括形态上的成熟和生理上的成熟两个方面的条件，只具备其中一个方面的条件时，不能称其为真正成熟的种子。

（三）采种期的确定

适宜的种实采集期应该综合考虑种实的成熟期、脱落方式、脱落时期、天气情况和土壤等因素，一般园林植物种子多在形态成熟期时采集，为了避免种子散落或被鸟兽盗食，生产上常以一部分种子进入形态成熟作为采种信号，这时的成熟状况称为收获成熟。

1. 种子成熟度

鉴别种子的成熟程度是确定种实采集时期的基础。依据种子成熟度适时采收种子，获得的种实质量高，有利于种实储藏、种子发芽及其幼苗生长。可用解剖、化学分析等方法判断种子成熟与否，但生产上一般根据物候观察经验和形态成熟的外部特征来判断种子成熟程度。绝大多数园林植物的种子成熟时，其种实的形态、色泽和气味等常常呈现出明显的特征。

（1）颜色变化。多数种实成熟后，颜色由浅变深，种皮坚韧，种粒饱满坚硬。

肉质果类成熟时，果实变软，颜色由绿变红、黄、紫等色，有光泽。如蔷薇、冬青、枸骨、火棘、南天竹、珊瑚树等。

干果类成熟时，果皮变为褐色，并干燥开裂，如刺槐、合欢、皂荚、油茶、海桐、卫矛等。

球果类成熟时，果鳞干燥硬化变色。如油松、马尾松、侧柏等变成黄褐色。

（2）果皮变化。种实成熟过程中，果皮也有明显的变化。干果类及球果类在成熟时由于果皮水分蒸发而发生木质化，故变得致密坚硬。肉质果类在成熟时果皮含水量增高，果皮变软且肉质化。在多数情况下，成熟种子的种皮色深且具有较明显的光泽；未成熟种子则色浅而缺少光泽。

（3）味道变化。种子成熟时，多数树种的种实涩味消失，酸味减少，果实变甜。

2. 种实脱落方式

种实成熟后，还需根据种实脱落方式和脱落时间的不同调整采种期。

（1）种实悬挂在树上，较长时间不脱落，如樟子松、马尾松、杉木、侧柏、悬铃木、刺槐、槐、臭椿、水曲柳、白蜡、女贞、槭树、梓树、楠木等。

（2）成熟后随风飞散的，如杨树、柳树、泡桐、榆、桦等。

（3）七叶树、胡桃、板栗、楝等树种种子粒大，成熟后即落在地面上。

总之，形态成熟后，果实开裂快的，应在未开裂前进行采种，如杨、柳等；形态成熟后，果实虽不马上开裂，但种粒小，一经脱落则不易采集的，也应在脱落前采集，如杉木；形态成熟后挂在树上长期不开裂，不会散落者，可以适当延迟采种期，但也不宜久留母株上，以免招引鸟类啄食或感染病虫害，如槐、女贞、樟、楠等；成熟后立即脱落的大粒种子，可在脱落后立即从地面上收集，如壳斗科植物的种子。

【学习评价】

采用多元化的评价体系，将学生专业知识、技能操作、技能成果和个人的职业素养有效地结合在一起（表1-2-1）。

表1-2-1　学生考核评价表

考核项目	权重	项目指标	考核等级				考核结果			总评
			A（优）	B（良）	C（及格）	D（不及格）	学生	教师	专家	
专业知识	25%	种子成熟	熟知	基本掌握	部分掌握	少量或者不能掌握				

（续）

考核项目	权重	项目指标	考核等级				考核结果			总评
			A（优）	B（良）	C（及格）	D（不及格）	学生	教师	专家	
技能操作	45%	采种	采种期适宜方式正确	采种期有误方式正确	采种期有误方式有误	采种期有误方式错误				
		调制	方法正确	方法基本正确	方法有误	方法错误				
		储藏	完整，正确	不完整，正确	不完整，有误	不完整，存在大量错误				
技能成果	15%	采种数量	符合要求	1/3 符合要求	1/2 符合要求	1/2 以下符合要求				
职业素养	15%	态度	认真，能吃苦耐劳；不旷课，不迟到早退	较认真，能吃苦耐劳；不旷课	旷课次数≤1/3或迟到早退次数≤1/2	旷课次数>1/3或迟到早退次数>1/2				
		合作	服从管理，能与同学很好配合	能与班级、小组同学配合	只与小组同学很好配合	不能与同学很好配合				
		学习与创新	能提前预习和总结，能解决实际问题	能提前预习和总结，敢于动手	没有提前预习或总结，敢于动手	没有提前预习和总结，不能处理实际问题				

【练习设计】

一、名词解释

形态成熟　生理成熟

二、填空

1. 种子成熟包括_____和_____两个过程。

2. 种实调制的一般过程为_____、_____、_____、_____。

3. 种子精选常用的方法有_____、_____、_____、_____。

三、简答

1. 如何选择采种母树？

2. 常用的种实采集方法有哪些？

技能二　播种前种子处理

【技能描述】

能进行种子播种前处理。

【技能情境】

（1）场地：校园绿地和实训基地。

（2）工具：枝剪、竹筐、淘洗箩筐等。

【技能实施】

1. 种子筛选

播种前，对夹杂物必须清除（如混沙储藏的种子，须将沙粒完全筛去）。精选的方法一般是水选、风选、筛选。大粒种子可进行粒选，按种粒大小加以分级，以便分别播种，这样不仅发芽整齐，而且苗木生长整齐。

2. 种子消毒

在播种前应将种子进行消毒，消毒可杀死种子本身携带的病菌和保护种子在土壤中免遭病虫危害，是育苗工作中的一项重要的技术措施。消毒常用的药剂及方法有下列几种：

（1）福尔马林（甲醛）溶液。在播种前 1～2d，将种子放入 0.15% 的福尔马林溶液中，浸 15～30min，取出后密闭 2h，用清水冲洗后阴干再播种。

（2）硫酸铜和高锰酸钾。用硫酸铜溶液进行消毒时以 0.3%～1% 的溶液浸种 4～6h 即可。若用高锰酸钾消毒，用其含量（质量分数）为 0.5% 的溶液浸种 2h，或用含量 3% 的溶液浸种 30min。胚根已突破种皮的种子，禁止用高锰酸钾消毒，以免种子受毒害，影响发芽、出苗。

（3）敌克松。用种子质量 0.2%～0.5% 的药粉再加上药量 10～15 倍的细土配成药土，然后用药土拌种。

（4）石灰水。用 1%～2% 的石灰水浸种 24h 左右，对落叶松等种子有较好的灭菌作用。利用石灰水进行浸种消毒时，种子要浸没 10～15cm 深，种子倒入后，应充分搅拌，然后静置浸种，使石灰水表层形成并保持一层碳酸钙膜，提高隔绝空气的效率，达到杀菌目的。

3. 种子催芽

对于某些园林植物的种子，尤其是 F_2 代的种子，可以直接进行播种。但大多数的园林植物，尤其是树木类的种子必须采取一定的方式对其进行催芽，提高种子的发芽率。

播种前除了种子准备外，还应进行土壤消毒，各种工具、用品、机械的调试维修，人员培训及计划安排等工作，使播种工作有条不紊地进行。

【技术提示】

（1）种子消毒的药剂、浓度和时间一定要严格控制。

（2）种子催芽，特别是低温层积催芽，当种子露出胚根时要及时进行播种。

【知识链接】

（一）种子休眠

种子休眠是指有生命的种子，由于外界条件或自身的原因，一时不能发芽或发芽困难的自然现象。它是植物在长期适应严酷环境的过程中形成的一种特性，它对物种的长期生存和繁衍是有利的。按种子休眠程度的不同可分为被迫休眠和自然休眠两种情况。

1. 被迫休眠

种子缺乏适宜的发芽条件而被迫不发芽的现象。一旦种子发芽的环境条件得到满足，就能很快发芽。它也被称为强迫性休眠或浅休眠、短期休眠。如榆、桦、杨、落叶松、侧柏、栓皮栎等的种子就属于这种休眠。

2. 自然休眠

由于种子自身的某些特性而引起的休眠，这类种子即使给予其发芽所需要的水分、温度、氧气等条件，也不能发芽或发芽十分困难。它也被称为生理性休眠或深休眠、长期休眠。如银杏、山楂、对节白蜡、圆柏、冬青等的种子就属于这种休眠。

3. 种子自然休眠的原因

（1）种皮（果皮）的障碍。这主要是由种皮构造所引起的透性不良和机械阻力的影响。有些种子由于种皮致密其通气性或透水性差，导致种子的有氧代谢或吸水困难，阻碍种子的萌发，如皂荚、苹果、葡萄等的种子；有些种子的种皮坚硬不易开裂，种胚难以突破种皮，因而发芽困难，如核桃、杏、三叶草等的种子。

（2）抑制物质的影响。有些种子不能萌发是由于其种子或果实内含有萌发抑制剂。抑制剂的种类很多，主要包括激素（如脱落酸）、氰化氢、生物碱、香豆素、酚类、醛类等。如女贞、红松、水曲柳、山杏等的种子。

（3）种胚发育不全而引起的休眠。一般生理后熟的种子，虽然其外部形态已表现为成熟状态，但胚尚未分化完全，仍需从胚乳中吸收养料，继续分化发育，直至完全成熟才能发芽。如白蜡树、山楂、七叶树、冬青、香榧等的种子。必须指出，各种园林植物种子的休眠，有些是一种原因引起的，有些是多种原因引起的，如圆柏、红松的种子种皮坚硬，不透气、不透水，又含有单宁物质，同时，胚及胚乳内还含有抑制剂。

（二）常见种子催芽方法

催芽就是用人为的方法打破种子的休眠。催芽可提高种子的发芽率，减少播种量，节约种子；还可以使出苗整齐，便于管理。催芽的方法需根据种子的特性及具体条件来确定。

1. 低温层积催芽

种子与其体积 2～3 倍的湿润基质混合起来或分层堆放，在 0～10℃ 的低温下，打破休眠促进种子萌发。这种方法能有效打破因含萌发抑制物质造成的休眠，对被迫休眠和生理休眠的种子也适用。在层积过程中注意观察，当有 40%～50% 种子开始"咧嘴"时即可播种。

（1）基本要求。

地点：露天埋藏、室内堆藏、窖藏，或在冷库、冰箱中进行。

基质：可用沙子、泥炭、蛭石、碎水苔等，湿润程度以手捏成团，又不出水为度。还可以加入杀菌剂以保护种子。

容器：室外挖坑，箱子、瓦罐、玻璃瓶（有带孔的盖）或其他容器，能提供氧气、防止干燥、不被鼠咬即可。

（2）方法。低温层积催芽多数在室外进行，具体方法如下：

挖坑：一般选择地势干燥排水良好的地方，坑的宽度以 1m 为宜。长度随种子的多少而定，深度一般应在地下水位以上、冻层以下，由于各地的气候条件不同，可根据当地的实际情况而定。

种子处理：干种子要浸种、消毒，如果是干种子应先水浸 12～24h。

层积：坑底铺一些鹅卵石或碎石，在卵石或者碎石上铺 10cm 的湿河沙，坑底也可不铺卵石或者碎石，直接铺 10～20cm 的湿河沙，在坑中央直通到种子底层放一小捆秸秆或下部带通气孔的竹制或木制通气管，以流通空气。然后将种子与沙按 1:3～5 的比例混合放入坑内，或者一层种子，一层沙子放入坑内（注意沙子的含水量为 70%～80%），每层厚度 5cm，当沙与种子的混合物放至距地面 10～20cm 左右时为止。

最后用土培成屋脊形，坑的两侧各挖一条排水沟（图 1-2-2）。

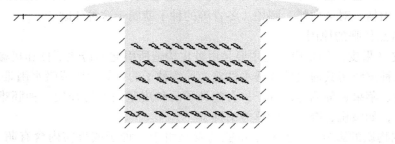

图 1-2-2　室外层积

2. 水浸催芽

有冷水浸种、温水浸种和热水浸种三种。多数园林植物种子用水浸泡后会吸水膨胀，种皮变软，打破休眠，提早发芽，缩短发芽时间。在较高温的水中还可杀死种子的部分病原菌。

浸种的水温和时间因树种而异。一般用冷水浸种的是种皮薄的种子，如杨、柳、泡桐、榆等小粒种子；宜用温水浸种的是种皮比较坚硬、致密的种子，如马尾松、侧柏、紫穗槐等树种的种子；采用热水浸种的是种皮特别坚硬、致密的种子，如合欢、相思树、对节白蜡等树种的种子。

浸种时，首先应根据种子特点确定水温，然后将 5～10 倍于种子体积的温水或热水倒在盛种容器中，不断搅拌，使种子均匀受热，自然冷却。浸种过程中，一般 12～24h 换水一次。坚实种子可如此反复几次直至种皮吸胀。

部分园林植物种子浸种后可直接播种，但还有一些种子浸种后需要继续放在温暖处催芽。方法是：捞出水浸后的种子，放在无釉泥盆中，用湿润的纱布覆盖，放置温暖处继续催芽，注意每天淋水或淘洗 2～3 次；或将浸种后的种子与 3 倍于种子的湿沙混合，覆盖保湿，置温暖处催芽。这两种方法催芽时应注意温度（25℃）、湿度和通气状况。当 1/3 种子"咧嘴露白"时即可播种。

3. 药剂催芽

有些树木的种子外表有蜡质、种皮致密和坚硬，有的酸性或碱性大。为了消除种子发芽的不利因素，必须采用化学的方法，以促使种子吸水萌动。例如，用草木灰或小苏打水溶液洗漆树、马尾松等种子，对催芽有一定的效果；对刺槐、栾树、梧桐、厚朴等硬实种子，可用 60% 的浓硫酸（过稀的硫酸易浸入种子内部，破坏发芽）浸种；用赤霉素发酵液（稀释 5 倍）处理，浸种 24h，对臭椿、白蜡、刺槐、乌桕、大叶桉等种子都有较显著的效果；对种皮具有蜡质的种子如乌桕，可用 1% 的碱溶液或洗衣粉溶液或草木灰溶液浸种除去蜡质。

除了上述药剂，还可用微量元素如硼、锰、铜等浸种以提高种子的发芽势和苗木的质量。但是利用植物激素浸种时，一定要掌握适宜的浓度和浸种时间，浓度过低，效果不明显，浓度过高对种子发芽有抑制作用。

4. 机械损伤催芽

通过机械擦伤种皮，增强种皮的透性，促进种子吸水萌发。在砂纸上磨种子，用锉刀锉种子，用铁锤砸种子，或用老虎钳夹开种皮都是适用于少量的大粒种子的简单方法。小粒种子可用 3～4 倍的沙子混合后轻捣轻碾。进行破皮时不应使种子受到损伤。

机械损伤催芽方法主要用于种皮厚而坚硬的种子，如山楂、紫穗槐、油橄榄、厚朴、铅笔柏、银杏、美人蕉、荷花等。

【学习评价】

采用多元化的评价体系，将学生专业知识、技能操作、技能成果和个人的职业素养有效地结合在一起（表1-2-2）。

表1-2-2　学生考核评价表

考核项目	权重	项目指标	考核等级				考核结果			总评
			A（优）	B（良）	C（及格）	D（不及格）	学生	教师	专家	
专业知识	25%	种子休眠与催芽	熟知	基本掌握	部分掌握	少量或者不能掌握				
技能操作	45%	筛选	方法正确，操作规范	方法正确，操作有误	方法有误，操作有误	方法有误，操作错误				
		消毒	消毒剂浓度合适，时间和方法正确	消毒剂浓度合适，时间和方法有一个错误	消毒剂浓度不合适，时间或方法错误	消毒剂浓度不合适，时间和方法错误				
		催芽	方法正确，操作规范，后期管理合理	方法正确，操作不规范，后期管理合理	方法正确，操作不规范，后期管理较合理	方法错误，操作不规范，后期管理较合理				
技能成果	15%	种子处理效果	优	良	一般	差				
职业素养	15%	态度	认真，能吃苦耐劳；不旷课，不迟到早退	较认真，能吃苦耐劳；不旷课	旷课次数≤1/3或迟到早退次数≤1/2	旷课次数＞1/3或迟到早退次数＞1/2				
		合作	服从管理，能与同学很好配合	能与班级、小组同学配合	只与小组同学很好配合	不能与同学很好配合				
		学习与创新	能提前预习和总结，能解决实际问题	能提前预习和总结，敢于动手	没有提前预习或总结，敢于动手	没有提前预习和总结，不能处理实际问题				

【练习设计】

一、名词解释
自然休眠　被迫休眠

二、简答

1. 常用的种子消毒方法？
2. 影响种子休眠的原因？

三、实训

低温层积催芽

要求：分组采集种子，进行室内低温层积催芽。

技能三　播种

【技能描述】

能进行田间苗床播种技术。

【技能情境】

（1）场地：苗圃地等。
（2）工具：锄头、水桶、喷水壶等。
（3）材料：种子、杀虫剂、杀菌剂。

【技能实施】

1. 整地做床

（1）整地。播种前的整地是指在做床或做垄之前进行播种地的整平碎土和保墒等工作。深翻熟土，可以改善土壤结构和理化性状，增加土壤孔隙度，提高土壤保水力、保肥力、透水性和透气性。同时，增加土壤微生物分解难溶性有机物的能力，引导根系向土壤深处扩展。

（2）作床。苗床是在经过整地后的圃地上修做而成。做床时间应与播种时间密切配合，一般在播种前 5～6d 内完成。常见的苗床有高床和低床两种（图 1-2-3）。

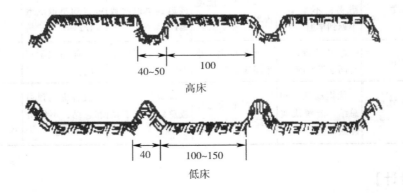

图 1-2-3　高床与低床

1）高床。床面高于地面，两床之间设人行步道。床面高，排水良好，地温高，通气，肥土层厚，苗木发育良好，便于灌溉，床面不致发生板结。

　　2）低床。床面低于步道，做床比高床省工，灌溉省水，保墒性较好，适宜于北方降雨量较少或较干旱的地区应用。

　　2. 土壤消毒

　　土壤消毒可控制土传病害、消灭土壤有害生物，为园林植物种子和幼苗创造有利的生存环境。可以选择从下面几种常用的方法中选择一种方法或者几种方法结合进行土壤消毒。

　　（1）暴晒消毒。在播种之前将土壤翻耕，均匀平铺，在阳光下暴晒几天。

　　（2）烧土法。即在柴草方便之处，在圃地堆放柴草焚烧，使土壤耕作层提高温度，达到灭菌的目的。这种方法不但能灭菌，而且有提高土壤肥力的作用。适用于小面积苗圃。

　　（3）熏蒸法。将甲醛、溴甲烷、氯化苦等有熏蒸作用的药剂加入到土壤里，上面覆盖薄膜，密闭熏蒸。几天后打开，让剩余的药剂挥发。

　　（4）拌土法。具体的方法是在播种前将适量的辛硫磷、百菌清等杀菌药剂和土壤搅拌均匀。

　　3. 播种

　　（1）开沟。播种开沟宽度一般2～5cm，如采用宽幅条播，可依其具体要求来确定播种沟的宽度。开沟深浅要一致，沟底要平，沟的深度要根据种粒大小来确定，粒大的种子要深一些，粒小的如杨、柳等种子可不开沟。

　　（2）播种。大型的种子可采用点播，对于中型的种子可以条播，小型种子混沙后直接撒播。

　　（3）覆土。覆土是播种后用床土、细沙或腐殖质土等覆盖种子，避免播种沟内的土壤和种子干燥而影响发芽。一般覆土厚度为种子直径的1～3倍，但小粒种子以不见种子为度。覆土要均匀一致，否则会影响幼苗出土的整齐度，影响苗木产量和质量。

　　4. 镇压与覆盖

　　（1）镇压。播种覆土后应及时镇压，将床面压实，使种子与土壤紧密结合，便于种子从土壤中吸收水分而发芽。对疏松干燥的土壤进行镇压更为重要，若土壤为黏重或潮湿，不宜镇压。在播种小粒种子时，有时可先将床面镇压一下再播种、覆土。一般用平板压紧，也可用木质滚筒滚压。

　　（2）覆盖。镇压后，用草帘、薄膜等覆盖在床面上，以提高地温，保持土壤水分，促使种子发芽。覆盖要注意厚度，使土面似见非见即可，并在幼苗大部分出土后及时分批撤除。一些幼苗，撤除覆盖后应及时遮阳。

　　5. 浇水

　　播种后立即浇一次透水，以后保持苗床湿润。

【技术提示】

　　（1）采用药剂对土壤进行消毒处理时，需等药剂散发后才能进行播种。

　　（2）条播与撒播要注意播种均匀度的控制。

　　（3）播种后的覆土和覆盖要根据种子的大小和特性决定。

【知识链接】

（一）育苗方式

1. 苗床育苗

苗床育苗在园林苗圃的生产上应用很广。有些树种生长缓慢，需细心管理，特别是小粒种子或珍贵树种的种子，量很少，必须非常精心地管理。

2. 大田育苗

大田育苗又称农田式育苗。其作业方式与农作物相似，不做苗床，直接将种子播于圃地。

3. 容器育苗

利用各种容器装入培养基质进行育苗的方式，是现代苗圃中育苗的重要方式之一。

（二）播种期的选择

我国南北气候差异甚大，树种多样，播种期的选择要根据当地的土壤、气候条件和种子的特性来确定。我国大部分地区多在春秋季育苗，在南方温暖地区多数种类以秋播为主；在北方冬季寒冷，多数种类以春播为主。但如果在控温温室内进行播种及栽植，可全年进行播种生产；如果进行促成或抑制栽培，其播种时期会有很大差别。根据播种季节，可将播种时期分为春播、秋播、夏播和冬播。

1. 春播

春播适合于绝大多数的园林植物。春播播种时间较短，应在幼苗出土后不受晚霜危害的前提下，越早越好。一般当土壤5cm深处的地温稳定在10℃左右时即可播种，如果采用塑料薄膜育苗和施用土壤增温剂等方法，可以将春播提早至土壤解冻后立即进行。对晚霜敏感的树种应适当晚播。

2. 夏播

夏播主要适合于春、夏成熟而又不宜储藏的种子或生命力较差而不耐储藏的种子。一般随采随播，如杨、柳、榆、桑等的种子。夏播宜早不宜迟，以保证苗木在越冬前能充分木质化。夏播应于雨后或灌溉后播种，并采取遮阳等降温保湿措施，以保持幼苗出土前后其土壤的湿润度。

3. 秋播

秋播适合于种皮坚硬的大粒种子和休眠期长、发芽困难的种子。

秋播要以种子当年不发芽为前提，以防萌发的幼苗越冬遭受冻害，一般宜在土壤冻结前晚播。秋播后，种子可在自然条件下完成催芽过程，翌春发芽早，出苗整齐，苗木发育期延长，苗木的规格高。但秋播后播种地的管理时间长，种子本身可能遭受各种自然灾害。

4. 冬播

冬播是秋播的延续和春播的提前。在冬季气候温暖湿润、土壤不冻结、雨量较充沛的南方，可使用冬播。

值得一提的是，我国各地气温不一样，播种的具体时间应因地制宜。另外，温室花卉的播种，受季节影响较小，因此播种期常随预计花期而定。

（三）播种方法

园林植物生产中常见的播种方法有撒播、条播、点播三种，在蕨类植物播种繁殖中还用到双盆法进行生产。

1. 撒播

撒播即将种子均匀地撒于苗床上。根据植物的不同特性及当地的具体条件，撒播后可覆土或不覆土。其特点是：产苗量高，但种子不易分布均匀；覆土深浅不一，后期不便中耕除草，不便于抚育管理；由于苗木密度大，光照不足，通风不良，苗木生长细弱，抗性差，易感染病虫害。适用于草坪种子和小粒树木种子，如杨树、梧桐、悬铃木等。

2. 条播

条播即将种子成行地播入土层中。特点是播种深度较一致，种子在行内的分布较均匀，便于进行行间中耕除草、施肥等管理措施和机械操作，因而是目前广泛应用的一种方式。按行距及播幅的不同，条播分为宽行条播和窄行条播等。

3. 点播

点播又称穴播，即在播行上每隔一定距离开穴播种。点播能保证株距和密度，有利于节省种子，便于间苗、中耕，如果采用精量播种机播种，可按一定的距离和深度，精确地在每穴播下1粒或者2粒种子，还可结合播种撒入除草剂和农药。点播多用于大粒种子，如银杏、油桐、核桃、板栗等的播种。在现代花卉生产中常用穴盘进行点播，能大大节约种子，并且有利于花卉后期的管理。

（四）苗木密度与播种量计算

1. 苗木密度

苗木密度是指单位面积（或单位长度）上苗木的数量。要实现苗木的优质高产，必须在保证每株苗木生长发育健壮的基础上获得单位面积（或单位长度）上最大限度的产苗量。这就必须有合理的苗木密度。

当苗木密度过大时，营养面积不足，通风不良，光照不足，光合作用的产物减少，必然使苗木质量下降。在这种条件下培育的苗木高径比值大，苗木细弱，叶量少，顶芽不健壮，根系不发达，干物质少。

当苗木密度过小时，不能保证单位面积上的产苗量，苗冠横向发展，降低苗木质量，苗间空地过大，土地利用率低，易滋生杂草，同时增加了土壤中水分、养分的损耗。

合理的密度可以克服由于过密或过稀所出现的缺点，从而达到苗木的优质高产。

2. 播种量计算

播种量是单位面积（或单位长度）上播种种子的重量。适当的播种量对苗木的产量和质量很重要。播种量计算公式如下：

$$X = C \times \frac{A \times W}{P \times G \times 1000^2}$$

式中　X——单位面积实际所需的播种量（kg）；

　　　A——产苗量（单位面积或长度）；

　　　W——千粒重（g）；

　　　P——净度（小数）；

　　　G——发芽势（小数）；

　　　C——损耗系数。

【学习评价】

采用多元化的评价体系，将学生专业知识、技能操作、技能成果和个人的职业素养有效地结合在一起（表1-2-3）。

表1-2-3　学生考核评价表

考核项目	权重	项目指标	考核等级				考核结果			备注
			A（优）	B（良）	C（及格）	D（不及格）	学生	教师	专家	
专业知识	30%	播种季节	熟知	基本掌握	部分掌握	基本不能掌握				
		播种方法	熟知	基本掌握	部分掌握	基本不能掌握				
技能操作	55%	整地	方法正确，符合要求	方法正确，符合基本要求	方法有误，符合基本要求	方法错误，不符合要求				
		消毒	消毒剂浓度合适，时间和方法正确	消毒剂浓度合适，时间或方法错误	消毒剂浓度不合适，时间或方法错误	消毒剂浓度不合适，时间和方法错误				
		播种	方法正确，操作规范	方法正确，操作不规范	方法有误，操作不规范	方法错误，操作不规范				
职业素养	15%	态度	认真，能吃苦耐劳；不旷课，不迟到早退	较认真，能吃苦耐劳；不旷课	旷课次数≤1/3或迟到早退次数≤1/2	旷课次数＞1/3或迟到早退次数＞1/2				
		合作	服从管理，能与同学很好配合	能与班级、小组同学配合	只与小组同学很好配合	不能与同学很好配合				
		学习与创新	能提前预习和总结，能解决实际问题	能提前预习和总结，敢于动手	没有提前预习或总结，敢于动手	没有提前预习和总结，不能处理实际问题				

【练习设计】

一、判断正误（认为正确的请在括号内打"√"，错误的打"×"，并改正）

1. 种子的播种时期按季节划分为春播、随采随播、秋播。（　　）

2. 露地播种春播的时期为三月下旬—四月上旬。（　　）

3. 为减轻各种危害，秋播应掌握"宁晚勿早"的原则。（　　）

4. 常用的播种方法有条播和点播。（　　）

5. 人工播种包括播种、覆土、镇压三个过程。（　　）

6. 覆土厚度约为种子直径的2倍。（　　）

二、计算

生产一年生油松播种苗 $1hm^2$，$1m^2$ 计划产苗500株，种子纯度95%，发芽率90%，千粒重37g，需购买多少kg种子？（C 值为2）

三、实训

穴盘苗的播种

1. 内容：分组按照下列步骤进行穴盘播种。

育苗土的配制：按照 50% 园土（或塘泥）、25% 草木灰（或椰糠、泥炭）、25% 腐熟鸡类（或其他腐熟有机肥）的比例、加 150g/m² 多菌灵混拌土壤进行培养土的配制。

培养土的装盘：在培养穴盘里直接装入培养土。

种子消毒：自采种子进行消毒，购买的种子可以不进行消毒。

播种：点播。

覆土：播后及时覆土，覆土厚度为种子直径的 2 ~ 4 倍。

浇水：浇水浇透，浇水量至少达到使 10 ~ 15cm 深的土壤湿润。

覆盖：应用塑料薄膜或玻璃覆盖育苗盘或育苗箱，以保温保湿。当膜水滴过多取下覆膜，去掉水珠，直到出苗撤膜。

2. 作业：完成实训报告。

技能四　播种后苗期管理

【技能描述】

能进行播种后的苗期管理，保证成活。

【技能情境】

（1）场地：苗床等。

（2）工具：条剪、枝剪、天平、量筒、喷水壶、塑料薄膜、盆、皮尺、钢卷尺及竹棒等。

（3）材料：已经播种的圃地。

【技能实施】

（1）分配任务，建立播种后苗期管理制度。

（2）定期观察，并根据苗木的需求采取相应的管理措施。根据苗木的生长情况和外界环境因素，有针对性地对苗木进行间苗、补苗、移栽及水、肥等管理，并随时进行记载。

（3）汇总记载结果，并写出总结。

【技术提示】

（1）在出苗期，每天进行观察，并进行水、肥管理。

（2）在进行观察记载的时候，必须对天气情况、苗木生长情况和采取的管理措施等方面进行详细的记载。

（3）在苗木生长异常时，能根据记载结果和自己的专业知识分析出原因，并采取积极的补救措施。

【知识链接】

（一）播种苗的生长规律

林木个体的一生始于受精卵细胞的分裂和分化，逐步形成一个具有种皮、子叶、胚轴、幼芽、幼根等幼小器官的生命体——种子。人们常看到的种子发芽，并不是林木个体生命周期的开始，而是生命活动暂停（休眠）后的重新开始。播种育苗就是从打破种子休眠开始到苗木出圃为止的一项苗木繁育生产活动。它区别于以营养器官为材料而成苗的一点就是它以种子为繁育材料，因此也称为实生苗。从种子播种到苗木出圃，不同树种其生长发育特点与出圃时间各不相同。为了便于生产上的管理，常规上将苗木分为四个不同阶段：出苗期、幼苗期、速生期和硬化期。

1. 出苗期

出苗期是指幼苗刚出土的时期。从播种到幼苗地上部出现真叶，地下部出现侧根为止。出苗期的幼苗有子叶无真叶，不能制造营养物质；有主根无侧根，地下部分生长迅速。因此管理的技术要点是：

（1）保持土壤的湿润，可采用喷雾浇水。

（2）及时遮阴：刚出土的幼苗纤细脆嫩，无论南方北方，适当的遮阴都是必要的，但遮阴的程度应有所不同。通常针叶树宜重遮阴，阔叶树或阳性树种宜轻度遮阴。

出苗期尽量做到早、多、齐：所谓"早"就是要使播种后的种子早萌发出土，减少病虫危害；"多"则是要做到每亩有足够的苗量；"齐"指的是出土整齐，防止苗木质量不一。

2. 幼苗期

幼苗期是从幼苗地上部出现真叶、地下部出现侧根开始，到幼苗的高生长量开始大幅度上升时为止。该期真叶出现，可自行制造营养物质，高生长较慢；侧根开始长出，地下生长较地上生长快一些。因此管理的技术要点是：

（1）保苗。促进根系向下生长，适度扣水，为进入速生期打好基础。

（2）补苗和间苗。生长快的树种和幼苗过密时，应做好间苗；对于比较稀疏的及时补苗。

（3）注意防治病虫害。可采用每周喷一次广谱性的杀虫或者杀菌剂进行预防，防止猝倒病等的发生。

（4）小苗幼嫩，对高温、低温、缺水、土中缺氮、磷元素等不良的外部环境都会做出明显反应。

3. 速生期

速生期从苗木的高生长量开始大幅度上升时开始，到高生长量开始大幅度下降时为止。这一时期，是苗木生长最旺盛的时期，高生长与直径生长都显著加快，根系生长量显著增大。此期苗木的高生长与直径生长根系生长高峰是交错进行的，即高生长速度高峰期，正是根系和直径生长的缓慢期；而高生长速度缓慢期，正是根系和直径生长的高峰期。因此管理的技术要点是：

（1）因生长量显著加快，需要给土壤供足水分及肥料，并创造充足的光照条件。

（2）所有间苗、定苗工作必须在苗木速生期到来之前搞完。

（3）加强病虫害防治，后期适时停止施用氮肥及减少灌水。

4. 硬化期

从苗木高生长量大幅度下降时开始，到苗木根系生长结束时为止。

此期植物高生长量急剧下降直至停止，继而出现冬芽，北方大部分落叶树苗木开始落叶，进入休眠状态；体内含水率降低，营养物质由可溶状态转入不溶的储藏状态，抵御干旱和低温的抗性增强。因此管理的技术要点是：

（1）关键是促进苗木木质化，防止徒长，提高苗木抗御低温及干旱的能力。

（2）减少氮肥及水分供应。

（3）通过截根控制水分吸收，并可多增生一些吸收根。

（二）播种后的苗期管理的主要措施

1. 浇水

在苗木出苗期及时浇水，保持土壤湿润。出苗后按照"见干见湿"的原则进行。

2. 遮阴

在出苗期和幼苗期适度遮阴，遮阴可使苗木不受阳光直接照射，可降低地表温度，防止幼苗遭受日灼危害，保持适宜的土壤温度，减少土壤和幼苗的水分蒸发，同时起到了降温保墒的作用。在后期需要撤去遮阴。

3. 间苗和补苗

间苗是为了调整幼苗的疏密度，为保证幼苗有足够的生长空间和营养面积而及时疏苗的工作。主要疏除有病虫害的、发育不正常的、弱小的劣苗，对于过密苗可以疏除或者移栽到稀疏的地方。补苗工作是补救缺苗的一项措施。从过密苗处挖取苗木，栽植到附近缺苗处。补苗可结合间苗同时进行，最好选择阴雨天或下午4时以后进行，以减少强光的照射，防止萎蔫。必要时，在补苗后进行一定的遮阴，可提高成活率。

间苗次数应依苗木的生长速度确定，一般间苗1~2次为好。间苗的时间宜早不宜迟。间苗后应及时浇水，以防在间苗过程中被松动的小苗干死。露地播种的花卉一般间苗两次。第一次在幼苗出齐后，每墩留苗2~3株，按一定的株行距将多余的拔除；第二次间苗也称为定苗，在幼苗长到3~4片真叶时进行，除准备成丛栽植的草花外，一般均留一株壮苗，间下的花苗可以补栽缺株，对一些耐移植的花卉，还可以栽植到其他的苗圃。

露地播种的树木苗木第一次间苗在苗高5cm时进行，一般把受病虫危害的、受机械损伤的、生长不正常的、密集在一起影响生长的幼苗去掉一部分，使苗间保持一定距离。第二次间苗与第一次间苗相隔10~20d，第二次间苗即为定苗。间苗的多少应按单位面积产苗量的指标进行留苗，其留数可比计划产苗量增加5%~15%，作为损耗系数，以保证产苗计划的完成，但留苗数不宜过多，以免降低苗木质量。间苗后要立即浇水。

4. 截根和移栽

截根主要是截苗木的主根，控制主根的生长，促进苗木的侧根、须根生长，加速苗木的生长。截根措施适用于主根发达，侧根发育不良的树种，如核桃、梧桐、樟树等。一般在幼苗长出4~5片真叶，苗木根系尚未木质化时，用锐利的铁铲等工具将主根截断。

对珍贵或小粒种子的树种，结合间苗进行幼苗移栽，待幼苗长出2~3片真叶后，再按一定的株行距进行移植。

5. 施肥

苗期的施肥主要是指追肥，可采用喷雾或者结合浇水的方式进行。肥料使用的种类以氮肥和复合肥料为主。

6. 病虫害防治

要注意观察，发病后及时治疗。

7. 中耕除草

中耕即为松土，作用在于疏松地表土层，减少水分蒸发，增加土壤保水蓄水能力，促进土壤空气流通，加速微生物的活动和根系的生长发育。中耕除草，在苗木抚育工作中占有相当重要的地位，它可以减少土壤中水分、养分的消耗，减免病虫害的感染，加速苗木生长，提高苗木质量。

【学习评价】

采用多元化的评价体系，将学生专业知识、技能操作、技能成果和个人的职业素养有效地结合在一起（表1-2-4）。

表1-2-4　学生考核评价表

考核项目	权重	项目指标	考核等级				考核结果			总评
			A（优）	B（良）	C（及格）	D（不及格）	学生	教师	专家	
专业知识	15%	播种苗的生长规律	熟知	基本掌握	部分掌握	少量或者不能掌握				
技能操作	35%	苗期管理	管理措施及时，恰当	管理措施不及时，恰当	管理措施不及时，有误	管理措施不及时，错误				
技能成果	35%	发芽率	草本植物90%以上；木本植物80%	草本植物80%~90%；木本植物70%~80%	草本植物65%~80%；木本植物60%~70%	草本植物65%以下；木本植物60%以下				
		整齐度	出苗期1周内	出苗期1~2周	出苗期2~3周	出苗期3周以后				
		苗期成活率与生长势	草本植物90%以上；木本植物80%。优	草本植物80%~90%；木本植物70%~80%	草本植物65%~80%；木本植物60%~70%	草本植物65%以下；木本植物60%以下。差				
		苗期管理记录	完整，正确	完整，有误	较完整，有误	无记录				
职业素养	15%	态度	认真，能吃苦耐劳；不旷课，不迟到早退	较认真，能吃苦耐劳；不旷课	旷课次数≤1/3或迟到早退次数≤1/2	旷课次数>1/3或迟到早退次数>1/2				
		合作	服从管理，能与同学很好配合	能与班级、小组同学配合	只与小组同学很好配合	不能与同学很好配合				
		学习与创新	能提前预习和总结，能解决实际问题	能提前预习和总结，敢于动手	没有提前预习或总结，敢于动手	没有提前预习和总结，不能处理实际问题				

【练习设计】

一、名词解释

间苗　截根

二、简答

播种苗的第一个年生长周期可分为哪四个时期？各时期苗木生长特点和育苗技术要点是什么？

任务二总结

任务二详细阐述了播种苗培育过程，包括园林种子采集与处理、播种前种子处理及播种和播种后管理技术。通过任务二的学习，学生可以全面系统地掌握播种苗培育的知识和技能。

任务三　营养繁殖苗的培育

【任务分析】

能进行营养繁殖苗的培育。

【任务目标】

（1）了解扦插、嫁接、压条、分生生根原理。

（2）熟知扦插、嫁接、压条、分生的类型与方法。

（3）掌握扦插、嫁接、压条、分生育苗技术。

技能一　扦插

【技能描述】

能进行扦插苗的培育。

【技能情境】

（1）场地：扦插床、温室等。

（2）工具：条剪、枝剪、天平、量筒、喷水壶、塑料薄膜、盆、皮尺、钢卷尺、竹棒。

（3）材料：各种植物材料；ABT 生根粉等。

【技能实施】 茎插

1. 采插穗

选择生长健壮、品种优良的幼龄母树，取组织充分木质化的 1～2 年生枝条作插穗，落叶树种在秋季后到翌春发芽前剪枝；常绿树插条应于春季萌芽前采条，随采随插。

2. 插穗剪制

将粗壮、充实、芽饱满的枝条剪成 15~20cm 的插条，每个插条上带 2~3 个发育充实的芽，上切口距顶芽 0.5~1cm，下切口靠近下芽，上切口平剪，下切口斜剪（图 1-3-1、图 1-3-2）。

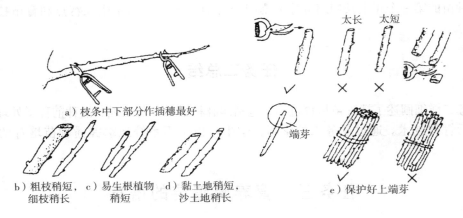

a）枝条中下部分作插穗最好

b）粗枝稍短，　c）易生根植物　d）黏土地稍短，　　　e）保护好上端芽
　　细枝稍长　　　　　稍短　　　　沙土地稍长

图 1-3-1　接穗剪制示意图

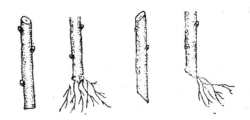

图 1-3-2　剪口形状与生根示意图

3. 扦插床的整理

在已做的插床上进一步平整、松土或者填入合适的土壤，使用杀虫剂、多菌灵等进行土壤消毒。土壤要求透水、透气。

4. 插穗的处理

将切制好的插穗 50 根或 100 根捆一捆（注意上、下切口方向一致），竖立放入配制好的生根剂中，浸泡深度约 2~3cm，浸泡时间长短根据生根剂的浓度和植物种类来确定。

5. 扦插

（1）扦插方法：直接插入法，插穗与地面垂直；或者稍倾斜插入基质中。

（2）深度：插穗入土深度为插穗长度的 2/3，地面至少留 1~2 个芽。

（3）插穗入土后应充分与土壤接触，避免悬空。

（4）株行距：根据生根成活的情况确定合理的密度，一般株距 10cm，行距 20~25cm。

6. 扦插后管理工作

（1）扦插后立即浇一次透水，以后保持插床浸润。

（2）遮阴：为了防止插条因光照增温，苗木失水，插后 4~5 个月应搭荫棚遮阴降温。

（3）抹芽：扦插成活后，当新苗长至 15~30cm，应保留一个健壮的直立芽，其余除去。

（4）施肥：适当施入少量的速效性化学肥料。

（5）移栽：扦插成活的苗木经过一段时间的生长，应移栽到苗圃地里面，进行常规的养护管理。

【技术提示】

（1）防止倒插。

（2）保持上芽基部与地面平行。

（3）插后立即灌水。

（4）插穗与土壤密接。

（5）粗细不同应分级扦插，以达到生长整齐，减少分化的目的。

（6）插后要经常保持土壤湿润。

（7）常绿树应搭棚遮阴。

（8）阔叶树应注意除阴抹芽。

【知识链接】

扦插是以植物营养器官的一部分如根、茎（枝）、叶等，在一定的条件下插入土、沙或其他基质中，利用植物的再生能力，经过人工培育使之发育成一个完整新植株的繁殖方法。经过剪截用于直接扦插的部分称为插穗，用扦插繁殖所得的苗木称为扦插苗。

扦插繁殖方法简单，材料充足，可进行大量育苗和多季育苗，已经成为树木，特别是不结实或结实稀少名贵园林树种的主要繁殖手段之一。扦插育苗和其他营养繁殖方法一样具有成苗快、阶段发育老和保持母本优良性状的特点。但是，因插条脱离母体，必须给予适合的温度、湿度等环境条件才能成活，对一些要求较高的树种，还需采用必要的措施如遮阴、喷雾、搭塑料棚等措施才能成功。因此扦插繁殖要求管理精细，比较费工。

（一）插穗生根的原理

插穗在扦插前本身还没有形成根原始体，其形成不定根的过程和木质化程度较高的插穗有所不同。插穗种类不同，成活的原理也不同。由于枝插应用最广泛，我们就重点介绍枝插生根的原理。当嫩枝被剪取后，剪口处的细胞破裂，流出的细胞液与空气氧化，在伤口外形成一层很薄的保护膜，再由保护膜内新生细胞形成愈伤组织，并进一步分化形成输导组织和形成层，逐渐分化出生长点并形成根系。

中国林业科学研究院王涛研究员在《植物扦插繁殖技术》一书中，根据枝插时不定根生成的部位，将植物插穗生根类型分为皮部生根型、潜伏不定根原始体生根型、侧芽（或潜伏芽）基部分生组织生根型及愈伤组织生根型四种。

（二）扦插的种类和方法

1. 叶插

应用范围：用于能自叶上发生不定芽和不定根的种类。能叶插的植物多具有粗壮的叶柄、叶脉或肥厚的叶片。

（1）全叶插：用完整叶片为插穗。

1）平置法（图1-3-3），如落地生根、秋海棠。

2）直插法（图1-3-4）：又称为叶柄插法。如非洲紫罗兰、耐寒苣苔、球兰等。

（2）片叶插（图1-3-5）：将一个叶片分切为数块，分别进行扦插，使每块叶片上形成不定芽。

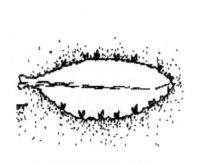

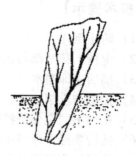

图1-3-3 平置法叶插　　　　图1-3-4 直插法　　　　图1-3-5 片叶插

2. 茎插

（1）硬枝扦插。硬枝扦插是利用已经休眠的枝条作插穗进行扦插，通常分为长穗插和单芽插两种。长穗插是用带两个以上芽的枝条进行扦插，单芽插是用一个芽的枝段进行扦插。

扦插时间春秋两季均可，春季扦插宜早，秋季扦插在落叶后，土壤封冻前进行。一般应选优良的幼龄母树上发育充实、已充分木质化的1～2年生枝条作插穗。采条后如不立即扦插，应将枝条进行储藏处理，如低温储藏处理、窖藏处理、沙藏处理等。

插穗的剪制：一般长穗插条15～20cm长，保证插穗上有2～3个发育充实的芽。单芽插穗长3～5cm。剪切时上切口距顶芽1cm左右，下切口的位置依植物种类而异，一般在节附近薄壁细胞多，细胞分裂快，营养丰富，易于形成愈伤组织和生根，故插穗下切口宜紧靠节下。下切口有几种切法：平切、斜切、双面切、踵状切等。

扦插：扦插前要整理好插床。露地扦插要细致整地，施足基肥，使土壤疏松，水分充足。必要时要进行消毒。扦插密度可根据树种生长快慢、苗木规格、土壤情况和使用的机具等而定，一般株距为10～20cm，行距为20～40cm。在温棚和繁殖室，一般密插，插穗生根发芽后，再进行移植。插穗扦插的角度有直插和斜插两种，一般情况下多采用直插。斜插的扦插角度不应超过45°。插入深度应根据树种和环境而定。落叶树种插穗全插入地下，上露一芽或与地面平；露地扦插在南方温暖湿润地区，可使芽微露；在温棚和繁殖室内，插穗上端一般都要露出扦插基质；常绿树种插入地下深度应为插穗长度的1/3～1/2。

扦插后管理：扦插后第一次浇足水，以后经常保持土壤和空气的湿度，做好松土除草工作。

（2）嫩枝扦插。嫩枝扦插（图1-3-6）是在生长季用生长旺盛的半木质化的枝条作插穗进行扦插。嫩枝扦插多在全光照自动间歇喷雾装置或荫棚内塑料小棚等，以保持适当的温度和湿度。扦插基质主要为疏松透气的蛭石、河沙等。扦插深度为3cm左右，密度以叶片间不相互重叠为宜，以保持足够的光合作用。

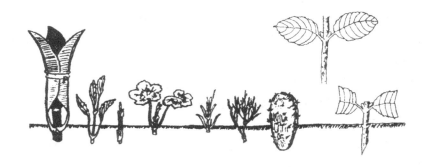

图 1-3-6　嫩枝扦插

嫩枝插条的选择：一般针叶树如松、柏等，扦插以夏末剪取中上部半木质化的枝条较好。实践证明，采用中上部的枝条进行扦插，其生根情况大多数好于基部的枝条。针叶树对水分的要求不太严格，但应注意保持枝条的水分。落叶阔叶树及常绿阔叶树嫩枝扦插，一般在高生长最旺盛期剪取幼嫩的枝条进行扦插。对于大叶植物，当叶未展开成大叶时采条为宜。采条后及时喷水，注意保湿。

采条在一日的早晚或阴天进行，主要保鲜，最好随采、随截、随插。插穗一般长 10 ~ 15cm，带 2 ~ 3 个芽，保留叶片的数量可根据植物种类与扦插方法而定。对于嫩枝扦插，枝条插前的预处理很重要。含单宁高的难生根的植物可以在生长季以前进行黄化处理、环剥处理、捆扎处理等；或者扦插前用生根粉和植物激素进行处理后扦插，扦插时间最好在早晨和傍晚。扦插深度为插穗长度的 1/2。

扦插后管理：扦插后保持空气湿度在 95% 左右，温度最好控制在 18 ~ 28℃。

（3）芽叶插。插条仅有 1 芽附 1 片叶，芽下部带有盾形茎部 1 片，或一小段茎，插入沙床中，仅露芽尖即可，插后盖上薄膜，防止水分过量蒸发。叶插不易产生不定芽的种类，宜采用此法。

3. 根插

根插是利用根上能形成不定芽的能力扦插繁殖苗木的方法，用于那些枝插不易生根的种类。果树和宿根花卉可采用此法，如芍药、牡丹。一般选取粗 2mm 以上，长 5 ~ 15cm 的根段进行沙藏，也可在秋季掘起母株，储藏根系过冬，翌年春季扦插。冬季也可在温床或温室内进行扦插。根抗逆性弱，要特别注意防旱。

（三）影响扦插成活的因素

1. 内部因素

（1）不同植物种和品种。不同植物插条生根的能力有较大的差异。极易生根的植物有柳树、小叶黄杨、木槿、连翘、月季等。较易生根的植物有毛白杨、枫杨、茶花、悬铃木、夹竹桃、女贞、石楠等。较难生根的植物有赤杨、苦楝、臭椿等。极难生根的植物有板栗、柿树、马尾松等。同一种植物不同品种枝插生根难易也不同。

（2）枝龄和枝条的部位。一般情况下，树龄越大，插条生根越难。难生根的树种，如从实生幼树上剪取枝条进行扦插，则较易发根。插条的年龄以 1 年生枝的再生能力最强，一般枝龄越小，扦插越易成活。常绿树种春、夏、秋、冬四季均可扦插。落叶树种夏、秋扦插，以树体中上部枝条为宜；冬、春扦插以枝条的中下部为好。

（3）枝条的发育状况。凡发育充实的枝条，其营养物质比较丰富，扦插容易成活，生长也较好。嫩枝扦插应在插条刚开始木质化即半木质化时采取；硬枝扦插多在秋末冬初，营养状况较好的情况下采条；草本植物应在植株生长旺盛时采条。

（4）激素。生长素和维生素对生根和根的生长有促进作用。由于内源激素与生长调节剂的运输方向具有极性运输的特点，如枝条插倒，生根仍在枝段的形态学下端，因此，扦插时应特别注意不要倒插。

（5）插穗的叶面积。插条上的叶，能合成生根所需的营养物质和激素，因此用嫩枝扦插时，插条的叶面积大则有利于生根。然而插条未生根前，叶面积越大，蒸腾量越大，插条容易枯死。所以，为有效地保持吸水与蒸腾间的平衡关系，实际扦插时，要依植物种类及条件，调节插条上的叶数和叶面积。一般留 2 ~ 4 片叶，大叶种类要将叶片剪去一半或一半以上。

2. 外部因素

（1）基质。用河沙、泥炭和其他疏松土壤作为适宜的扦插基质。

（2）水分与湿度。基质要湿润，以 50% ~ 60% 的土壤含水量为适宜。水分过多常使插穗腐烂。扦插初期，愈伤组织形成需较多水分，以后应减少水分。空气湿度以 80% ~ 90% 为宜，可减少插穗枝叶中水分的过分蒸发。

（3）温度。软材扦插宜在 20 ~ 25℃ 进行；热带植物可在 25 ~ 30℃；耐寒性花卉可稍低。基质温度（底温）需稍高于气温 3 ~ 6℃，可促进根的发生。气温低抑制枝叶的生长。

（4）光照强度。嫩枝扦插带有顶芽和叶片，要在日光下进行光合作用，从而产生生长素促进生根，但不能给予强光。扦插初期给以适度的遮阴。

（四）促进生根的措施

1. 机械处理

在生长季将木本植物的枝条刻伤、环状剥皮，阻止枝条上的营养物质向下运输。

2. 物理处理

对插穗采用黄化处理、浸水、加温处理或者温水浸泡处理能促进植物的生根。

3. 生根剂及植物激素处理

不易生根的树种，采用生根素、植物激素处理能促进生根。主要有：ABT 生根粉、911 生根素、HL-43 生根剂、NAA 等。

4. 化学药剂处理

常用的化学药剂有：酒精、蔗糖、$KMnO_4$、MnO_2 等。如用 1% ~ 3% 酒精浸泡，可去除杜鹃类插穗的抑制物质。

【学习评价】

采用多元化的评价体系，将学生专业知识、技能操作、技能成果和个人的职业素养有效地结合在一起（表 1-3-1）。

表 1-3-1 学生考核评价表

考核项目	权重	项目指标	考核等级				考核结果			备注
			A（优）	B（良）	C（及格）	D（不及格）	学生	教师	专家	
专业知识	25%	扦插类型	熟知	基本掌握	部分掌握	基本不能掌握				
		扦插方法	熟知	基本掌握	部分掌握	基本不能掌握				
		影响成活因素	熟知	基本掌握	部分掌握	基本不能掌握				
技能操作	35%	采集插穗	剪刀使用符合规范；插穗合适；插穗剪口正确	剪刀使用符合规范；插穗大部分合适；插穗剪口基本正确	剪刀使用符合规范；插穗部分合适；插穗剪口错误	剪刀使用错误；插穗少量合适；插穗剪口错误				
		接穗处理	能针对不同插穗采取不同的处理措施	能进行部分插穗的处理	插穗处理措施错误	插穗处理措施错误				
		扦插床整理	平整，疏松	平整，疏松	平整，疏松	平整，疏松				
		扦插	方法正确，深度和间距合理	方法正确，深度、间距中有不合理	扦插出现颠倒等错误，深度、间距中不合理	扦插方法有误，深度、间距中不合理				
		后期管理与记录	管理合理及时，记录完整	管理合理但不及时，记录完整	管理合理但不及时，记录有误	管理不合理，记录有误				
技能成果	25%	成活率	草本植物 90% 以上；木本植物 80%。	草本植物80%~90%；木本植物70%~80%	草本植物65%~80%；木本植物60%~70%	草本植物 65% 以下；木本植物60%以下				
		生长势	优	良	一般	差				
职业素养	15%	态度	认真，能吃苦耐劳；不旷课，不迟到早退	较认真，能吃苦耐劳；不旷课	旷课次数≤1/3或迟到早退次数≤1/2	旷课次数>1/3或迟到早退次数>1/2				
		合作	服从管理，能与同学很好配合	能与班级、小组同学配合	只与小组同学很好配合	不能与同学很好配合				
		学习与创新	能提前预习和总结，能解决实际问题	能提前预习和总结，敢于动手	没有提前预习或总结，敢于动手	没有提前预习和总结，不能处理实际问题				

【练习设计】

一、填空

1. 扦插按照扦插的部位分为_____、_____、_____。

2. 促进扦插生根的技术措施有_____、_____、_____等。

二、选择

1. 选择生长健壮、品种优良的幼龄母树，取组织充分木质化的（　　）生枝条作插穗。
A. 当年　　　　　　　　B. 1~2 年　　　　　　　　C. 多年　　　　　　　　D. 都可以

2. 扦插育苗接穗的长度一般是（　　）cm。
A. 5~10　　　　　　　　B. 15~20　　　　　　　　C. 20~30　　　　　　　　D. 30~40

3. 扦插繁殖属于（　　）。
A. 实生繁殖　　　　　　B. 营养繁殖　　　　　　C. 有性繁殖　　　　　　D. 组织培养

三、判断正误（认为正确的请在括号内打"√"，错误的打"×"）

1. 嫩枝扦插是用半木质化的枝条作插穗。（　　）
2. 硬枝扦插最适宜的时间是初夏。（　　）
3. 扦插后水分管理只用考虑土壤水分管理。（　　）
4. 园林苗木扦插繁殖中，硬枝扦插多选用休眠枝作为插穗。（　　）
5. 插条生根，桃、苹果难。（　　）

技能二　嫁接

【技能描述】

能进行嫁接苗的培育。

【技能情境】

（1）场地：苗圃地。
（2）工具：条剪、枝剪、天平、量筒、喷水壶、塑料薄膜、盆、皮尺、钢卷尺、竹棒。
（3）材料：各种植物材料；生根粉等。

【技能实施】枝接

1. 砧木与接穗的选择

（1）砧木的选择：苗圃地中 1~2 年实生苗。

（2）接穗的选择：在校园绿化树种中选择性状优良、生长健壮、观赏价值高、与砧木亲和能力强的成年树，在树冠阳面外围中、上部生长充实、芽体饱满的幼龄枝。

2. 削穗

（1）切接：接穗上要保留 2~3 个完整饱满的芽，将接穗从距下切口最近的芽位背面，用切接刀向内切达木质部（不要超过髓心），随即向下平行切削到底，切面长 2~3cm，再于背面末端削成 0.8~1cm 的小斜面。

（2）劈接：适用于大部分落叶树种。通常在砧木较粗、接穗较小时使用。接穗下端两侧切削成楔形，削面长约 3cm，接穗外侧要比内侧稍厚，保留 2~3 个完整饱满的芽。

3. 剪砧

（1）切接（图 1-3-7）：嫁接时先将砧木距地面 5cm 左右处剪断、削平，选择较平滑的一面，用切接刀在砧木一侧（略带木质部，在横断面上约为直径的 1/5~1/4）垂直向下切，深约 2 ~ 3cm。

（2）劈接（图 1-3-8）：将砧木在离地面 5 ~ 10cm 处锯断，用劈接刀从其横切面的中心直向下劈，切口长约 3cm，劈开砧木。

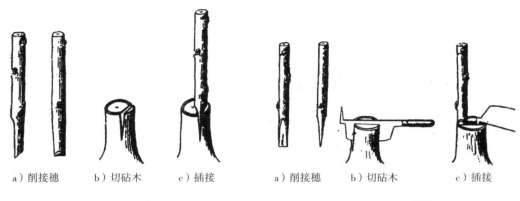

| a）削接穗　　　b）切砧木　　　c）插接 | a）削接穗　　　b）切砧木　　　c）插接 |

图 1-3-7　切接　　　　　　　　　　图 1-3-8　劈接

4. 插接

砧木切开或者劈开后将接穗插入，使接穗的两边或一边的形成层（视砧木粗细而定）和砧木的形成层对准。接穗的削面不要全部插入切口，其上可露出少许。劈接当砧木较粗时，可同时插入 2 ~ 4 个接穗。

5. 绑扎

插好后立即用塑料条带由下向上将砧穗绑紧，要求接穗芽点外露，松紧适度，塑料条带打活结。

6. 嫁接后管理工作

（1）接口保湿：生产实践中，嫁接后为保持接口湿度，防止失水干萎，可采用套袋、封土和涂蜡等措施，待接穗抽出新梢后再把袋去掉。

（2）检查成活：枝接一般在接后 3 ~ 4 周检查成活，如接穗已萌发，颜色鲜绿，则已成活。芽接 1 周后检查成活情况，用手触动芽片上保留的叶柄，如一触即落，表明已成活，否则芽片已死亡，应在其下面补接。

（3）松绑：枝接的接穗成活 1 个月后，可松绑，一般不宜太早，否则接穗愈合不牢固，受风吹易脱落，也不宜过迟，否则绑扎处出现缢伤，影响生长。芽接一般在 9 月进行，成活后腋芽当年不再萌发，因此可不将绑扎物除掉，待来年早春接芽萌发后再解除。

（4）剪砧、抹芽、去萌蘖：剪砧视情况而定，枝接苗成活后当年就可剪砧，大部分芽接苗可在抽穗当年分 1 ~ 2 次剪砧。抹芽除抹去砧木蘖生的大量萌芽外，还应将接穗上过多的萌芽、根蘖一并剪去，以保证养分集中供应。

（5）移栽：嫁接成活的苗木经过一段时间的生长，应移栽到苗圃地里面，进行常规的养护管理。

【技术提示】

（1）砧木与接穗的亲和能力强。

（2）削穗与剪砧尽量一次削剪到位。

（3）砧木与接穗的形成层要对齐，结合紧密。

（4）操作过程要快。

【知识链接】 嫁接繁殖

嫁接繁殖是园林植物繁育的一种主要方法，是用繁殖体（茎、芽、球体）把两种不同植物结合在一起，使之愈合，形成一个独立的新个体，供嫁接用的繁殖体（枝或芽）称为"接穗"，而接受接穗的植株称为"砧木"，用嫁接的方法繁殖的苗木称为嫁接苗。嫁接可以保持品种的优良特性，提高对环境的适应性，减少开花、结果的年限，扩大栽培区域及增加繁殖系数。

（一）嫁接成活的原理

嫁接时，砧木和接穗削面的表面，由于愈伤激素的作用，使伤口周围的细胞生长和分裂，形成层细胞也加强活动，形成了愈伤组织，砧木和接穗愈伤组织的薄壁细胞相互联结。愈伤组织细胞进一步分化，向内形成新的木质部，向外形成新的韧皮部，将两者木质部的导管与韧皮部的筛管沟通，这样疏导组织才算真正沟通。愈伤组织外部的细胞分化成新的栓皮细胞、与两者栓皮细胞相连，这时两者才真正愈合成为一个新的植株。

（二）影响嫁接成活的因素

1. 砧木和接穗的亲和力

亲和力是指砧木和接穗在形态解剖、生理生化等方面相同或相近的程度，以及嫁接成活后生长发育成为一个健壮新植株的潜在能力。亲和力是影响嫁接能否成功的重要因素，一般来说同种间或同品种间亲和力最强，如核桃上接核桃，月季上接月季；同属异种间亲和力次之，如杏上接梅花，木兰上接白玉兰，成活也易；同科异属间亲和力小，有些植物可接成活，如小叶女贞上接桂花，石楠上接枇杷，枫杨上接核桃。

2. 砧木和接穗的生活力（苗龄及其健康状况等）

砧木、接穗的生活力、树种的生物学特性、愈伤组织的形成及植物种类等与嫁接成活率有关。一般来说，生长发育健壮的接穗、砧木，嫁接成活率高；长势差、有病虫害的接穗、砧木，嫁接成活率低。如果砧木萌动比接穗稍早，可及时供应接穗所需的养分和水分，嫁接易成活；同时萌动的次之；接穗较砧木萌动早，成活率最低。

有些种类，如柿树、核桃富含单宁，切面易形成单宁氧化隔离层，阻碍愈合；松类富含松脂，处理不当也会影响愈合。此外，如果砧木和接穗的细胞结构、生长发育速度不同，嫁接则会形成"大脚"或"小脚"现象。如在黑松上嫁接五针松，在女贞上嫁接桂花均会出现"小脚"现象。除影响美观外，生长仍表现正常。因此，在没有更理想的砧木时，在园林苗木的培育中仍可继续采用上述砧木。

苗龄：苗龄越小，薄壁细胞越多，成活率越高；反之则低。

3. 影响嫁接成活的外界环境因素

主要是温度和湿度的影响。在适宜的温度、湿度和良好的通气条件下进行嫁接，则有利于愈合成活和苗木的生长发育。

（1）温度。温度与愈伤组织形成的快慢和嫁接成活有很大的关系。在适宜的温度下，愈伤组织形成最快且易成活，温度过高或过低，都不适宜愈伤组织的形成。过低，不利于细胞分裂，成活率低；过高，接穗蒸腾失水多，不利于保持接穗水分平衡，成活率也低。一般以 20~25℃为宜。

（2）湿度。湿度对嫁接成活的影响很大。一方面嫁接愈伤组织的形成需具有一定的湿度条件；另一方面，保持接穗的活力也需一定的空气湿度。天气干燥则会影响愈伤组织的形成和造成接穗失水干枯。土壤湿度、地下水的供给也很重要。嫁接时，如土壤干旱，应先灌水增加土壤湿度。

（3）光照。光照对愈伤组织的形成和生长有明显的抑制作用。在黑暗的条件下，有利于愈伤组织的形成，因此，嫁接后光照不能过强，以散射光为好。切口应保持黑暗，以利于愈伤组织的形成。

此外，通气对愈合成活也有一定影响。给予一定的通气条件，可以满足砧木与接穗结合部形成层细胞呼吸作用所需的氧气。

4. 嫁接技术的熟练程度

嫁接苗的成活率与嫁接人员技术的熟练程度有关系，这要求嫁接人员必须削面平滑，形成层对齐，接口绑紧，操作过程干净迅速，快、平、齐、紧、严，才能保证较高的成活率。

（三）砧木与接穗的选择

1. 砧木的选择

选择性状优异的砧木是培育优良园林树木的重要环节。选择砧木的条件是：与接穗亲和力强，生长健壮，根系发达，尽量选择实生苗；对接穗的生长、开花、结果、寿命等有良好的影响；抗性强，对栽培地区的环境条件有较强的适应性；种源或种条丰富，能大量进行繁殖，且繁殖方法简便易行；能满足园林绿化对嫁接苗高度的要求。

2. 接穗的选择

采集和储藏的接穗应选自性状优良，生长健壮，观赏价值或经济价值高，无病虫害的成年树。一般选择树冠阳面外围中、上部生长充实、芽体饱满的幼龄枝，春季嫁接选一年生生长旺盛、充实休眠、芽饱满且较多的枝条作接穗。夏季采集的新梢，应立即去掉叶片和生长不充实的新梢顶端，只保留叶柄，并及时用湿布包裹，以减少枝条的水分蒸发。取回的接穗不能及时使用可将枝条下部浸入水中，放在阴凉处，每天换水 1~2 次，可短期保存 4~5d。

春季枝接和芽接采集穗条，最好结合冬剪进行，也可在春季树木萌芽前 1~2 周采集。采集的枝条包好后吊在井中或放入冷窖内沙藏，若能用冰箱或冷库在5℃左右的低温下储藏则更好。

（四）嫁接繁殖的方法

嫁接方法按所取材料不同可分为枝接、芽接、根接三大类。

1. 枝接

枝接多用于嫁接较粗的砧木或在大树上改换品种。枝接时期一般在树木休眠期进行，特别是在春季砧木树液开始流动，接穗尚未萌芽的时期最好。此法的优点是接后苗木生长快，健壮整齐，当年即可成苗，但需要接穗数量大，可供嫁接时间较短。枝接常用的方法有切接、腹接、劈接和插皮接等，切接与劈接上面已进行了描述，这里补充其他几种枝接方法。

（1）腹接。腹接可分为普通腹接和皮下腹接，腹接时砧木不断砧，在砧木的腹部进行嫁接（图1-3-9）。主要包括以下步骤：

1）普通腹接。

削穗：将接穗削成偏楔形，长削面的长为 3cm 左右，削面要平而渐斜，背面削成长为 2～2.5cm 的短削面

切砧：砧木切削应在适当的高度，选择平滑的一面，自上而下斜切一个切口，切口深入木质部，但切口下端不宜超过髓心，切口长度与接穗的长削面相当。

嫁接：将接穗的长削面朝里插入切口，注意形成层对齐，接后绑扎保湿。

2）皮下腹接。即砧木切口不伤及木质部，将砧木横切一刀，再竖切一刀，呈"T"字形切口，接穗的长削面平直斜削，背面下部两侧向尖端各削一刀，以露白为度。撬开皮层插入接穗（长削面向内），使接穗削面露出 0.2～0.3cm，然后绑扎即可。

（2）舌接。舌接是适用于砧木和接穗的直径为 1～2cm，且粗细相差不大时的嫁接（图 1-3-10）。舌接砧穗间接触面积大、结合牢固、成活率高。在园林苗木生产上此法既可用于高接也可用于低接。

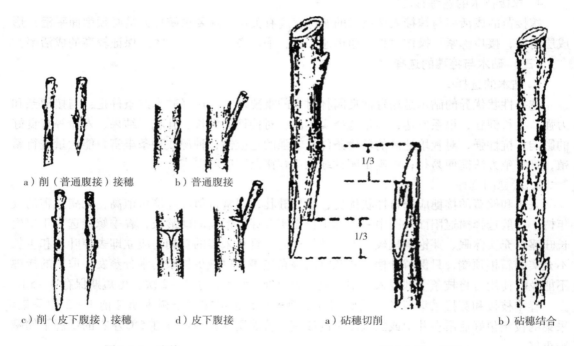

a）削（普通腹接）接穗　　b）普通腹接

c）削（皮下腹接）接穗　　d）皮下腹接

图 1-3-9　腹接

a）砧穗切削　　　b）砧穗结合

图 1-3-10　舌接

削穗：在接穗平滑处削 3cm 长的斜面，再在斜面的下 1/3 处顺穗往上劈一刀，使劈口长约 1cm，成舌状。

切砧：削砧木在砧木的上端削一个 3cm 左右的斜面，再在斜面上 1/3 处顺砧干向下劈一刀，长约 1cm，形成一个与接穗相吻合的舌状纵切口。

嫁接：将削好的切穗舌部与砧木舌部相对插入，使舌部交叉，互相靠紧，然后绑缚。

（3）插皮接。是枝接中最易掌握、成活率最高、应用较广的一种。要求在砧木较粗，并易剥皮的情况下采用。园林树木培育中用此法高接和低接的都有。其方法主要包括以下步骤（图 1-3-11）：

削穗：一般采用同一年生枝条作接穗，穗长 5～8cm，2 或 3 个芽。在接穗光滑处顺刀

削一个长 2 ~ 3cm 的斜面，再在其背面下端削一个长 0.6cm 左右的小斜面，使之露出皮层与形成层。

切砧：一般在距地面 5 ~ 10cm 处剪断砧木，用快刀削平断面。选皮层光滑处，将砧木皮层由上而下垂直划一刀，深达木质部，长约 3cm，顺刀口用刀尖向左右挑开皮层。

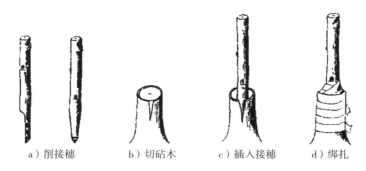

a）削接穗　　b）切砧木　　c）插入接穗　　d）绑扎

图 1-3-11　插皮接

嫁接：将接穗的大斜面向木质部，插入砧木皮层与木质部之间，露白 0.3 ~ 0.5cm。在插入时，左手按住竖切口，防止插偏或插到外面，插到大斜面的砧木切口上稍微露出为止。然后用塑料条、带绑紧。接后可以将接穗和切口处套一小塑料袋，防止水分散失，保护接穗的新鲜度。

（4）靠接。主要用于培育一般嫁接难以成活的珍贵植物，要求砧木与接穗均为自养植株，且粗度相近，在嫁接前还应将两者移植到一起。其方法主要包括以下步骤（图 1-3-12）：

削穗与切砧：削切口在生长季节，将作砧木和接穗的植物靠近，然后在砧木和接穗相邻的光滑部位选择无节且方便操作的地方，各削一块长、宽相等的削面，长 3 ~ 6cm，深达木质部，露出形成层。

嫁接：靠砧穗使砧木、接穗的切口靠紧、密接，让双方的形成层对齐，用塑料薄膜绑缚紧，勿使其错位。待愈合成活后，将砧木从接口的上方剪去，接穗从接口的下方剪去，即完成。

2. 芽接

（1）嵌芽接。嵌芽接又称为带木质部芽接，不受树木离皮与否的限制，其方法主要包括以下步骤（图 1-3-13）：

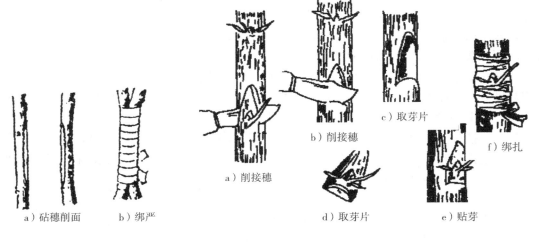

a）砧穗削面　　b）绑严

图 1-3-12　靠接

a）削接穗　　b）削接穗　　c）取芽片　　d）取芽片　　e）贴芽　　f）绑扎

图 1-3-13　嵌芽接

削穗：取接芽。接穗上的芽，自上而下切取。先从芽的上方 1 ~ 1.5cm 处稍带木质部向下斜切一刀，然后在芽的下方 0.5 ~ 1.5cm 处约成 30°角斜切一刀，使两刀口相交，取下芽片。

切砧：切砧木。在砧木适宜的位置，从上向下稍带木质部削一个与接芽片长、宽相适应的切口。

嫁接：插接穗。将芽片嵌入切口，使两者的形成层对齐，然后用塑料条将芽片和接口包严即可。

（2）"T"字形芽接。"T"字形芽接又称为盾状芽接，其方法主要包括以下步骤（图 1-3-14）：

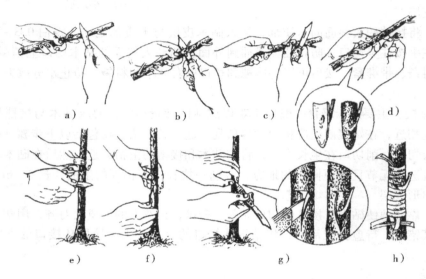

图 1-3-14　"T"字形芽接示意图
a）—d）取芽片　e）—f）砧木切口　g）撬开皮层嵌入芽片　h）绑扎

削穗：采当年生新鲜枝条为接穗，在已去掉叶片仅留叶柄的接穗枝条上，选择健壮饱满的芽。在芽上方的 0.5 ~ 1cm 处先横切一刀，深达木质部，再从芽下 1.5cm 左右处，从下往上斜切入木质部，使刀口与横切的刀口相交，用手取下盾形芽片。如果接芽内带有少量木质部，应用嫁接刀的刀尖将其仔细地取出。

切砧：砧木一般选用一二年生的小苗。在砧木距离地面 7 ~ 15cm 处或满足生产要求的一定高度处，选择光滑部位，用芽接刀先横切一刀，深达木质部，再从横切刀口往下垂直纵切一刀，长 1 ~ 1.5cm，形成一个"T"字形切口。

嫁接：插接穗。用芽接刀的骨柄轻轻地挑开砧木切口，将接芽插入挑开的"T"字形切口内，压住接芽叶柄往下推，使接芽的上部与砧木上的横切口对齐。手压接芽叶柄，用塑料条绑扎紧，芽与叶柄可以外露也可以不外露。

3. 根接

用根作砧木进行枝接称为根接。根据接穗与根砧的粗度不同，可以正接，即在根砧上切接口；也可倒接，即将根砧按接穗的削法切削，在接穗上进行嫁接。

随着技术的进步，在园林植物生产中还出现了芽苗砧嫁接等嫁接方法。芽苗砧嫁接是用刚发芽、尚未展叶的胚苗作砧木进行的嫁接，主要用于油茶、板栗、核桃、银杏、文冠果、香榧等大粒种子树种的嫁接。此法可以大大缩短培育嫁接苗的时间。

【学习评价】

采用多元化的评价体系，将学生专业知识、技能操作、技能成果和个人的职业素养有效地结合在一起（表1-3-2）。

表1-3-2 学生考核评价表

考核项目	权重	项目指标	考核等级				考核结果			总评
			A（优）	B（良）	C（及格）	D（不及格）	学生	教师	专家	
专业知识	25%	嫁接类型	熟知	基本掌握	部分掌握	基本不能掌握				
		嫁接方法	熟知	基本掌握	部分掌握	基本不能掌握				
		影响成活因素	熟知	基本掌握	部分掌握	少量或者不能掌握				
技能操作	35%	削接穗	工具使用符合规范；接穗合适；接穗剪口正确	工具使用符合规范；接穗部分合适；接穗剪口基本正确	工具使用符合规范；接穗少量合适；接穗剪口错误	工具使用有误；接穗少量合适；接穗剪口错误				
		砧木处理	剪口及高度、深浅符合要求	剪口及高度、深浅基本符合要求	剪口及高度、深浅需2、3次处理后符合要求	剪口及高度、深浅需多次处理后符合要求				
		嫁接	接穗与砧木形成层对齐，结合紧密	接穗与砧木形成层对齐，结合不紧密	接穗与砧木形成层基本对齐，结合不紧密	接穗与砧木形成层不对齐，结合不紧密				
		绑扎	正确，结实	正确，结实	正确，结实	错误，松动				
技能成果	25%	成功率	在规定时间完成，80%以上	超时完成，70%以上	超时完成，55%~70%	超时完成，55%以下				
职业素养	15%	态度	认真，能吃苦耐劳；不旷课，不迟到早退	较认真，能吃苦耐劳；不旷课	旷课次数≤1/3或迟到早退次数≤1/2	旷课次数>1/3或迟到早退次数>1/2				
		合作	服从管理，能与同学很好配合	能与班级、小组同学配合	只与小组同学很好配合	不能与同学很好配合				
		学习与创新	能提前预习和总结，能解决实际问题	能提前预习和总结，敢于动手	没有提前预习或总结，敢于动手	没有提前预习和总结，不能处理实际问题				

【练习设计】

一、名词解释

接穗 砧木

二、判断正误（认为正确的请在括号内打"√"，错误的打"×"）

1. 嫁接只需砧木与接穗之间有一定亲和力，便能嫁接成功。 （　　　）

2. 大叶女贞和丁香都可以作桂花嫁接的砧木。 （　　　）

3. 芽接一般在生长季节进行。 （　　　）

三、选择

1. 不是用来繁殖而主要用来恢复树势、修补伤口的嫁接方法是（　　　）。

A. 切接　　　　B. 靠接　　　　C. 腹接　　　　D. 劈接

2. 砧木和接穗都带有自己的根系和枝梢的嫁接方式是（　　　）。

A. 靠接　　　　B. 高接　　　　C. 腹接　　　　D. 舌接

3. 枝接最佳的季节是（　　　）。

A. 春季　　　　B. 冬季　　　　C. 秋季　　　　D. 夏季

四、简答

1. 如何提高嫁接苗的成活率？

2. 影响嫁接愈合成活的因子有哪些？

五、实训

"T"字形芽接。

技能三　压条

【技能描述】

掌握压条繁殖技术及抚育工作。

【技能情境】

（1）场地：苗圃地或者校园绿地。

（2）工具：枝剪、铁锹、小刀、透明薄膜。

（3）材料：合适的盆栽植物；ABT 生根粉等。

【技能实施】

1. 植株的选择

压条繁殖适用于枝条离地面近且容易弯曲的植物种类，如蔓性、藤本植物。

2. 压条前的处理

为了促进生根，压条前一般都要对枝条进行处理。具体做法是在与生根介质接触部位环剥、绞缢、环割等。环剥是在节、芽的下部剥去宽2cm左右的枝皮，深达木质部，截断韧皮部筛管通道；绞缢是用金属丝在枝条的节下面进行环缢；环割则是环状割1~3周。通过上述处理可以使顶部叶片和枝端生长枝合成的有机物质和生长素积累在处理口上端，形成一个相对高浓度区。另外还可以用吲哚丁酸（IBA）或萘乙酸（NAA）等生长素对压条进行处理，促使其生根，方法是用50%酒精液溶解激素粉剂，然后稀释成500ppm的溶液，涂抹在压条包裹处。

3. 压条

（1）普通压条（图1-3-15）：适用于枝条离地面近且容易弯曲的植物种类。选择靠近地面且向外开展的一二年生枝条，将枝条弯入土中，使枝条梢端向上，深约8～20cm。为防止枝条弹出，可在枝条下弯部分插入小木叉固定，再盖土压紧。

（2）波状压条（图1-3-16）：适用于枝条较长而柔软的蔓性植物，如常春藤。压条时将枝条呈波浪状压埋土中。

（3）水平压条（开沟压条，图1-3-17）：适用于紫藤、连翘等藤本和蔓性园林植物。压条时选生长健壮的一二年生枝条，开沟将整个长枝条埋入沟内，并用木钩固定。

图1-3-15　普通压条　　　　图1-3-16　波状压条　　　　图1-3-17　水平压条

4. 压条后的管理

压条后应保持土壤的合理湿度和适宜的温度，调解土壤通气，适时灌水，及时中耕除草。检查埋入土中的压条是否露出地面，露出地面的要及时重压，枝条太长可剪去部分顶梢。

5. 分离新植株

地下部分生根后，再切断相连的波状枝，形成各自独立的新植株。

【技术提示】

（1）选高压枝条一定要选健壮、中熟不老化、饱满且角度小的枝条。

（2）进行环割处理时，敷包生根基质要紧结，大小要适中。

（3）薄膜包扎时间要掌握好，过早，泥土发软不能操作；过久，泥土过于失水，不利于生根。

（4）高压生根后，分离母株的时间以秋季较为可靠，移栽易成活。

（5）割伤处理要适当，最好切断韧皮部至形成层而不伤到木质部。因为切割不够彻底，伤口容易自动愈合而不发根；反之，切割过度伤到木质部会导致枝枯或断裂。

（6）保证伤口清洁无菌。割伤处理使用的器具要清洁消毒，避免细菌感染伤口而腐烂。

（7）注意一般不宜在树液流动旺盛期进行，以免影响伤口愈合，对生根不利。

【知识链接】

压条繁殖是无性繁殖的一种，是将枝条不切离母株而在一定的部位培土（或用其他基质），使其生根而形成单独植株的繁殖方法，多用于扦插不容易生根的种或品种。一般露地草花很少采用这种繁殖方法，仅有一些木本花卉在扦插繁殖困难时或想在短期内获取较大子株时采用高压法繁殖。压条繁殖是无性繁殖中最简便、最可靠的方法，成活率高，成苗快，能够保持母本优良特性。其缺点是由于枝条来源有限，所得苗木数量有限，繁殖系数低，不适于大量繁殖苗木的需要。

（一）压条季节

压条时期根据压条方法不同而不同。

（1）休眠期压条。在秋季落叶后或早春发芽前进行，利用一～二年生的成熟枝在休眠期进行的压条，多为普通压条法。

（2）生长期压条。在生长季中进行，一般在雨季（华北为7～8月，华中为春、秋多雨时）进行，用当年生的枝条压条。在生长期进行的压条多用堆土压条法和空中压条法。

常绿树压条繁殖应在雨季进行，落叶树应在冬季休眠末期至早春芽子萌动前压条为宜。

（二）压条方法

压条方法有低压和高压法（空中压条法），低压包括普通压条、波状压条、水平压条和堆土压条，现主要介绍推土压条和空中压条。

1. 堆土压条

堆土压条有两种不同形式（图1-3-18、图1-3-19），主要用于萌蘖性强和丛生性的花灌木，如贴梗海棠。方法是首先在早春对母株进行重剪，可从地际处抹头，促其萌发多数分枝。在夏季生长季节（高为30～40cm）对枝条基部进行刻伤，随即堆土，第二年早春将母株挖出，剪取已生根的压条枝，并进行栽植培养。

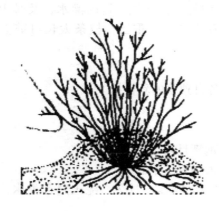

图 1-3-18　堆土压条 1

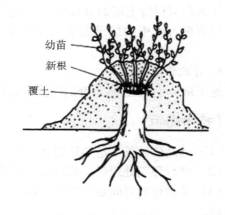

图 1-3-19　堆土压条 2

2. 高压法（空中压条法）

高压法也称为空中压条法（图1-3-20），主要适用于木质坚硬、枝条不易弯曲或树冠高、枝条无法压到地面的树种，如含笑。空中压条一般选择生长季节进行。选取直立健壮、角度小的二三年生枝条，压条的数量一般不超过母株枝条的1/2。压条时对选择的枝条进行环剥或者刻伤，宽度视枝条粗度而定，花灌木在节下环状剥去1～1.5cm宽皮层，乔木一般3～5cm宽，深度达木质部，要剥干净，环剥后可适当涂抹生长剂，外面用塑料袋、竹筒等包扎好。经常保持基质湿润，待其生根后切离，然后置于庇荫处保湿催根，一周后长出更多新根，即可假植或定植，成为新植株。

a）竹筒压条

b）塑料膜筒袋压条

图 1-3-20 空中压条

（三）促进压条生根的方法

对于不易生根或生根时间较长的树种，为了促进压条快速生根，可采用刻伤法、软化法、生长刺激法、扭枝法、缢缚法、劈开法及土壤改良法等阻滞有机营养向下运输而不影响水分和矿物质的向上运输的方法，使养分集中于处理部位，刺激不定根的形成。

1. 机械处理

包括环剥、环缢、环割。一般环剥是在枝条节、芽的下部剥去 2cm 宽左右的枝皮；环缢是用金属丝在枝条节下面绞缢；环割则是环状割 1～3 周，以上都深达木质部，并截断韧皮部筛管通道，使营养生长累积在切口上部。

2. 黄化或软化处理

用黑布、黑纸包裹或培土包埋枝条使其软化或黄化，以利于根原体突破厚壁组织。

3. 激素处理

和扦插一样，IBA、IAA、NAA 等生长素处理能促进压条生根，但是因为其枝条连接母株，所以不能用浸渍方法，只宜用涂抹法进行处理。为了便于涂抹，可用粉剂或羊毛脂膏来配制，或用 50% 酒精液配制，涂抹后因酒精立即蒸发，生长素就留在涂抹处。尤其在空中压条中生长素处理对促进生根效果很好。如枇杷用 250ppm 的 IBA 羊毛脂剂涂抹于压条枝表面可以增加生根。

4. 保湿和通气

良好的生根基质，必须能保证不断的水分供应和良好的通气条件。尤其是开始生根阶段，长期土壤干燥使土壤板结和黏重阻碍根的发育。疏松土壤和锯屑混合物、泥炭、苔藓都是理想的生根基质。如将细碎的泥炭、苔藓混入堆土压条的土壤中可以促进生根。

【学习评价】

采用多元化的评价体系，将学生专业知识、技能操作、技能成果和个人的职业素养有效地结合在一起（表 1-3-3）。

表 1-3-3　学生考核评价表

考核项目	权重	项目指标	考核等级				考核结果			总评
			A（优）	B（良）	C（及格）	D（不及格）	学生	教师	专家	
专业知识	25%	压条季节	熟知	基本掌握	部分掌握	基本不能掌握				
		压条方法	熟知	基本掌握	部分掌握	基本不能掌握				
		促进生根方法	熟知	基本掌握	部分掌握	基本不能掌握				
技能操作	35%	压条前处理	正确选条，处理恰当	正确选条，处理有误	正确选条，处理不恰当	选条错误，处理不恰当				
		压条	方法正确，操作规范	方法正确，操作不规范	方法有误，操作规范	方法错误，操作不规范				
		压条后管理	管理措施及时，恰当	管理措施不及时，恰当	管理措施不及时，有误	管理措施不及时，错误				
技能成果	25%	成活率	在规定时间完成，90%以上	超时完成，80%以上	超时完成，65%以上	超时完成，65%以下				
职业素养	15%	态度	认真，能吃苦耐劳；不旷课，不迟到早退	较认真，能吃苦耐劳；不旷课	旷课次数≤1/3或迟到早退次数≤1/2	旷课次数>1/3或迟到早退次数>1/2				
		合作	服从管理，能与同学很好配合	能与班级、小组同学配合	只与小组同学很好配合	不能与同学很好配合				
		学习与创新	能提前预习和总结，能解决实际问题	能提前预习和总结，敢于动手	没有提前预习或总结，敢于动手	没有提前预习和总结，不能处理实际问题				

【练习设计】

一、名词解释

压条繁殖

二、选择

1. 下面关于压条繁殖描述正确的是（　　　）。

A. 枝条离地面较近，容易弯曲的植物适用水平压条

B. 丛生多干型苗木适用单枝压条法

C. 枝条细长柔软的植物适用高压法

D. 枝条硬而不弯，树冠高大树干裸露的植物适用高压法

2. 关于堆土压条法下面说法错误的是（　　　）。

A. 堆土压条法又称直立压条法　　　B. 堆土压条法适用于丛生多干型苗木

C. 堆土压条法又称单枝压条法　　　D. 堆土压条法适用于直立多枝型苗木

三、简答

简述促进压条生根的方法。

技能四 分生

【技能描述】

掌握分生繁殖技术及抚育工作。

【技能情境】

（1）场地：苗圃地。

（2）工具：条剪、枝剪、喷水壶、塑料薄膜。

（3）材料：合适的盆栽植物；生根粉等。

【技能实施】 分株繁殖

1. 种植土壤的准备

根据苗木的需求准备合适的土壤。

2. 分株

在母株的一侧或两侧挖开，将带有一定茎干和根系的小植株带根挖出；或者将母株的根蘖挖开，露出根系，用利斧或利铲将根蘖株带根挖出。

3. 栽植

分株出来的小植株立即种植在准备好的苗圃地。

4. 栽植后管理

栽植后进行正常的养护管理即可。

【技术提示】

（1）分株的时间一般在春秋两季。

（2）分株繁殖宜结合换盆、移植等一起进行。

【知识链接】

分生繁殖是人为地将植物体分生出来的幼植物体（如珠芽）或者是植物营养器官的一部分（如走茎及变态茎等）与母株分离或分割，另行栽植而形成独立生活的新植株的繁殖方法。一些植物体本身就具有自然分生能力，并借以繁殖后代。这种方法简便、易活、成苗较快。

1. 分株繁殖

分株繁殖是利用某些植物种类能萌生根蘖或灌木丛生的特性，把根蘖或丛生枝从母株上分割下来，另行栽植成新植株的方法。分株繁殖主要在春、秋两季进行。一般春季开花植物宜在秋季落叶后进行，如芍药；夏、秋季开花的植物宜在春季萌芽前进行。

（1）灌丛分株：另行栽植。此法适合于易形成灌木丛的植株。如牡丹、黄刺玫、玫瑰、蜡梅、连翘、贴梗海棠、火炬树、香花槐等。

（2）根蘖分株（图1-3-21）：将母株的根蘖挖开，露出根系，用利斧或利铲将根蘖株带根挖出，另行栽植。如臭椿、刺槐、黄刺玫、枣、珍珠梅、玫瑰、蜡梅、紫荆、金丝桃等树种常在根上长出不定芽，伸出地面形成一些未脱离母体的小植株，这就是根蘖，分割后栽植易成活。

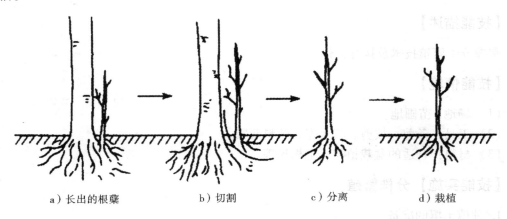

a）长出的根蘖　　b）切割　　c）分离　　d）栽植

图 1-3-21　根蘖分株

（3）掘起分株：将母株全部带根挖起，用利斧或利刀将植株根部分成有较好根系的几份，每份地上部分均应有 1~3 个茎干（图 1-3-22）。

2. 走茎繁殖

走茎为叶丛抽生出来节间较长的茎，节上着生叶、花和不定根，能产生小植株，分离另行栽植即可获得新的植株，如虎耳草、吊兰等。匍匐茎节间稍短，横走地面，节处生不定根和芽，分离另行栽植可获得新的植株，如狗牙根等。

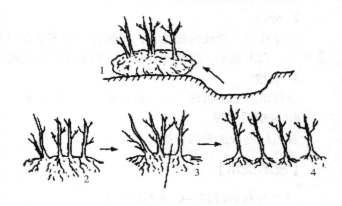

图 1-3-22　掘起分株

1、2—挖掘　3—切割　4—栽植

3. 吸芽、珠芽繁殖

（1）吸芽。某些植物根基或地上茎叶腋间自然发生的短缩、肥厚的短枝，下部可自然生根。可分离另行栽植，如芦荟、景天、凤梨等。

（2）珠芽。生于叶腋间一种特殊形式的芽，如卷丹。脱离母体后栽植可生根，形成新的植株。

4. 球茎繁殖

球根花卉植株的地下部分能形成肥大的变态器官。根据器官的来源不同可分为块根类、根茎类、块茎类、球茎类、鳞茎类等。不同的球根类型，采用的分生方法不同。

（1）块根类。块根通常成簇着生于根颈部，不定芽生于块根与茎的交接处，而块根上没有芽，在分生时应从根颈处进行切割。此方法适用于大丽花、花毛茛等。

（2）根茎类。用利器将粗壮的根茎分割成数块，每块带有 2~3 个芽，另行栽植培育，每块可形成一个独立的植株。此方法适用于美人蕉、鸢尾等。

（3）块茎类。块茎是由地下的根茎顶端膨大发育而成的，将块茎分切成几个带芽眼的小块栽种，每一小块即长成一个植株，如菊芋、马蹄莲等。

（4）球茎类。母球栽植后，能形成多个新球，可在茎叶枯黄之后，将整株挖起，把新球从母株上分离，将新球分栽培养 1～2 年后，即长成大球，如唐昌蒲、球根鸢尾、小苍兰等。

（5）鳞茎类。鳞茎是由肉质的鳞叶、主芽和侧芽、鳞茎盘等部分组成。母鳞茎在发育中期的后期，侧芽生长发育形成多个新球。通常在植株茎叶枯黄以后将母株挖起，分离母株上的新球。此方法适用于百合、郁金香、风信子、朱顶红、水仙、石蒜、葱兰、红花酢浆草等。

【学习评价】

采用多元化的评价体系，将学生专业知识、技能操作、技能成果和个人的职业素养有效地结合在一起（表1-3-4）。

表1-3-4　学生考核评价表

考核项目	权重	项目指标	考核等级				考核结果			备注
			A（优）	B（良）	C（及格）	D（不及格）	学生	教师	专家	
专业知识	25%	分生季节	熟知	基本掌握	部分掌握	基本不能掌握				
		分生方法	熟知	基本掌握	部分掌握	基本不能掌握				
		促进生根方法	熟知	基本掌握	部分掌握	基本不能掌握				
技能操作	35%	分生前处理	正确选条，处理恰当	正确选条，处理有误	正确选条，处理不恰当	选条错误，处理不恰当				
		分生	方法正确，操作规范	方法正确，操作不规范	方法有误，操作不规范	方法错误，操作不规范				
		分生后管理	管理措施及时，恰当	管理措施不及时，恰当	管理措施不及时，有误	管理措施不及时，错误				
技能成果	25%	成活率	在规定时间完成，90%以上	超时完成，80%以上	超时完成，65%～80%	超时完成，65%以下				
职业素养	15%	态度	认真，能吃苦耐劳；不旷课，不迟到早退	较认真，能吃苦耐劳；不旷课	旷课次数≤1/3或迟到早退次数≤1/2	旷课次数＞1/3或迟到早退次数＞1/2				
		合作	服从管理，能与同学很好配合	能与班级、小组同学配合	只与小组同学很好配合	不能与同学很好配合				
		学习与创新	能提前预习和总结，能解决实际问题	能提前预习和总结，敢于动手	没有提前预习或总结，敢于动手	没有提前预习和总结，不能处理实际问题				

【练习设计】

一、名词解释

分生繁殖　根蘖分株

二、简答

常见球根花卉的分生繁殖方式有哪些？

三、实训

吊兰的分生繁殖

任务三总结

任务三详细阐述了营养苗培育过程，包括扦插苗、嫁接苗、压条苗和分生苗的培育技术。通过学习，学生可以全面系统地掌握营养苗培育的知识和技能。

任务四　大苗的培育与出圃

【任务分析】

通过学习，能在苗圃地里进行大规格苗木的培育，并完成苗木出圃工作。

【任务目标】

（1）熟知苗木移栽的季节、次数和密度。

（2）掌握苗木移植方法。

（3）掌握移植后苗木的日常管理工作。

技能一　大苗培育技术

【技能描述】

能进行大规格苗木的培育，主要包括：

（1）熟知苗木移栽的季节、次数和密度。

（2）掌握苗木移植方法。

（3）掌握移植后苗木的日常管理工作。

【技能情境】

（1）场地：苗圃地。

（2）工具：条剪、枝剪、卷尺、表格、笔、开挖工具等。

（3）材料：苗圃地苗木。

【技能实施】

（1）分配任务，建立苗期管理制度。

（2）定期观察，并根据苗木的需求采取相应的管理措施。

根据苗木的生长情况和外界环境因素，有针对性地对苗木进行移植、修剪、水、肥等管理，并随时进行记载。

（3）汇总记载结果，并写出总结。

【技术提示】

（1）在出苗期，每天进行观察，并进行水分管理。

（2）在进行观察记载的时候，必须对天气情况、苗木生长情况和采取的管理措施等方面进行详细的记载。

（3）在苗木生长异常时，能根据记载结果和自己的专业知识分析出原因，并采取积极的管理措施。

【知识链接】苗木移栽

园林苗圃所培育的大规格苗木，要经过多年多次的移植和日常性管理才能培育出符合规格要求的各种行道树、庭阴树、绿篱及花灌木等园林苗木。日常性管理包括灌水、施肥、中耕、整形修剪等内容（详见项目四），这里主要介绍苗木的移植。

（一）移植时间

移植的最佳时间是在苗木休眠期，即从秋季10月（北方）至翌春4月；也可在生长期移植。如果条件许可，一年四季均可进行移植。

1. 春季移植

春季气温回升，土壤解冻，苗木开始打破休眠恢复生长，故在春季移植最好。移栽苗成活的多少很大程度上取决于苗木体内的水分平衡。早春移植，树液刚刚开始流动，枝芽尚未萌发，蒸腾作用很弱，土壤湿度较好。因根系生长温度较低，土温能满足根系生长的要求，所以早春移植苗木成活率高。春季移植的具体时间，还应根据树种发芽的早晚来安排。一般来讲，发芽早者先移，晚者后移；落叶者先移，常绿者后移；木本植物先移，宿根草本后移；大苗先移，小苗后移。

2. 秋季移植

秋季是苗木移植的第二个好季节。秋季在苗木地上部分停止生长，落叶树种苗木叶柄形成层脱落时即可开始移植。此时根系尚未停止活动，移植后有利于伤口愈合，移植成活率高。秋季移植的时间不可过早，若落叶树种尚有叶片，往往叶片内的养分尚未完全回流，造成苗木木质化程度降低，越冬时容易受冻出现枯梢。由于北方地区冬季干旱，多大风天气，苗木移植后应浇足越冬水，保证苗木安全越冬。

3. 夏季移植（雨季移植）

常绿或落叶树种苗木可以在雨季初进行移植。移植时要带大土球并包装，保护好根系。苗木地上部分可进行适当的修剪，移植后要通过喷水喷雾以保持树冠湿润，还要遮阴防晒，经过一段时间的过渡，苗木即可成活。长江中下游地区常在梅雨季节移植常绿苗木。

（二）移植的次数

培养大苗所需移植的次数，取决于该树种的生长速度和对苗木的规格要求。一般来说，园林绿化中应用的阔叶树种，在播种或扦插苗龄满一年时即进行第一次移植，以后根据生长快慢和株行距大小，每隔 2 ~ 3 年移植一次，并相应地扩大株行距。目前各生产单位对普通的行道树、庭阴树和花灌木用苗只移植 2 次，在大苗区内生长 2 ~ 3 年，苗龄达到 3 ~ 4 年即可出圃。而对重点工程和易受人为破坏的地段或要求马上产生绿化效果的地方所用苗木则常需培育 5 ~ 8 年，甚至更长时间，这就要求做 2 次以上的移植。对生长缓慢、根系不发达而且移植后较难成活的树种，如栎类、椴树、七叶树、银杏、白皮松等，可在播种后第三年（苗龄 2 年）开始移植，以后每隔 3 ~ 5 年移植一次，苗龄 8 ~ 10 年，甚至更长一些时间方可出圃。

（三）移植的密度

苗木移植的密度（株行距）取决于苗木的生长速度、气候条件、土壤肥力、苗木年龄、培育年限及机械操作等因素。一般移植密度可根据苗木 3 ~ 4 年后郁闭的冠幅生长量确定。阔叶树种可考虑 3 年的生长量，常绿树种可考虑 4 年的生长量。例如，圆柏 1 年生播种苗可留床保养 1 年后移植。根据该树种树冠生长速度（树冠生长曲线），4 年后可生长到 50cm 左右，再留出行间耕作空间 20cm，株间耕作空间 10cm，移植株行距可定为 60cm × 70cm。这样才能耕作宽度大，操作方便，只有到第四年才感觉宽度小，应该进行下一次移植；若再过 4 年树冠可生长到 100cm，移植株行距可定为 110cm × 120cm，再长再移植。二年生元宝枫留床苗，3 年后树冠生长到 120cm，移植株行距可定为 130cm × 140cm，再过 3 年树冠长至 230cm，最后一次移植株行距可定为 240cm × 250cm。

（四）移植方法

1. 移植方法

（1）穴植法。挖穴时应根据苗木的大小和设计好的株行距，定点放线，然后挖穴，穴土应放在坑的一侧，以便放苗木时确定位置。栽植深度以略深于原来栽植地径痕迹的深度为宜，一般可略深 2 ~ 5cm。覆土时混入适量的底肥。先在坑底填一部分肥土，然后将苗木放入坑内，再回填部分肥土，之后，轻轻提一下苗木，使其根系伸展并尽量与土壤接触，然后填满土踏实，浇足水。较大苗木要设立三根支撑杆固定，以防苗木被风吹倒。

（2）沟填法。先按行距开沟，土放在沟的两侧，以利于回填土和苗木定点，将苗木按照一定的株距，放入沟内，然后填土，要让土渗到根系中去，踏实，要顺行向浇水。此法一般适用于移植小苗。

（3）孔植法。先按行、株距定点放线，然后在点上用打孔器打孔，深度与原栽植相同，或稍深一些，把苗放入孔中，覆土。孔植法要有专用的打孔机，可提高工作效率。

2. 移植后成活管理

移植后要根据土壤湿度，及时浇水。由于苗木是新土定植，苗木浇水后会有所移动，应注意及时将苗木扶正并培土，或采取一定措施固定后培土。要及时进行松土除草，追施少量肥料，及时防治病虫害，对苗木进行一次修剪，以确定其培养的基本树形。有些苗木还要进行遮阴防晒工作。

【学习评价】

采用多元化的评价体系，将学生专业知识、技能操作、技能成果和个人的职业素养有效地结合在一起（表1-4-1）。

表1-4-1 学生考核评价表

考核项目	权重	项目指标	考核等级				考核结果			备注
			A（优）	B（良）	C（及格）	D（不及格）	学生	教师	专家	
专业知识	25%	移植季节	熟知	基本掌握	部分掌握	基本不能掌握				
		移植次数和密度	熟知	基本掌握	部分掌握	基本不能掌握				
技能操作	35%	移植	移植操作规范，移植后成活率高	移植操作较规范，移植后成活率高	移植操作有误，移植后成活率高	移植操作错误，移植后成活率低				
		移植后管理	管理措施及时合理	措施合理，不及时	措施不太合理，不及时	措施不合理，不及时				
技能成果	25%	大苗木质量	优	良	一般	差				
职业素养	15%	态度	认真，能吃苦耐劳；不旷课，不迟到早退	较认真，能吃苦耐劳；不旷课	旷课次数≤1/3或迟到早退次数≤1/2	旷课次数>1/3或迟到早退次数>1/2				
		合作	服从管理，能与同学很好配合	能与班级、小组同学配合	只与小组同学很好配合	不能与同学很好配合				
		学习与创新	能提前预习和总结，能解决实际问题	能提前预习和总结，敢于动手	没有提前预习或总结，敢于动手	没有提前预习和总结，不能处理实际问题				

【练习设计】

一、选择

1. 苗木规格和活力等指标没有达到育苗技术规程或标准规定的要求、不能出圃造林的苗木是（   ）。

A. 合格苗　　　　B. 不合格苗　　　C. 目标苗　　　　D. 最优苗

2. 在原播种或插条等育苗地上未经移栽继续培育的苗木称为（   ）。

A. 换床苗　　　　B. 播种苗　　　　C. 留床苗　　　　D. 插条苗

二、简答

1. 苗木移植的目的是什么？

2. 苗木移植的方法有哪些？

技能二　苗木出圃前调查

【技能描述】

能进行苗木出圃前调查。

【技能情境】

（1）场地：苗圃地。

（2）工具：卷尺、表格、笔、开挖工具。

（3）材料：苗木。

【技能实施】

1. 调查前准备工作

（1）确定苗木调查时间。调查一般在秋季苗木停止生长之后至出圃前进行。

（2）查阅资料。应首先查阅育苗技术档案中记载的各种苗木的培育技术措施，并到各生产区踏查，以便划分调查区和确定调查方法。

（3）确定调查区和调查方法。凡是苗木种类或品种、苗龄、育苗的方式方法及主要育苗技术措施等都相同的苗木，可划分为一个调查区。根据调查区的面积确定抽样面积，在样地上逐株调查苗木的质量指标和苗木数量，最后根据样地面积和调查区面积，换算出调查区的总产苗量，进而统计出全圃各类苗木的产量和质量。

2. 分组调查

按照一定的调查方法进行苗木调查，调查内容包括苗高、地径、苗木数量、主根及侧根生长状况等指标。其中根系只需挖取若干样株进行抽查。调查时要按树种、育苗方法、苗木的种类和苗龄等项进行记载，并将合格苗和等外苗分别统计，填写苗木调查统计表。

3. 汇总

将苗木调查统计表进行统计，并进行苗木质量分析报告。

【技术提示】

应用标准地和标准行调查时，一定要从数量和质量上选有代表性的地段进行调查，否则调查结果不能代表全生产区的情况。标准地或标准行面积一般占总面积的2%～4%。

【知识链接】

（一）苗木调查方法

一般在苗木生长停止后，按树种或品种、育苗方法、苗木的种类、苗木年龄等分别进行苗木产量和质量的调查，为制定生产计划、出圃计划和调拨、供销计划提供依据。

1. 标准地法

标准地法适用于苗木数量大的撒播育苗区。方法是在育苗地上，每隔一段距离均匀地设置若干块面积为 $1m^2$ 的小标准地，在小标准地上调查苗木的数量和质量（苗高、地径等），并计算出每 m^2 苗木的平均数量和各等级苗木的数量，再推算全生产区的苗木总产量和各等级苗木的数量。

2. 标准行法

适用于移植苗区、嫁接苗区、扦插苗区、条播区及点播苗区。方法是在苗木生产区中，每隔一定的行数（如5的倍数），选出一行或一垄作标准行，在标准行上进行每木调查；或全部标准行选定后，再在标准行上选出一定长度有代表性的地段，在选定的地段量出苗高和地际直径（或冠幅、胸径），并计算调查地段苗行的总长度和每米苗行上的平均苗木数和各等级苗木的数量，以此推算出全生产区的苗木数量和各等级苗木的数量。

（二）苗龄表示方法

从播种、插条或者埋根到出圃，苗木实际生长的年龄一般是以经历 1 个年生长周期作为 1 个苗龄单位。

苗龄用阿拉伯数字表示。第 1 个数字表示播种苗或营养繁殖苗在原地生长的年龄，第 2 个数字表示第一次移植后培育的年数，第 3 个数字表示第二次移植后培育的年数。数字用短横线间隔，即有几条横线就是移栽了几次。各数之和为苗木的年龄即几年生苗。如：

1-0 表示 1 年生播种苗，未经移植。

2-2 表示 4 年生移植苗，移植 1 次，移植后继续培育 2 年。

2-1-1 表示经两次移植，每次移植后培育 1 年的 4 年生移植苗。

$1_{(2)}$-0 表示 1 年干 2 年根未移植的插条、插根或者嫁接移苗。

$1_{(2)}$-1 表示 2 年干 3 年根移植一次的插条、插根或者嫁接移植苗，括号内的数字表示插条、插根或者嫁接在原地的年龄。

【学习评价】

采用多元化的评价体系，将学生专业知识、技能操作、技能成果和个人的职业素养有效地结合在一起（表1-4-2）。

表 1-4-2　学生考核评价表

考核项目	权重	项目指标	考核等级				考核结果			总评
			A（优）	B（良）	C（及格）	D（不及格）	学生	教师	专家	
专业知识	25%	苗龄表示方法	熟知	基本掌握	部分掌握	少量或者不能掌握				
技能操作	35%	调查前准备工作	调查时间正确和调查区符合要求	调查时间正确和调查区不符合要求	时间有差异，调查区不符合要求	调查时间错误和调查区不符合要求				
		调查	方法正确，内容完整	方法正确，内容不完整	方法有误，内容不完整	方法错误，内容不完整				
技能成果	25%	苗木调查表	记录正确，完整	记录完整，有少量错误	记录完整，有部分错误	记录不完整，有部分错误				
		苗木质量分析报告	记录正确，完整	记录完整，有少量错误	记录完整，有部分错误	记录不完整，有部分错误				
职业素养	15%	态度	认真，能吃苦耐劳；不旷课，不迟到早退	较认真，能吃苦耐劳；不旷课	旷课次数≤1/3或迟到早退次数≤1/2	旷课次数>1/3或迟到早退次数>1/2				
		合作	服从管理，能与同学很好配合	能与班级、小组同学配合	只与小组同学很好配合	不能与同学很好配合				
		学习与创新	能提前预习和总结，能解决实际问题	能提前预习和总结，敢于动手	没有提前预习或总结，敢于动手	没有提前预习和总结，不能处理实际问题				

【练习设计】

简答

1. 简述苗木调查的方法。
2. 苗龄表示方法中"2-1-1"表示什么含义？

技能三　苗木出圃

【技能描述】

能完成苗木出圃任务。

【技能情境】

（1）场地：苗圃地。
（2）工具：草绳、蒲包、铁锹、据、修剪枝、卷尺等。
（3）材料：待出圃苗木。

【技能实施】

1. 起苗

起苗时间根据施工需求、苗木生长特性、气候条件等确定，一般要与植树季节相配合。冬季土壤结冻地区，除雨季植树用苗，随起随栽外，在秋季苗木生长停止后和春季苗木萌动前起苗。

起苗要达到一定深度，要求做到：少伤侧根、须根，保持比较完整的根系，不折断苗干，不伤顶芽（萌芽能力弱的针叶树）；一般针、阔叶树实生苗起苗深度为20~30cm，扦插苗为25~30cm。为防止风吹日晒，将起出的苗木根部加以覆盖或做临时假植。圃地如果干燥应在起苗前进行灌溉，待土不沾锹时起苗。

起苗方法分为裸根苗和带土苗两种（详见项目三）。

2. 包装

为了防止失水，便于运输，提高栽植成活率，一般要对苗木进行包装（详见项目三）。

3. 分级与统计

（1）苗木分级。苗木分级又称选苗，起苗后应根据一定的质量标准把苗木分成若干等级。

（2）苗木统计。苗木的统计，一般结合苗木分级进行，统计时为了提高工作效率，小苗每50株或100株捆成捆后统计捆数。或者采用称重的方法，由苗木的重量计算出其总株数。大苗逐株清点数量。

4. 苗木检疫

在苗木销售和交流过程中，病虫害也常常随苗木一同扩散和传播。因此，在苗木流通过程中，应对苗木进行检疫。运往外地的苗木，应按国家和地区的规定检疫重点的病虫害。如发现本地区和国家规定的检疫对象，要禁止出售和交流。具体检疫措施参考有关书籍。

带有"检疫对象"的苗木应做以下处理：

（1）苗木消毒。消毒的方法有药剂浸渍、喷洒或熏蒸。一般浸渍用的杀菌剂有石硫合剂（浓度为波美 4°~5°）、波尔多液（1%）、升汞（0.1%）、多菌灵（稀释 800 倍）等。消毒时，将苗木在药液内浸 10~20min，或用药液喷洒苗木的地上部分。消毒后用清水冲洗干净。

（2）销毁。经消毒仍不能消灭检疫对象的苗木，应立即销毁。

5. 假植与运输

检疫和消毒后应及时运输到施工场地，必要时需要进行假植（详见项目三）。

【技术提示】

（1）起苗过程中不损伤苗木地上部分，必须最大限度地减少根系损伤。

（2）土壤干燥时起苗，容易损伤苗木的须根和侧根。为少伤苗根，防止起苗时苗地土壤太干，应于起苗前 2~3 天灌水一次。

（3）苗木的分级工作应在荫蔽背风处进行，分级后要做好等级标志。并做到随起苗随分级和假植，以防风吹日晒或损伤根系。

（4）如果有条件的，最好对出圃的苗木都进行消毒，以便控制其他病虫害的传播。

【知识链接】

（一）苗木出圃要求

1. 出圃苗应具备的条件

（1）苗木的树形优美。出圃的园林苗木应生长健壮，骨架基础良好，树冠匀称丰满。

（2）苗木根系发达。主要是要求有发达的侧根和须根，根系分布均匀。

（3）茎根比适当，高粗均匀，出圃苗的高、粗（冠幅）要求达到一定的规格。

（4）无病虫害和机械损伤。苗木出圃的根系应发育良好，起苗时机械损伤轻，根系的大小适中，可依不同苗木的种类和要求而异。另外，要求病虫害很少，尤其对带有危害性极大病虫害的苗木必须严禁出圃，以防止定植后，病虫害严重，生长不好，树势衰弱，树形不整等影响绿化效果。

（5）萌芽力弱的针叶树要具有发育正常的顶芽。

以上是园林绿化苗的一般要求，特殊要求的苗木质量要求不同。如桩景要求对其根、茎、叶进行艺术的变形处理；假山上栽植的苗木，则大体要求"瘦、漏、透"。

2. 出圃苗的规格要求

苗木的出圃规格，根据绿化任务的不同要求来确定。做行道树、庭阴树或重点绿化地区的苗木规格要求高，一般绿化或花灌木的定植规格要求低些。随着城市绿化层次的增高，对苗木的规格要求逐渐提高。出圃苗的规格各地的规定都有一定区别。

（二）苗木分级标准

园林苗木种类繁多，规格要求复杂，目前各地尚无统一和标准化，一般说来，都根据苗龄、高度、根颈直径（或胸径、冠幅）来进行分级。分级的目的，一是为了保证出圃苗符合规格要求；二是为了栽植后生长整齐美观，更好地满足设计和施工的要求。

参照国标《主要造林树种苗木质量分级》（GB 6000—1999）中规定，合格苗木宜根据控制条件、根系、地径和苗高确定，苗木分为合格与不合格两种，合格苗分为Ⅰ、Ⅱ两个等级。在实际操作中按照下列方法来做。

检查控制条件，控制条件为：无检疫对象病虫害，苗木通直，色泽正常；萌芽能力弱的针叶树种顶芽发育饱满、健壮，充分木质化，无机械损伤；对象为储藏的针叶苗木，应在出圃前10~15d测定苗木TNR（苗木新根生长数量）值。控制条件达不到标准要求为不合格苗。

观看根系指标，以根系所达到的级别确定苗木级别。如根系达到Ⅰ级苗木要求，苗木可分为Ⅰ、Ⅱ；如果根系只达到Ⅱ级苗的要求，该苗木最高只能为Ⅱ级。在根系达到要求后按照地径和苗高指标分级，如果根系达不到要求则苗木不合格。

最后观测地径和苗高，分级由地径和苗高两项指标确定，在苗高、地径不属于同一等级时，以地径属别为准。

除了上述要求外，一些特种整形的园林观赏树种的苗木，还有一些特殊的规格要求，如行道树要求分枝点有一定高度；果苗则要求骨架牢固，主枝分枝角度大，嫁接口愈合牢靠，品种优良等。

【学习评价】

采用多元化的评价体系，将学生专业知识、技能操作、技能成果和个人的职业素养有效地结合在一起（表1-4-3）。

表1-4-3　学生考核评价表

考核项目	权重	项目指标	考核等级				考核结果			总评
			A（优）	B（良）	C（及格）	D（不及格）	学生	教师	专家	
专业知识	25%	苗木出圃要求	熟知	基本掌握	部分掌握	少量或者不能掌握				
技能操作	35%	起苗	方法正确，操作规范	方法正确，操作不规范	方法有误，操作不规范	方法错误，操作不规范				
		分级	严格根据苗木要求分级	能根据苗木要求分级	能区分合格和不合格苗	不能区分合格和不合格苗				
		消毒	消毒剂浓度合适，时间和方法正确	消毒剂浓度合适，时间或方法错误	消毒剂浓度不合适，时间或方法错误	消毒剂浓度不合适，时间和方法错误				
技能成果	25%	起苗质量	优	良	一般	差				
职业素养	15%	态度	认真，能吃苦耐劳；不旷课，不迟到早退	较认真，能吃苦耐劳；不旷课	旷课次数≤1/3或迟到早退次数≤1/2	旷课次数>1/3或迟到早退次数>1/2				
		合作	服从管理，能与同学很好配合	能与班级、小组同学配合	只与小组同学很好配合	不能与同学很好配合				
		学习与创新	能提前预习和总结，能解决实际问题	能提前预习和总结，敢于动手	没有提前预习或总结，敢于动手	没有提前预习和总结，不能处理实际问题				

【练习设计】

简答

1. 苗木出圃标准？
2. 园林苗木分级标准？

任务四总结

任务四详细阐述了苗木生长 1 年到苗木出圃前这段时间的苗木管理，包括大苗培育、苗圃地苗木调查及苗木出圃。通过学习，学生可以全面系统地掌握出圃前的苗木管理的知识和技能。

项目一总结

项目一详细阐述了园林植物的育苗技术，主要包括苗圃地选择、规划、建立；播种、扦插、嫁接、压条、分生苗木的定义、类型及培育技术；苗木规格、大苗的培育、苗木调查与出圃。通过学习，学生能够获得常见园林植物育苗的技能。

项目二 园林植物保护地栽培技术

项目引言

　　园林植物栽培分为露地栽培和保护地栽培两种形式。保护地栽培技术是在塑料大棚或者温室内由人工全部或部分控制环境条件的一种栽培。与传统的露地栽培相比，它能调控植物的生长速度，能进行周年性园林植物的生产，是现代园林植物栽培的重要方式。本项目依据实际工作情景，设置了栽培设施、容器栽培技术、无土栽培技术、促成和抑制栽培技术四个任务，全面系统地介绍了园林植物保护地栽培技术及相关理论知识。

学习目标

　　能独立进行保护地的园林植物生产，主要包括：
　（1）了解保护地栽培技术的理论知识。
　（2）熟知栽培设施的类型、无土栽培类型。
　（3）掌握容器栽培技术、水培和基质栽培技术及促成和抑制栽培技术。

任务一　栽培设施

【任务分析】

识别各种栽培设施，熟悉各种栽培设施的环境特点和使用方法，能根据园林植物的需求选择合适的栽培设施。

【任务目标】

（1）了解用于园林植物栽培养护的设施类型、设备配置与环境调控技术。
（2）熟知园林植物设施栽培的技术要求。
（3）掌握以环境调控为主的关键技能。

技能一　温室

【技能描述】

熟悉温室构造，能进行温室设备操作。

【技能情境】

场地：温室。

【技能实施】

（1）带领学生参观温室和温室设备操作。
（2）观看录像、幻灯等关于温室的多媒体影像资料。
（3）学生总结，分组汇报。

【技术提示】

（1）学生在参观中需进行温室资料收集，还要对温室植物的生长状况进行记录。
（2）录像、幻灯等影像资料具有一定针对性。

【知识链接】

（一）温室类型

1. 按照加温形式分为日光温室和现代加温温室

（1）日光温室。由后墙、后屋面、前屋面和保温覆盖物四部分组成，其主要类型有长后坡矮后墙日光温室、短后坡高后墙日光温室、琴弦式日光温室、钢竹混合结构日光温室、全钢架无支柱日光温室等。日光温室的合理结构参数具体可归纳为五度、四比及三材。

1）五度（角度、高度、跨度、长度和厚度，主要是指各个部位的大小尺寸）。角度包括屋面角、后屋仰角和方位角。高度包括矢高和后墙高度。跨度是指温室后墙内侧到前屋面南底角的距离，以 6～7m 为宜。长度是指东西山墙面间的距离，以 50～60m 为宜，也就是一栋温室面积为 350m² 左右，利于一个强壮劳动力操作。厚度包括后墙、后坡和草苫的厚度，厚度的大小主要决定保温性能。

2）四比（是指各部位的比例，包括前后坡比、高跨比、保温比和遮阳比）。前后坡比是指前坡与后坡垂直投影宽度的比例。高跨比是指日光温室的高度与跨度的比例。保温比是指日光温室内的储热面积与放热面积的比例。遮阳比是指在建造多栋温室或在高大建筑物北侧建造时，前面地物对建造温室的遮阳影响。

3）三材（是指建造温室所用的建筑材料、透光材料及保温材料）。建筑材料主要视投资大小而定，投资大时可选用耐久性的钢结构、水泥结构等，投资小时可采用竹木结构。不论采用何种建材，都要考虑有一定的牢固度和保温性。透光材料是指前屋面采用的塑料薄膜，主要有聚乙烯和聚氯乙烯两种。近年来又开发出了醋酸乙烯共聚膜，具有较好的透光和保温性能，且质量轻、耐老化、无滴性能好。保温材料是指各种围护组织所用的保温材料，包括墙体保温、后坡保温和前屋面保温。

（2）现代加温温室。这类温室设有温度、湿度、光照、二氧化碳、肥料、农药等因子的检测和调控装置，可实现对温室内环境因子的自动检测和调节，是现代化生产的必备栽培设施。

2. 按照结构形式分为单栋温室与连栋温室

（1）单栋温室。单栋温室按屋面形式分为单屋面温室、双屋面温室和圆拱形屋面温室。

1）单屋面温室。这种温室呈东西向延长，仅一个向南倾斜的透光屋面。日光温室是最为常见的单屋面温室。日光温室透光屋面面积大，接受光照的时间长，能较好利用当地的光热资源；后墙与侧墙的墙体较厚，且呈"三明治"结构，保温性能好。因此，日光温室是我国冬季光照充足，气候寒冷的北方地区最常见的保温栽培设施。但因光线只能从南面透入，室内栽培的植物因趋光性而向南倾斜，影响株型，所以要经常转盆，以调整株型。

2）双屋面温室。这类温室多南北向延长，有东西两个相等的屋面。因此温室内光照较均匀，室内栽培植物基本没有向南倾斜的现象。这类温室面积较大，受室外气温变化影响小，室内环境较为稳定。这类温室也存在自然通风、降温、降湿效果不良等问题，又因透光屋面面积较大，散热快，需要有较为完善的加温设备。

3）圆拱形屋面温室。这类温室多南北向延长，覆盖材料为塑料薄膜或阳光板。温室性能与双面温室相近。

（2）连栋温室。这类温室是由面积和结构相同的双屋面或圆拱形屋面温室连接而形成的超大型温室。连栋温室的面积可以达数公顷。连栋温室室内环境稳定而均匀，通过对温度、湿度等环境因子的调节，可以实现周年生产。

3. 按照透光层覆盖材料分为塑料薄膜温室、玻璃温室与阳光板温室

（1）塑料薄膜温室。这类温室的采光面采用塑料薄膜覆盖，常作为临时性温室，一般造价较低，但塑料薄膜易被污染且易老化，影响光照及使用年限，需要定期更换。

（2）玻璃温室。这类温室覆盖材料主要有平板玻璃、钢化玻璃和有机玻璃三种。平板玻璃是永久性温室主要的导光覆盖材料，具有良好的光学效能和机械性能，但抗拉力强度较差、易碎，透过紫外线能力差；钢化玻璃是平板玻璃到近软化点温度时，均匀冷却而成的，它的抗弯强度和冲击韧性均比普通玻璃高，抗拉强度大为改善，但不耐高温，炎热夏季有自爆现象，适合于屋脊型连跨大温室；有机玻璃实质上是种塑料，成分是聚甲基烯酸甲酯，透光率超过玻璃，不易碎，坚固耐用，但有致命弱点：高温易发生物理组织结晶性变化，且价格昂贵，不宜作温室的采光覆盖材料。

（3）阳光板温室。这类温室多采用一跨多顶，外形现代，结构稳定，形式美观大方，视觉流畅，热传导系数低保温性能卓越，透光率适中，多雨槽，大跨度，排水量大，抗风能力强，适合于风力与雨量较大的地区。阳光板质量轻，寿命长，拉伸强度大，通过简单的钢骨结构就能满足抗风、抗雪的要求，并且寿命长，美观大方，减少重复建设及投资，是目前替代原始的塑料薄膜温室与玻璃温室的首选产品。

（二）温室的栽培环境特点

1. 光照

光照度低于外界，光照度随时间的变化与自然光照同步，但变化较外界平缓，在空间上分布不均匀。在温室中用来进行光照调控的技术有：不要固定拉、放帘子的时间，尽可能地延长受光时间；采用合理种植密度；选择适合设施的耐弱光品种；采用有色薄膜，人为创造有利于植物光合作用的光质。

2. 温度

气温季节性变化明显；气温日变化大，晴天昼夜温差明显大于外界；气温分布严重不均；土温较气温稳定。在温室中用来进行温度调控的技术有增加保温覆盖的层数、采用隔热性能好的保温覆盖材料以及提高设施的气密性。

3. 湿度

空气相对湿度明显高于露地栽培。在温室中用来进行湿度调控的技术有通风换气、加温除湿、覆盖地膜、科学灌水等。

4. 施肥

最直接最有效地办法是增施有机肥；合理放风和人工施用 CO_2 气肥的方法。而 CO_2 最主要的来源是有机肥分解释放 CO_2、放风的同时补充 CO_2、作物呼吸作用释放的 CO_2 及人工施用 CO_2。

5. 土壤

白天阳光照射地面，土壤把光能转换为热能，一方面以长波辐射的形式散向温室空间，一方面以传导的方式把地面的热量传向土壤的深层；晚间，当没有外来热量补给时，土壤储热是日光温室的主要热量来源。在温室中用来进行土壤调控的技术有：在温室的底部设置隔热板（沟）减少横向传导损失；在土壤当中大量地增施有机肥料；尽量浇用深机井抽取的或经过在温室内预热的水，不在阴天或夜间浇水；地面覆盖地膜或内外覆盖保温设施。

【学习评价】

采用多元化的评价体系，将学生专业知识、技能操作、技能成果和个人的职业素养有效地结合在一起（表2-1-1）。

表 2-1-1　学生考核评价表

考核项目	权重	项目指标	考核等级				考核结果			总评
			A（优）	B（良）	C（及格）	D（不及格）	学生	教师	专家	
专业知识	25%	温室类型	熟知	基本掌握	部分掌握	基本不能掌握				
		温室材料	熟知	基本掌握	部分掌握	基本不能掌握				
		温室环境特点	熟知	基本掌握	部分掌握	基本不能掌握				
技能操作	35%	温控设备操作	原理清楚，操作正确	原理不清楚，操作正确	原理不清楚，操作有误	原理不清楚，操作错误				
		湿度调节，干湿球温度计识读	原理清楚，识读正确	原理不清楚，识读正确	原理不清楚，识读有误	原理不清楚，识读错误				
		温室 CO_2 调节	了解工作原理，能观察计算 CO_2 相对量	了解工作原理，CO_2 相对量观察和计算有误	了解工作原理，不能观察和计算 CO_2 相对量	不了解温室 CO_2 设备的工作原理				
技能成果	25%	调查记录	全面、记述准确	基本全面，记述基本准确	基本全面，但记述有误	不全面，记述不准确				
职业素养	15%	态度	认真，能吃苦耐劳；不旷课，不迟到早退	较认真，能吃苦耐劳；不旷课	一般；旷课次数≤1/3 或迟到早退次数≤1/2	旷课次数>1/3 或迟到早退次数>1/2				
		合作	服从管理，能与同学很好配合	能与班级、小组同学配合	只与小组同学很好配合	不能与班级、小组同学很好配合				
		学习与创新	能提前预习和总结，能解决实际问题	能提前预习和总结，敢于动手	没有提前预习或总结，敢于动手	没有提前预习和总结，不能处理实际问题				

【练习设计】

如何进行常规的温室植物栽培养护管理？

技能二　大棚

【技能描述】

能熟悉塑料大棚的不同类型，掌握塑料大棚的建造方式和设备控制。

【技能情境】

场地：塑料大棚。

【技能实施】

（1）带领学生参观塑料大棚。
（2）观看录像、幻灯等关于塑料大棚影像资料。
（3）学生总结，分组汇报。

【技术提示】

（1）学生在参观中需对塑料大棚资料进行收集，还要对塑料大棚中植物的生长状况进行记录。
（2）录像、幻灯等影像资料具有一定针对性。

【知识链接】

塑料大棚是一种用镀锌钢管或竹木等材料为拱形骨架，以塑料薄膜覆盖为透光面的栽培设施。与普通温室相比，塑料大棚具有结构简单、建造与拆装方便、一次性投资少、运行成本低等优点。同时薄膜的紫外透光率比玻璃高，更有利于植物的健壮生长，但其保温性、抗灾能力、内部环境调控能力等均比温室差。在实际生产中，为了提高大棚的保温性能，常采用"棚套棚"或多层覆盖的方式。

（一）塑料大棚的覆盖材料

1. 覆盖材料的种类

（1）聚氯乙烯（PVC）薄膜。PVC 树脂中加入增塑剂、稳定剂、润滑剂等功能性加工助剂，经延成膜。这种棚膜保温性、透光性好，柔软易造型，适合作为温室、大棚及中小棚的外覆盖材料。缺点是：薄膜密度大，成本较高；耐候性差，低温下易变硬脆化，高温下易软化松弛；助剂析出后，膜面吸尘，影响透光；残膜不可降解和燃烧处理。

（2）聚乙烯树脂。聚乙烯树脂挤出吹塑而成，质地柔软、易造型、透光性好、无毒，是我国目前主要的农膜品种。其缺点是耐候性和保温性差，不易黏接。如果生产大棚薄膜，必须加入耐老化剂、无滴剂、保温剂等添加剂改性，才能适于生产要求。

（3）聚乙烯（PE）和醋酸乙烯（EVA）多层复合膜。聚乙烯（PE）和醋酸乙烯（EVA）多层复合而成的新型温室覆盖薄膜，该膜综合了 PE 和 EVA 的优点，强度大，抗老化性能好，透光率高且燃烧处理时也不会散发有害气体。

（4）其他覆盖材料

1）遮阳网：用聚烯烃树脂加入耐老化助剂拉伸后编织而成，有黑色、灰色等颜色。质轻、耐候性好，使用方便，可用作外覆盖材料也可用作内覆盖材料。有遮阳降温、防雨、防虫等效果，是蔬菜栽培和育苗不可缺少的覆盖材料，可作临时性保温防寒材料。

2）无纺布：由聚乙烯、聚丙烯、维尼龙等纤维材料不经纺织，通过热压黏压而成的一种轻型覆盖材料，是新一代环保材料，具有防潮、透气、柔韧、质轻、不助燃、容易分解、无毒无刺激性、色彩丰富、价格低廉、可循环再利用等特点，多用于设施内双层保温帘或浮面覆盖栽培。

3）外覆盖材料：传统的外覆盖材料有草苫、蒲席、纸被、棉被等，保温性能不错，但笨重、易污染、易浸水、易腐烂等，因而近年来研制出一类新型的称为保温被的覆盖材料，这种材料轻便、防水而且保温性能媲美草苫，一般由 3～5 层不同材料组成，由外向内分别为防雨布、无纺布、棉毯、镀铝转光膜和防雨布。

2. 覆盖材料的特性

（1）光学特性。首先，光合作用有效地波长区域为可见光，透明覆盖材料的可见光透过率越高越好。因此，生产上要避免因灰尘和覆盖材料中的结露而引起透光率的下降。其次，作为太阳光线组成的一部分，紫外线一方面有助于形态建成、花青素的形成以及昆虫的生育，另一方面又能抑制植物徒长和一些病原菌的生长，因此，正确使用去除紫外线薄膜，在许多场合可达到减少病虫害和促进植物生长的目的，而对有传粉蜜蜂以及茄子和玫瑰等具有花青素的作物，则不宜使用去紫外线薄膜，不然会导致产品着色不良和蜜蜂的死亡，从而影响坐果。而红外线则主要与保温性能和隔热性能有关，所谓的温室效应主要是由于长波辐射这一段在起作用。

（2）热特性。覆盖材料的热透过性能一方面影响加温温室的耗能，另一方面则影响非加温温室的保温性能，从而影响夜间温度。

（3）湿度特性。温室内如果湿度过高不仅影响植物的光合作用，而且也容易引起灰霉病等病害发生，因此有必要在塑料原料中添加防雾滴剂，或在薄膜等材料上涂布防雾滴剂以减低设施中的湿度，达到促进植株生长和减少农药使用量等目的。

（4）耐候性。所谓耐候性是指覆盖材料经年累月之后表现不易老化的性能，它关系到覆盖材料的使用寿命。就综合耐候性而言，依强到弱次序为玻璃＞硬质板＞半硬质板＞软质膜，而软质膜中则是 PVC 膜＞EVA 膜＞PE 膜。

（二）塑料大棚的类型

1. 按其大小一般分为小、中、大拱棚

（1）小拱棚：高度 1m 左右，跨度 1～3m。多用于耐寒、半耐寒园林植物早春的早熟栽培，或秋延后栽培。保温效果一般，在外界温度低于 -10℃ 时无太大利用价值。

（2）中拱棚：高度 1.5～2m 左右，跨度 3～4m，有时内部设有立柱。性能好于小拱棚。

（3）大拱棚：目前，我国塑料大棚类型较多，尚无统一的分类方法。单栋大棚，连栋大棚；按屋顶形状分：圆拱形，屋脊形；按骨架材料分：钢结构，竹木结构，水泥结构；按内部是否有立柱分：有立柱，无立柱。

在同样外部条件下，塑料大棚内部温度、光照条件均好于阳畦（见技能三）、中拱棚。

2. 按照构形分

（1）竹木结构大棚：一般跨度为 12～14m，矢高 2.6～2.7m，以 3～6cm 粗的竹竿为拱杆，拱杆间距 1～1.1m，每一拱杆由 6 根立柱支撑，立柱用木杆或水泥预制柱。优点：建筑简单，拱杆有多柱支撑，比较牢固，建筑成本低。缺点：立柱多造成遮光严重，且作业不方便。

（2）悬梁吊柱竹木拱架大棚：在竹木大棚的基础上改进而来，中柱由原来的 1～1.1m 一排改为 3～3.3m 一排，横向每排 4～6 根。用木杆或竹竿作纵向拉梁把立柱连接成一个整体，在拉梁上每个拱架下设一立柱，下端固定在拉梁上，上端支撑拱架，通称"吊柱"。优点：减少了部分支柱，大大改善了棚内环境，且仍有较强的抗风载雪能力，造价较低。

（3）拉筋吊柱大棚：是一种钢竹混合结构，夜间可在棚上面盖草帘。优点：建筑简单，用钢量少，支柱少，减少了遮光，作业也比较方便，而且夜间有草帘覆盖保温。

（4）无柱钢架大棚。

（5）装配式镀锌薄壁钢管大棚。

（三）塑料大棚的结构

塑料大棚的骨架主要包括拱架、纵梁、主柱、山墙主柱、骨架连接卡具和门等，由于建造材料不同，骨架构件的结构也不同。

1. 拱架

拱架是塑料大棚承受风、雪荷载和承重的主要构件，按造价不同，拱架主要有单杆式和桁杆式。

2. 纵梁

保证拱架纵向稳定，使各拱架连接成为整体的构件，纵梁也有单杆式和桁架式两种形式。

3. 立柱

在拱架材料的面积较小，不足以承受风、雪荷载，或拱架的跨度较大，棚体结构不够牢固时，则需要在棚内设置立柱，直接支撑拱架和纵梁，以提高塑料大棚整体的承载能力。

4. 山墙立柱

即棚头立柱，常见的为直立型，在多风强风地区则适于采用圆拱形和斜撑型。

5. 骨架连接卡具

用于塑料大棚的骨架之间的连接，这些卡具分别由弹簧钢丝、钢板、钢管等加工制造，具有使用方便、拆装迅速、固定可靠等优点。

6. 门

门既是管理与运输的出入口，又可兼作通风换气口。单栋大棚的门一般设在棚头中央，门框高度为 1.7～2m，宽度为 0.8～1m。为了保温，棚门可开在南端棚头。气温升高时，为加强通风，可在北端再开一扇门。其形式有合页门、吊轨推拉门等。为减少建棚投资，也可在门口吊挂草帘或棉帘代替门。此外，为防止害虫侵入，通风口、门窗均可覆盖 20～24 目的纱网，阻隔害虫入侵。

【学习评价】

采用多元化的评价体系，将学生专业知识、技能操作、技能成果和个人的职业素养有效地结合在一起（表 2-1-2）。

表 2-1-2　学生考核评价表

考核项目	权重	项目指标	考核等级				考核结果			总评
			A（优）	B（良）	C（及格）	D（不及格）	学生	教师	专家	
专业知识	25%	大棚类型	熟知	基本掌握	部分掌握	基本不能掌握				
		大棚材料	熟知	基本掌握	部分掌握	基本不能掌握				
		大棚作用	熟知	基本掌握	部分掌握	基本不能掌握				

（续）

考核项目	权重	项目指标	考核等级				考核结果			总评
			A（优）	B（良）	C（及格）	D（不及格）	学生	教师	专家	
技能操作	35%	温控设备操作	调节原理清楚，操作正确	调节原理不清楚，操作正确	调节原理不清楚，操作有误	调节原理不清楚，操作错误				
		湿度调节，干湿球温度计识读	调节原理清楚，识读正确	调节原理不清楚，识读正确	调节原理不清楚，识读有误	调节原理不清楚，识读错误				
		光照调节	能测定光照强度，能观察大棚内部和四周植物的生长情况	基本能测定光照强度，能观察大棚内部和四周植物的生长情况	基本能测定光照强度，不能观察大棚内部和植物的生长情况	不能测定光照强度，不能观察大棚内部和植物的生长情况				
技能成果	25%	调查记录	全面、记述准确	基本全面，记述基本准确	基本全面，但记述有误	不全面，记述不准确				
职业素养	15%	态度	认真，能吃苦耐劳；不旷课，不迟到早退	较认真，能吃苦耐劳；不旷课	一般；旷课次数≤1/3或迟到早退次数≤1/2	旷课次数＞1/3或迟到早退次数＞1/2				
		合作	服从管理，能与同学很好配合	能与班级、小组同学配合	只与小组同学很好配合	不能与班级、小组同学很好配合				
		学习与创新	能提前预习和总结，能解决实际问题	能提前预习和总结，敢于动手	没有提前预习或总结，敢于动手	没有提前预习和总结，不能处理实际问题				

【练习设计】

塑料大棚的构造是怎样的？

技能三　冷（温）床

【技能描述】

冷床和温床主要是为园林苗木生产中早春育苗提供保温防寒措施。通过实地踏勘温床床冷床的设备，了解其原理，掌握温床冷床的植物栽培方法。

【技能情境】

场地：温床，冷床苗木生产基地。

【技能实施】

（1）带领学生参观冷（温）床。

（2）观看录像、幻灯等关于冷（温）床影像资料。

（3）学生总结，分组汇报。

【技术提示】

（1）学生在参观中需进行冷（温）床资料收集，还要对冷（温）床植物的生长状况进行记录。

（2）录像、幻灯等影像资料具有一定针对性。

【知识链接】

（一）冷床

阳畦又称冷床。它是一种利用太阳光热，保持畦内较高温度的简易的保护地类型。是由风障畦发展而来的，将风障畦的畦埂加高、加厚，成为畦框，在畦框上覆盖塑料薄膜，并在薄膜上加盖不透明覆盖物即为阳畦。

1. 结构

阳畦根据其结构特点可分为普通阳畦和改良阳畦两种。普通阳畦也称冷床，又可分为抢阳畦和槽子畦。改良阳畦也称小暖窖。

（1）普通阳畦的结构：普通阳畦（图 2-1-1）主要由风障、畦框、覆膜、覆盖物（草帘、蒲席）等四部分组成。

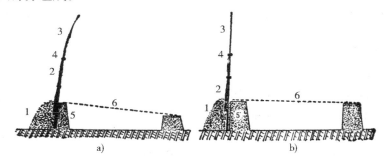

图 2-1-1　普通阳畦的结构

1—土背　2—披风　3—篱笆　4—楞杆　5—畦框　6—蒲席

抢阳畦采用倾斜风障（图 2-1-1a），槽子畦采用直立风障（图 2-1-1b）。畦框用土做成，分为南北框及东西两侧框，其尺寸规格依阳畦类型而定。抢阳畦北框比南框高而薄，上下成楔形，四框做成后向南成坡面，因此称为抢阳畦。一般抢阳畦的北框高 35～60cm，底宽 30cm，顶宽 15～20cm；南框高 20～40cm，底宽 30～40cm，顶宽 30cm；东西侧框与南北两框相接，厚度与南框相同；畦面下宽 1.66m，上宽 1.82m，畦长 6m，或成它的倍数，做成联畦。槽子畦南北两框接近等高，框高而厚，四框做成后近似槽形，故称槽子畦。槽子畦北框高 40～60cm，宽 35～40cm；南框高 40～55cm，宽 30～35cm；东西两侧框宽 30cm；畦面宽 1.66m，畦长 6～7m，或做成加倍长的联畦。

覆膜用竹竿或竹片在畦面上作支架，覆盖塑料薄膜，成为塑料薄膜阳畦。覆盖物外面保温覆盖多采用蒲席或草帘，通常以蒲席最好。此外，芦苇多的地方也有用苇毛做覆盖物的。

（2）改良阳畦的结构：改良阳畦（图2-1-2）是由土墙（后墙、山墙、柁）、棚架（柱、檩、柁）、土棚顶（有的有、有的无）、塑料棚膜、保温覆盖物（蒲席或草帘）等五部分组成。改良阳畦的后墙高0.9~1m，厚40~50cm，山墙脊高与改良阳畦的中柱相同；中柱高1.5m，土棚顶宽1.0~1.2m，跨度3~4m，东西山墙北高南低，每3~4m长为一间，每间设一立柱，立柱上加柁，上铺两根檩（檐檩、二檩），檩上放秫秸、抹泥，然后再放土，前屋面晚上用草帘保温覆盖。阳畦长度因地块而定，一般10~30m，与早期的日光温室类似，只是空间和面积小些。

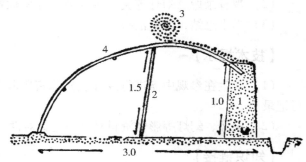

图2-1-2 改良阳畦（单位：m）
1—土墙 2—柱 3—草帘 4—竹竿骨架

2. 性能

阳畦除具有风障的效应外，白天可以大量吸收太阳光热，夜间可以减少辐射强度，保持畦内较高的畦温和土温。改良阳畦性能优于普通阳畦。由于接受阳光热量的不同，致使局部存在着很大的温差，一般北框和中部的温度较高，南框和西部的温度较低。

（二）温床

温床是在阳畦的基础上改进的园林设施。它除了具有阳畦的防寒保温作用以外，还可以通过酿热加温及电热线加温等来补充日光增温的不足。因此温床是一个既简单又实用的园林植物育苗设施。

1. 酿热温床

（1）结构。酿热温床主要由床框、床坑、透明覆盖物、保温覆盖物、酿热物等五部分组成，用得最多的是半地下式土框温床（图2-1-3）。温床建造场地要求背风向阳、地面平坦、排水良好。床宽1.5~2m，长依需要而定，床顶加盖薄膜呈斜面以利透光；在床底部挖成鱼脊形（南边深、中间浅、北边稍深），以求温度均匀；在床内铺上酿热物，酿热物分层加入，每15cm一层，踏实后浇温水，厚度多为30~50cm，即封闭盖顶，让其充分发酵，一

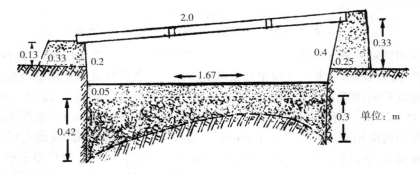

图2-1-3 半地下式酿热温床结构示意图

周后温度稳定，上面铺 5～10cm 的土。花卉扦插或播种用的，可铺 10～15cm 培养土、河沙、蛭石、珍珠岩等。

酿热物是用于温床酿热的材料。酿热物的碳氮比高，则发热低、持续时间长；碳氮比低，则发热快、温度高、持续时间短。实践证明，以碳氮比为 20～30、含水量 70% 为佳。可选用新鲜的骡、马粪、新鲜的厩肥及各种饼肥等高热酿热物，也可选用牛粪、猪粪、稻草、麦秸等低热酿热物。使用时最好是高热酿热物与低热酿热物以 1∶1 或 2∶1 的比例混合，发热效果较好。

（2）性能及应用。与阳畦相比，温床内温度增高，并且温度分布均匀。由于其前期温度高，后期温度低，主要用于北方地区早春培育果菜类幼苗。

2. 电热温床

（1）电热温床的结构。电热温床是在阳畦、小拱棚或大棚及温室中的栽培床上做成育苗用的平畦，然后在育苗床底部铺隔热层，再铺设电热线而成。电热线埋入土层深度一般 10cm 左右为宜，但如果用育苗钵或营养土块育苗，则以埋入土中 1～2cm 为宜。选定的功率密度通常以 70～150W/m² 为宜，具体功率密度要根据不同地区、不同季节及不同设施来确定。山东地区冬季日光温室内可采用 70～90W/m²，阳畦可采用 90～120W/m² 的功率密度。

（2）性能及应用。利用电热线把电能转变为热能进行土壤加温，可自动调节温度，且能保持温度均匀，使用时间不受季节限制。电热温床主要用于冬春园林植物育苗。

【学习评价】

采用多元化的评价体系，将学生专业知识、技能操作、技能成果和个人的职业素养有效地结合在一起（表2-1-3）。

表 2-1-3　学生考核评价表

考核项目	权重	项目指标	考核等级				考核结果			总评
			A（优）	B（良）	C（及格）	D（不及格）	学生	教师	专家	
专业知识	25%	冷床材料	熟知	基本掌握	部分掌握	基本不能掌握				
		冷床功能	熟知	基本掌握	部分掌握	基本不能掌握				
技能操作	35%	温床温控设备操作	原理清楚，操作正确	原理不清楚，操作正确	原理不清楚，操作有误	原理不清楚，操作错误				
技能成果	25%	调查记录	全面、记述准确	基本全面，记述基本准确	基本全面，但记述有误	不全面，记述不准确				
职业素养	15%	态度	认真，能吃苦耐劳；不旷课，不迟到早退	较认真，能吃苦耐劳；不旷课	旷课次数≤1/3或迟到早退次数≤1/2	旷课次数＞1/3或迟到早退次数＞1/2				
		合作	服从管理，能与同学很好配合	能与班级、小组同学配合	只与小组同学很好配合	不能与同学很好配合				
		学习与创新	能提前预习和总结，能解决实际问题	能提前预习和总结，敢于动手	没有提前预习或总结，敢于动手	没有提前预习和总结，不能处理实际问题				

【练习设计】

一、名词解释

阳畦（普通阳畦和改良阳畦）　温床（酿热温床和电热温床）

二、简答

1. 简述风障畦、阳畦及温床的结构。

2. 电热温床布线时应注意哪些问题？

技能四　荫棚

【技能描述】

熟悉荫棚的构造，掌握荫棚的园林用途。

【技能情境】

场地：荫棚。

【技能实施】

（1）带领学生参观荫棚。

（2）观看录像、幻灯等关于荫棚的影像资料。

（3）学生总结，分组汇报。

（4）搭建一个临时荫棚。

【技术提示】

（1）学生在参观中需进行荫棚资料收集，还要对温室植物的生长状况进行记录。

（2）录像、幻灯等影像资料具有一定针对性。

【知识链接】

1. 荫棚功能

荫棚是搭在露地苗床上方的遮阳设施，高度约为2m，支柱和横档均用镀锌钢管搭建而成，支柱固定于地面。使用时，根据植物的不同需要，覆盖不同透光率的遮阳网。这种荫棚也可在温室内使用。另一种是搭建在温室上方的外遮阳设施，对温室内部进行遮阳、降温。荫棚的作用，一是在夏秋强光、高温季节，进行遮阳栽培；二是在早春和晚秋霜冻季节对园林植物起到一定的保护作用，使园林植物免受霜冻的危害。

2. 荫棚类型

（1）临时性荫棚。临时性荫棚多用于露地繁殖床和切花栽培，一般在春季搭建、秋季拆除。用木材、竹材搭建骨架，东西延长，荫棚的高度根据种植植物的高低进行设置，上可覆盖2~3层遮阳网。栽培时一般应逐渐减少覆盖，增强光照，以促进植物的生长发育。

（2）永久性荫棚。永久性荫棚一般是用钢制骨架和水泥柱构成，一般高2~3m、宽6~

7m，用于喜阴植物的生产或者半阴植物的越夏，如兰花、杜鹃等。永久性荫棚要求选择在不积水且通风良好的地方建造，棚架过去多用苇帘、竹帘等覆盖，现多采用遮阳网覆盖，也可采用葡萄、凌霄、蔷薇等攀缘植物遮阴，这样既实用又有自然情趣，但需经常管理和修剪，以调整遮光率，其遮光率应视栽培植物的种类而定。盆花栽培时应置于花架或倒扣的花盆上，若放置于地面上，则应铺以陶粒、炉渣或粗沙，以利排水，并防止下雨时污水溅污枝叶及花盆。

3. 荫棚构造

荫棚的建造与塑料大棚相类似，一般应选在地势高、通风和排水良好的地段，以保证雨季棚内不积水，有时还需在棚的四周开小型排水沟。

【学习评价】

采用多元化的评价体系，将学生专业知识、技能操作、技能成果和个人的职业素养有效地结合在一起（表2-1-4）。

表2-1-4　学生考核评价表

考核项目	权重	项目指标	考核等级				考核结果			总评
			A（优）	B（良）	C（及格）	D（不及格）	学生	教师	专家	
专业知识	25%	荫棚功能	熟知	基本掌握	部分掌握	基本不能掌握				
		荫棚类型	熟知	基本掌握	部分掌握	基本不能掌握				
		荫棚构造	熟知	基本掌握	部分掌握	基本不能掌握				
技能操作	35%	临时荫棚搭建	在规定时间内完成搭建，荫棚符合要求	在超时完成搭建，荫棚符合要求	在超时完成搭建，荫棚不符合要求	不能完成搭建				
技能成果	25%	调查记录	全面、记述准确	基本全面，记述基本准确	基本全面，但记述有误	不全面，记述不准确				
职业素养	15%	态度	认真，能吃苦耐劳；不旷课，不迟到早退	较认真，能吃苦耐劳；不旷课	一般；旷课次数≤1/3 或迟到早退次数≤1/2	旷课次数>1/3 或迟到早退次数>1/2				
		合作	服从管理，能与同学很好配合	能与班级、小组同学配合	只与小组同学很好配合	不能与同学很好配合				
		学习与创新	能提前预习和总结，能解决实际问题	能提前预习和总结，敢于动手	没有提前预习或总结，敢于动手	没有提前预习和总结，不能处理实际问题				

【练习设计】

1. 荫棚的类型有哪些？

2. 荫棚的作用是什么？

技能五　风障

【技能描述】

熟悉风障的构造，掌握风障的园林用途。

【技能情境】

场地：风障。

【技能实施】

（1）带领学生参观风障。

（2）观看录像、幻灯等关于风障的影像资料。

（3）学生总结，分组汇报。

（4）搭建一个风障。

【技术提示】

（1）学生在参观中需进行风障资料收集，还要对风障内植物的生长状况进行记录。

（2）录像、幻灯等影像资料具有一定针对性。

【知识链接】

（一）风障的结构性能

1. 结构

风障由风障主体、风障前的栽培畦和畦上的透光覆盖物、不透光覆盖物组成。

畦墙可用木板打墙，也可用铁锨拍打后切齐的办法。畦墙做好后扎风障。风障是用竹竿、木杆等做骨架材料，用高粱秸、芦苇、稻草、草苫子等做挡风材料，在栽培畦的北侧，东西向扎成一道围障。按风障的高矮可分为大风障与小风障两种，大风障高 2.5~3m，小风障高 1.5~2m。风障的高度越高，其保温性能越好，但建造成本也越大，反之则小。建风障时，在风障的北侧挖一道深 20~30cm、宽 30~40cm 的沟。挖出的土翻到北面。然后把高粱秸或芦苇等材料，按照与畦面呈 75° 的角度，放入沟内埋好，并将挖出的沟土培在风障基部。为了固定风障角度和增加坚固性，可在风障两端和中间事先深埋数根木杆。为增强风障的防风性能，应在风障背后加披草苫子，再覆以披土，披土的高度为 40~50cm。在风障离地面 1~1.5m 处加一道腰拦，大风障则需加两道腰拦，即用竹竿或数根高粱秸横向于风障两面夹好、绑紧，使整个风障成为一体。有的地区由于缺乏高粱秸等物料，风障的建造大大简化。

2. 风障的性能

防风：阻挡北风侵袭，减缓风速。防风范围是障高的 8~12 倍，最有效地范围是 1.5~2 倍。

增温：保持风障畦内的热量，提高畦内温度。可以提高 5℃ 左右，白天障前的气温与地温比露地高。

增加光照：白天可把日光反射到畦内，增加栽培畦的日照强度；夜间可反射畦内向外散失的长波热辐射线，减缓热量散失。

风速的减缓也有利于减少畦内水分的蒸发量，保持土壤湿度。

减少冻土层深度。

为达到适温，晚上没有保温措施，生产局限性大。

（二）风障的设置

1. 方位和角度

正南北或偏向东南 5° 为好，风障与地面夹设角 70～75°。

2. 风障距离

每排风障的距离 5～7m，或相当于风障高的 3.5～4.5 倍。

3. 风障的长度和排数

长度 15～25m，长排风障比短排风障好。

【学习评价】

采用多元化的评价体系，将学生专业知识、技能操作、技能成果和个人的职业素养有效地结合在一起（表 2-1-5）。

表 2-1-5　学生考核评价表

考核项目	权重	项目指标	考核等级				考核结果			总评
			A（优）	B（良）	C（及格）	D（不及格）	学生	教师	专家	
专业知识	25%	风障材料	熟知	基本掌握	部分掌握	基本不能掌握				
		风障功能	熟知	基本掌握	部分掌握	基本不能掌握				
技能操作	35%	风障搭建	在规定时间内完成，符合要求	在超时完成搭建，符合要求	在超时完成搭建，不符合要求	不能完成搭建				
技能成果	25%	调查记录	全面，记述准确	基本全面，记述基本准确	基本全面，但记述有误	不全面，记述不准确				
职业素养	15%	态度	认真，能吃苦耐劳；不旷课，不迟到早退	较认真，能吃苦耐劳；不旷课	一般；旷课次数 ≤1/3 或迟到早退次数 ≤1/2	旷课次数 >1/3 或迟到早退次数 >1/2				
		合作	服从管理，能与同学很好配合	能与班级、小组同学配合	只与小组同学很好配合	不能与同学很好配合				
		学习与创新	能提前预习和总结，能解决实际问题	能提前预习和总结，敢于动手	没有提前预习或总结，敢于动手	没有提前预习和总结，不能处理实际问题				

【练习设计】

一、填空

风障的结构包括＿＿＿＿＿、＿＿＿＿＿、＿＿＿＿＿。

风障的方位角为_____，风障与地面的夹设角_____。

二、问答

1. 试述风障的性能。

2. 设置风障时应注意的问题有哪些？

任务一总结

园林植物栽培设施的种类较多，随着园林行业的发展，栽培设施的构造和材料工艺已经得到了较大的提升。园林植物品种较多，针对不同用途和不同栽培特性的园林植物进行栽培设施的选择，并了解栽培设施的功能。通过任务一的学习，让学生能够了解基本的栽培设施种类，并能进行园林植物栽培养护设施的基本操作。

任务二　容器栽培技术

【任务分析】

能根据园林植物的生物学特性选择适宜的容器和基质，进行容器栽培。

【任务目标】

（1）了解常见的容器种类与性质。

（2）熟悉常见容器栽培基质类型及性质。

（3）掌握容器栽培的技术。

技能一　容器的选择

【技能描述】

了解不同容器的用途，能够选择适合的容器进行栽培。

【技能情境】

场地：温室大棚等栽培设施地、花卉市场。

【技能实施】

（1）学生分组进行市场调查栽培容器和容器栽培的植物种类。

（2）观看录像、幻灯等影像资料。

（3）学生总结，分组汇报。

【技术提示】

（1）学生在进行市场调查中应选择有代表性地点，调查全面，细致。

（2）录像、幻灯等影像资料具有一定针对性。

【知识链接】

（一）容器栽培概述

1. 容器栽培定义与特点

容器栽培是在各种容器中装入配制好的营养土进行育苗，所培育出的苗木称为容器苗。容器栽培大多在温室或塑料大棚内进行，因为在这种环境下育苗，能人为控制温、湿度，为苗木创造较佳的生长条件，使苗木生长快，缩短育苗时间。如果在野外进行容器栽培，必须选择地势平坦、排水通畅和通风、光照条件好的半阳坡，忌选易积水的低洼地、风口处和阴暗角落。

容器苗具有以下优势：

（1）容器苗便于管理。比如根据苗木的生长状况，可随时调节苗木间的距离，便于整形修剪等。

（2）便于运输，节省了田间栽培的起苗包装的时间和费用。

（3）在一年四季均可移栽，且不影响苗木的品质和生长，保持原来的树形，提高绿化景观效果。

2. 容器栽培应用

针对容器栽培的优缺点，容器栽培一般应用于以下情况：用裸根苗栽植难以成活的树种；自然条件恶劣或立地条件差的地区，用裸根苗造林成活率低的造林地，如干旱地区、土壤瘠薄、气候条件恶劣的立地；珍稀树种或具有优良遗传性状而种子数量较少的某些经济树种的培育；扦插繁殖时使用；组织培养育苗过程中使用；某些价值较高的观赏植物、绿化苗木的培育；适于造林地补植，由于容器苗造林不受限制，可随时进行补植。

（二）容器种类

1. 常见育苗栽培容器

育苗容器应有利于苗木生长，制作材料来源广，加工容易，成本低廉，操作使用方便，保水性能好，浇水、搬运不易破碎等。容器有两种类型：

（1）有外壁容器。有外壁容器，内盛培养基，如各种育苗钵、育苗盘、育苗箱等。按制钵材料不同，又可分为土钵、陶钵、草钵以及近年应用较多的泥炭钵、纸钵、塑料钵和塑料袋等。此外，合成树脂以及岩棉等也可用作容器材料。

（2）无外壁容器。将充分腐熟的厩肥或泥炭加园土，并混合少量化肥压制成钵状或块状，供育苗用。

育苗容器大小取决于育苗地区、树种、育苗期限、苗木规格、运输条件以及造林地的立地条件等。在保证造林成效的前提下，尽量采用小规格容器，干旱地区、干热河谷和立地条件恶劣的、杂草繁茂的造林地适当加大容器规格。

2. 常见苗木栽培容器

容器分两大类，一类是可以连同苗木一起栽植的容器，如营养砖、泥炭器、稻草泥杯、纸袋、竹篮等；另一类是栽植前要卸掉的容器，如塑料薄膜袋、塑料筒、陶土容器等。常见的主要有以下几种：

（1）塑料薄膜容器。一般用厚度为 0.02～0.06mm 的无毒塑料薄膜加工制作而成。塑料薄膜容器分有底（袋）和无底（筒）两种。有底容器中，下部需打 6～12 个直径为 0.4～0.6cm 的小孔，小孔间距 2～3cm，也可再剪去两边底角，以便排水。规格：一般高 12～18cm，口径 6～12cm，建议使用根型容器，以利于苗木形成良好的根系和根形。这种容器内壁有多条从边缘伸到底孔的棱，能使根系向下生长，不会出现根系弯曲的现象。塑料薄膜容器具有制作简便、价格低廉、牢固、保湿、防止养分流失等优点，是目前使用最广泛的容器。

（2）蜂窝状容器。以纸或塑料薄膜为原料制成，将单个容器交错排列，侧面用水溶性胶粘剂粘合而成，可折叠，用时展成蜂窝状，无底六角形。在育苗过程中，容器间的胶黏剂溶解，可使之分开。

（3）硬塑料杯。用硬质塑料制成六角形、方形或圆锥形，底部有排水孔的容器。圆锥形容器内壁有 3～4 条棱状凸起。防止苗木根系盘旋。此类容器成本较高，但可回收反复使用。

（4）其他容器。因地制宜使用竹篓、竹筒、泥炭以及木片、牛皮纸、树皮、陶土等制作的容器。

3. 常见花卉栽培容器

（1）素烧盆。又称瓦盆，以黏土烧制，有红盆和灰盆两种，通常为圆形，盆底或两侧留有小洞孔，以排除多余的水分，而且通气性能良好，价格便宜，是园林植物生产中常用的容器。但是其制作较为粗糙，易生青苔，色泽不佳，欠美观，且易碎，运输不便，不适于栽植大型花木。

（2）陶瓷盆。由高岭土烧制而成，外形多样，上釉者称为瓷盆，不上釉者称为陶盆，多为紫褐色或老紫色，通常带有彩色绘画，外形美观，通常作套盆或短期观赏用，适用于室内装饰及展览。与素烧盆相比，通气透水性不良，不适用于植物栽培。

（3）木盆或木桶。由木料与金属箍、竹箍或藤箍圈制而成，其形状一般上大下小，以圆形为主，也可制成方形或长方形。盆的两侧一般设把手，以便搬动；盆下设短脚，或垫以砖或木块，以免盆底直接着地而腐烂；用材宜选择质坚硬而又不易腐烂的红松、杉木、柏木等，外部刷油漆，内面用防腐剂涂刷，盆底设排水孔；多用作栽植高大、浅根性观赏植物，如棕榈、南洋杉、橡皮树、桂花等，但木质易腐烂，使用年限较短。

（4）紫砂盆。其形式多样，有圆形、正方形、长方形、椭圆形、六角形、梅花形等；质地有紫砂、红砂、白砂、乌砂、春砂、梨皮砂等种类。一般造型美观，外部常有刻字装饰，古朴大方，色彩调和，但是透气性能稍差，多用来养护室内名贵盆花以及栽植盆景。

（5）塑料盆。一般形状各异，色彩多样，外形美观，轻便耐用，携带方便，但是排水透气性不良，在生产中可通过改善培养土的物理性状，使之疏松通气来克服。塑料花盆一般为圆形，高腰、矮三脚或无脚，底部或侧面留有孔眼，以利于浇灌吸水及排水，也可不留孔作水培或套盆用。在家庭或展览会上，可在底部加一托盘，承接溢出水；也可用塑料花盆种植花卉，吊挂在室内作装饰；或在苗圃中制成不同规格的育苗塑料盘，也称为穴盘，适用于花卉种苗的工厂化生产。

（6）金属盆和玻璃盆。多用于水培、种植水生花卉植物或实验室栽培。

【学习评价】

采用多元化的评价体系，将学生专业知识、技能操作、技能成果和个人的职业素养有效地结合在一起（表 2-2-1）。

表 2-2-1　学生考核评价表

考核项目	权重	项目指标	考核等级				考核结果			总评
			A（优）	B（良）	C（及格）	D（不及格）	学生	教师	专家	
专业知识	25%	容器种类	熟知	基本掌握	部分掌握	基本不能掌握				
		容器应用	熟知	基本掌握	部分掌握	基本不能掌握				
技能操作	35%	容器种类的调查	提前完成调查	按规定完成调查	超时完成调查	不能完成调查				
技能成果	25%	调查记录	全面，记述准确	基本全面，记述基本准确	基本全面，但记述有误	不全面，记述不准确				
职业素养	15%	态度	认真，能吃苦耐劳；不旷课，不迟到早退	较认真，能吃苦耐劳；不旷课	旷课次数≤1/3 或迟到早退次数≤1/2	旷课次数＞1/3 或迟到早退次数＞1/2				
		合作	服从管理，能与同学很好配合	能与班级、小组同学配合	只与小组同学很好配合	不能与同学很好配合				
		学习与创新	能提前预习和总结，能解决实际问题	能提前预习和总结，敢于动手	没有提前预习或总结，敢于动手	没有提前预习和总结，不能处理实际问题				

【练习设计】

容器的种类有哪些？

技能二　基质的配制

【技能描述】

能根据不同的栽植植物进行基质的配制。

【技能情境】

（1）场地：温室大棚等栽培设施地。

（2）工具：修枝剪、铁锹、手套等。

（3）材料：适宜栽培的基质，如杂树皮、锯末、枯枝落叶、作物秸秆（玉米秸）、花生壳、废菌棒、牛粪、圈粪等；需要种植的植物。

【技能实施】

（1）确定基质配合比方案。

（2）根据基质配方准备好所需的材料（包括所需的复合肥或氮、磷肥）。

（3）按比例将各种材料混合均匀。

（4）进行土壤消毒。为预防苗木发生病虫害，基质要严格进行消毒，应一边喷洒消毒剂（如 $1m^3$ 土加入 30% 硫酸亚铁溶液），一边翻拌营养土。或者在 50～80℃ 温度下熏蒸或者火烧，保持 20～40min。

（5）调节酸碱度。每种园林植物均有生长所需的适宜酸碱度范围，配制好的容器栽培基质在使用之前一般还须调节酸碱度。土壤的酸碱度一般采用 pH 试纸或酸度计测定，若偏酸可采用石灰粉、石膏和草木灰等混合中和，若偏碱则可采用硫黄粉、硫酸亚铁等混合中和。

【技术提示】

（1）杂树皮、锯末、枯枝落叶、作物秸秆（玉米秸）、花生壳等加工粉碎，最大直径不超过 2cm。

（2）各种材料必须混合均匀。

（3）配制好的营养土再放置 4～5d，使土肥进一步腐熟。

（4）配制基质用的土壤应选择疏松、通透性好的壤土，不宜用黏重土壤或纯沙土，不得选用菜园地土及其他污染严重的土壤。制作营养砖要用结构良好、腐殖质含量较高的壤土。制作营养钵时在黄心土中添加适量沙土或泥炭。

（5）基质必须添加适量基肥。用量按树种、培育期限、容器大小及基质肥沃度等确定，阔叶树多施有机肥，针叶树适当增加磷钾肥。有机肥应就地取材，要既能提供必要的营养又能起调节基质物理性状的作用。常用的有河塘淤泥、厩肥、土杂肥、堆肥、饼肥、鱼粉、骨粉等。有机肥要堆沤发酵，充分腐熟，粉碎过筛后才能使用。无机肥以复合肥、过磷酸钙或钙镁磷等为主。

【知识链接】

培养基是装在容器内供育苗的材料，又称营养土或基质，它是容器栽培成功与否的关键因素之一。容器栽培用的基质要因地制宜、就地取材，必须有良好的理化性质，有较好的保湿、通气、透水性，适宜的酸碱度，重量轻，不带杂草和害虫，且需进行消毒。

1. 常见的基质材料

要求所用的材料具有较好的物理性质，尽量不要使用自然土壤作基质。目前配制营养土的材料有黄心土（生黄土）、火烧土、腐殖质土、蛭石、珍珠岩、泥炭、森林表土、锯末等。不同基质材料的特性及制备见表 2-2-2。

表 2-2-2　不同基质材料的特性及制备

种　类	特　性	制　备	注意事项
堆肥土	含较丰富的腐殖质和矿物质，pH4.6~7.4；原料易得，但制备时间长	用植物残落枝叶、青草、干枯植物或有机废物与园土分层堆积 3 年。每年翻动两次，再进行堆积，经充分发酵腐熟而成	制备时，堆积疏松，保持潮湿；使用前需过筛消毒
腐叶土	土质疏松，营养丰富，腐殖质含量高，pH4.6~5.2，为最广泛使用的培养土，适用于栽培多种花卉	用阔叶树的落叶、厩肥或人粪尿与园土层层堆积，经 2~3 次制成	堆积时应提供有利于发酵的条件，存贮时间不宜超过 4 年
草皮土	土质疏松，营养丰富，腐殖质含量较少，pH6.5~8，适于栽培玫瑰、石竹、菊花等花卉	草地或牧场上层 5~8cm 表层土壤，经 1 年腐熟而成	取土深度可以变化，但不宜过深
松针土	强酸性土壤，pH3.5~4.0；腐殖质含量高，适于栽培酸性土植物，如杜鹃花	用松、柏针叶树落叶或苔藓类植物堆积腐熟，经过 1 年，翻动 2~3 次	可用松林自然形成的落叶层腐熟或直接用腐殖质层
沼泽土	黑色。丰富腐殖质，呈强酸性反应，pH3.5~4.0；草炭土一般为微酸性。用于栽培喜酸性土花卉及针叶树等	取沼泽土上层 10cm 深土壤直接作栽培土壤，或用水草腐烂而成的草炭土代用	北方常用草炭土或沼泽土
泥炭土	有两种：褐泥炭，黄至褐色，富含腐殖质，pH6.0~6.5，具防腐作用，宜加河沙后作扦插床用土；黑泥炭，矿物质含量丰富，有机质含量较少，pH6.5~7.4	取自山林泥炭藓长期生长经炭化的土壤	北方不多得，常购买
河沙或沙土	养分含量很低，但通气透水性好，pH 在 7.0 左右	取自河床或沙地	—
腐木屑	有机质含量高，持肥、持水性好，可取自木材加工厂的废用料	由锯末或碎木屑熟化而成	熟化期长，常加入人粪尿熟化
蛭石、珍珠岩	无营养含量，保肥、保水性好，卫生洁净	—	防止过度老化的蛭石或珍珠岩
煤渣	含矿质，通透性好，卫生洁净	—	多用于排水层
园土	一般为菜园、花园中的地表上，土质疏松，养分丰富	经冬季冻融后，再经粉碎、过筛而成	带病菌较多，用时要消毒
黄心土	黄色、砖红色或赤红色，一般呈微酸性，土质较黏，保水保肥力较强，腐殖质含量较低，营养贫乏，无病菌、虫卵、草籽	取自山地离地表 70cm 以下的土层	用时常要拌入有机肥和沙、腐木屑、珍珠岩等
塘泥	含有机质较多，营养丰富，一般呈微酸性或中性，排水良好	取自池塘，干燥后粉碎、过筛	有些塘泥较黏，用时常拌沙、腐木屑、珍珠岩等
陶粒	颗粒状，大小均匀，具适宜的持水量和阳离子代换量，能有效地改善土壤的通气条件；无病菌、虫卵、草籽；无养分	由黏土煅烧而成	—

2. 常见的基质配方

营养土配方各地不同，常用的有以下几种：

（1）腐殖土、黄心士、火烧土和泥炭土中的一种或两种，占 50% ~ 60%；细沙土、蛭石、珍珠岩或锯末中的一种或两种，占 20% ~ 25%；腐熟的堆肥 20% ~ 25%。另每立方营养土中加 1kg 复合肥。

（2）黄心土 30%、火烧土 30%、腐殖土 20%、菌根土 10%、细河沙 10%，每立方米再加已腐熟的过磷酸钙 1kg。此配方适合培育松类苗。

（3）火烧土 80%、腐熟堆肥 20%。

（4）泥炭土、火烧土、黄心土各 1/3。

（5）黄心土、火烧土各一半加入 3% ~ 5% 的过磷酸钙，拌入菌根土。

【学习评价】

采用多元化的评价体系，将学生专业知识、技能操作、技能成果和个人的职业素养有效地结合在一起（表2-2-3）。

表2-2-3 学生考核评价表

考核项目	权重	项目指标	考核等级				考核结果			总评
			A（优）	B（良）	C（及格）	D（不及格）	学生	教师	专家	
专业知识	25%	基质材料	熟知	基本掌握	部分掌握	基本不能掌握				
		基质配方	熟知	基本掌握	部分掌握	基本不能掌握				
技能操作	35%	基质配制	方法正确，操作规范	方法正确，操作有误	方法有误，操作有误	方法有误，操作错误				
		基质消毒	消毒剂浓度合适，时间和方法正确	消毒剂浓度合适，时间或方法错误	浓度不合适，时间或方法错误	浓度不合适，时间和方法错误				
技能成果	25%	基质配合比的检查	容重、孔隙度、pH 符合要求	前面有两项符合要求	前面有一项符合要求	前面有三项都不符合要求				
职业素养	15%	态度	认真，能吃苦耐劳；不旷课，不迟到早退	较认真，能吃苦耐劳；不旷课	旷课次数≤1/3 或迟到早退次数≤1/2	旷课次数>1/3 或迟到早退次数>1/2				
		合作	服从管理，能与同学很好配合	能与班级、小组同学配合	只与小组同学很好配合	不能与同学很好配合				
		学习与创新	能提前预习和总结，能解决实际问题	能提前预习和总结，敢于动手	没有提前预习或总结，敢于动手	没有提前预习和总结，不能处理实际问题				

【练习设计】

如何调节基质的 pH 值？

技能三 容器栽培技术

【技能描述】

掌握园林植物容器栽培技术基本技能。

【技能情境】

（1）场地：温室大棚等栽培设施地。
（2）工具：修枝剪、铁铲、手套、清扫工具等。
（3）材料：适宜栽培的基质，如杂树皮、锯末、枯枝落叶、作物秸秆（玉米秸）、花生壳、废菌棒、牛粪、圈粪等；种植容器，需要种植的植物。

【技能实施】

1. 选择树种

选择名特新且价格较高的品种，如桂花、玉兰、紫叶挪威槭、黄花丁香、红叶紫荆、花叶复叶槭、金叶复叶槭、红枫、加拿大红枫、石榴、树桩月季、蓝冰柏、黄金海岸柏、刺柏等。苗木应选择生长健壮、树型优美、无病虫害的植株。

2. 栽植前修剪

选用控根容器栽植的苗木应进行枝条和根系修剪，枝条修剪时把内膛枝、弱枝、病虫害枝剪去，根系修剪应剪去老根、露新茬，根长控制在 15～20cm，裸根栽植。栽植前用 200ppm 的 ABT2 生根粉溶液或国光 20 生根粉溶液对根系进行浸泡。

3. 上盆

将园林苗木栽植于容器中的过程称为上盆。上盆一般在春秋两季进行，其步骤如下：

栽植时一手拿苗，一手从四周加入培养土，当加到半盆时，振动花盆并用手指轻压紧培养土，使根与土紧密结合后再加细培养土，直到距盆口 4～5cm 处，再在面上稍加一层粗培养土，栽植时一般先将苗木立于盆中央，掌握好种植深度，一般根颈处距盆口沿约 2cm。以便浇水施肥，并防止板结。对于只有基生叶而无明显主茎的植株，上盆时应注意"上不埋心、下不露根"。

4. 摆盆

将装好基质的容器整齐摆放到苗床上，要成行成列，这样不仅能减少因风的透入而造成土壤干燥，而且最大限度地节省土地；排放好的容器上口要平整一致，容器间空隙要用细土填实，以利保温保湿，避免风干；苗床周围要用土培好，以免放在边沿上的容器被碰倒和与空气接触面太大。

5. 栽后管理

苗木上盆后应及时浇透水，并移至荫蔽处养护一周左右，待苗木生根成活后，再进行常规管理。

【技术提示】

（1）栽植最好选择阴天或下午进行，栽后先放置在树下或遮阳网下。为确保苗木的成活，要做到苗木随起随栽，对于不能及时栽植的苗木要先假植，尽量减少苗木暴露在阳光下的时间，以防失水过多。栽植时根系与基质紧密结合，栽植时根底部要垫一定基质，边栽边提动，然后踩实，基质不用太满，基质离容器上边缘5cm左右，以便浇水。

（2）装填无底薄膜容器时，更要注意把底部压实，使提袋时不漏土。

【知识链接】

（一）移植苗木来源

移植稀有珍贵、发芽困难及幼苗期易发病的种子，可先在种床上密集播种，精心管理，待幼芽或幼苗长到一定高度后，再移入容器培养。按照移植时苗木的生长程度可以分为芽苗移植、幼苗移植和一年生裸根苗移植。

1. 芽苗移植

将经过消毒催芽的种子（如湿地松的种子）均匀撒播于沙床上，待芽苗出土后移植到容器中。针叶树应在种壳将脱落、侧根形成前进行。移植前将培育芽苗的沙床浇透水，轻拔芽苗放入盛清水的盆内，芽苗要移植于容器中央，移植深度掌握在根颈以上$0.5\sim1m$，每个容器移芽苗$1\sim2$株，晴天移植应在早、晚进行。移植后随即浇透水，一周内要坚持每天早、晚浇水，必要时还应适当遮阴。采用芽苗移植不仅幼苗生长均匀整齐，而且节约种子，但拔苗时注意不要伤苗。

2. 幼苗移植

在生长季节，待幼苗长出$2\sim3$片真叶时，将幼苗移植到容器内。应选无病虫害、有顶芽的小苗，在早、晚或阴雨天移植。容器内的营养土要充分湿润，若过干，应提前$1\sim2d$淋水，待水下渗一段时间后再行移植。移植方法：先用竹签将幼苗从种床上挑起，幼苗要尽量多带宿土，然后用木棒在容器中央引孔，将幼苗放入孔内压实，栽植深度刚好埋过幼苗在种床上的埋痕为宜；在容器底部装填$1/3$的营养土；将已经修好根的小苗摆在容器中央，深度掌握在小苗茎上埋痕低于袋口$1\sim1.5cm$；一手持苗，一手将剩余的$2/3$营养土填入，填土的同时不断敲击容器，使土与苗根紧密接触。注意持苗时，正确的方法是捏着叶子，而不是捏着苗茎。

3. 一年生裸根苗移植

在早春或晚秋休眠期进行，选苗干粗壮、根系发达、顶芽饱满、无病虫害、色泽正常、木质化程度好的壮苗，移植前要进行修剪、分级。移植时用手轻轻提苗，使根系舒展开，填满土充分压实，使根土密接，土面应略微低于袋口，防止栽植过深、窝根或露根，每个容器内移苗一株，移植后随即浇透水。

（二）容器栽植后期管理

容器栽植后期管理主要包括施肥、浇水和除草等，同其他栽培方式后期管理一样，但也有不同的地方，主要包括以下几个方面：

1. 换盆

随着盆栽植株的生长，当原来的花盆已经限制其生长，或是原有的基质养分已经消耗殆尽、盆土的理化性质变劣、植株根系部分腐烂老化时，需要将小盆换成与植株大小相称的大盆或是更换新盆土，将植株由小盆移换到另一个大盆中的操作过程，称为换盆。将盆栽的植株从盆中取出，经分株或换土后，再栽入盆中的过程，称为翻盆。一般苗木由小长大需要经过 2～3 次换盆才能定植于大盆中，多年生花木每年或每 2～3 年也要定期换盆并更新基质。盆栽换盆时一般依次由小号盆移栽到中号盆、大号盆中，或是从普通土盆移植到紫砂盆、带釉瓷盆等。

容器栽培必须选择好换盆时机，才能保证植株对新环境的适应。宿根花卉和木本花木可在秋季生长即将停止时进行，或在春季生长开始前进行。常绿植物也可在雨季换盆。在栽培设施比较完善的地方，只要条件许可可以根据需要随时换盆，但花芽形成或花朵盛开时除外。具体方法如下：

先将植株从原来的容器中取出（脱盆）。脱盆时，应按住植株的基部，将盆担起倒置并轻磕盆边，取出土球。对于较大的花木，可将盆侧放，双手握住植株基部，用脚轻磕盆边将土球取出。

对于木本花卉土球取出后，应适当切除原土球，切除部分一般不超过原土球的 1/3，并剪除裸露的老根、病残根，适当修剪枝叶，然后再植入新的容器中。

对于换盆困难的大型容器，一般先将容器吊放在高台上。然后用绳子分别捆住植株的茎基部和中部，将植株轻吊起，使容器倾斜，慢慢扣出容器。处理土球后，用新基质将植株重新栽入容器中，最后立起容器，压实浇水。

2. 倒盆

盆栽植物在保护地栽培中，由于不同位置的环境条件不同，而且随着植株的长大容易造成拥挤，所以在栽培期间应经常倒盆，更换位置或是调整距离以保证植株的生长均匀。下列两种情况需要进行倒盆：

（1）盆栽植物经过一段时间的生长株幅增大造成株间拥挤，此时如不及时倒盆会因通风透光不良导致病虫害和植株徒长。

（2）在大棚温室中摆放在不同位置的盆栽植物因受到的光照、通风、温度等环境因子影响不同，生长出现差异，倒盆可使盆栽植物生长一致。

3. 转盆

在保护地栽培中，同一个植株由于在不同方向接受的光照不同，易导致植株偏向光源生长，引起植株的生长不良并降低观赏效果，所以需要经常转盆，不断改变植株的受光角度以消除植株的偏冠现象。

4. 扦盆

盆栽植物在生长过程中，由于浇水以及植物根系生长等的影响，容易导致土壤板结，必须经常扦松盆土，改善水、气状况才能保证植株的正常生长。

【学习评价】

采用多元化的评价体系，将学生专业知识、技能操作、技能成果和个人的职业素养有效地结合在一起（表2-2-4）。

表2-2-4　学生考核评价表

考核项目	权重	项目指标	考核等级				考核结果			总评
			A（优）	B（良）	C（及格）	D（不及格）	学生	教师	专家	
专业知识	25%	容器栽植技术	熟知	基本掌握	部分掌握	基本不能掌握				
技能操作	35%	苗木选择	合适	合适	不合适	不合适				
		栽植	方法正确，操作规范	方法正确，操作不规范	方法有误，操作不规范	方法错误，操作不规范				
		栽植后管理	管理措施及时，恰当	管理措施不时，恰当	管理措施不时，有误	管理措施不时，错误				
技能成果	25%	植物的生长势	优	良	一般	差				
职业素养	15%	态度	认真，能吃苦耐劳；不旷课，不迟到早退	较认真，能吃苦耐劳；不旷课	旷课次数≤1/3或迟到早退次数≤1/2	旷课次数＞1/3或迟到早退次数＞1/2				
		合作	服从管理，能与同学很好配合	能与班级、小组同学配合	只与小组同学很好配合	不能与同学很好配合				
		学习与创新	能提前预习和总结，能解决实际问题	能提前预习和总结，敢于动手	没有提前预习或总结，敢于动手	没有提前预习和总结，不能处理实际问题				

【练习设计】

一、填空

1. 容器栽培覆土厚度因种子厚度而定，一般为种子厚度的_____倍，最深不超过_____cm，微粒种子以不见种子为度。

2. 浇水要适时适量，播种或移植后随即浇透水，在_____和_____要勤灌、薄灌保持培养基质湿润。

二、问答

1. 如何进行苗期管理？

2. 容器育苗的关键是什么？

任务二总结

　　针对需要进行容器栽培的园林植物，选择合适的容器是关键。不同容器的透气性不同，根据植物根系的生长要求进行合适的选择。基质的配合比关系到植物根系的生长形势好坏，甚至会影响植物的病虫害滋生。在植物栽培的过程中，还需要掌握正确的操作步骤。通过任务二的学习，学生需要了解园林植物容器栽培的容器种类，常见的基质材料及其配合比以及容器栽培的基本操作，并进行实地的操作训练，巩固所学内容。

任务三 无土栽培技术

【任务分析】

能根据园林植物的生物学特性，选择适宜的无土栽培的设施、方法，进行无土栽培，包括：

（1）选择适宜无土栽培的设施。

（2）配制无土栽培营养液。

（3）基质栽培技术。

（4）无基质栽培（水培）技术。

【任务目标】

（1）掌握无土栽培的基础知识，包括其设施类型、方法等。

（2）掌握无土栽培营养液的配制技术。

（3）掌握园林花卉的基质栽培技术。

（4）掌握园林花卉的水培技术。

技能一 无土栽培的调查

【技能描述】

（1）掌握无土栽培的基础知识。

（2）掌握本地区主要的无土栽培的设施类型及其特点、性能及应用。

（3）能说出无土栽培的方法。

（4）识别无土栽培设施构件。

【技能情境】

（1）场地：当地无土栽培园林、园艺企业。

（2）材料及工具：室外调查皮尺、钢卷尺、测角仪（坡度仪）等测量用具，铅笔、直尺等记录用具及介绍不同无土栽培类型和结构的影像资料。

【技能实施】

（1）调查和测量。分组，按以下内容进行实地调查、访问和测量，将测量结果和调查资料整理成报告。要点如下：

1）调查本地无土栽培设施的类型和特点，观测各种类型无土栽培的场地选择、设施方位和整体规划情况。

2）测量并记载不同无土栽培设施类型的结构规格、配套型号、性能特点和应用的角度。

① 记录水培设施的种类、材料，种植槽的大小、定植板的规格、定植杯的型号、供液

系统以及储液池的容积等。

② 记录基质培的基质种类、设施结构及供液系统。

3）分析不同形式无土栽培类型结构的异同、性能的优劣、成本构成与经济效益。

4）调查记载不同无土栽培类型在本地区的主要栽培季节、栽培作物种类和品种以及周年利用情况。

（2）观看录像、幻灯等影像资料，了解我国及国外水培、雾培、基质培等无土栽培类型、结构特点和功能特性。

【技术提示】

（1）写出调查报告，绘制表格，说明本地区无土栽培类型、结果、性能及其应用。

（2）画出主要设施类型的结构示意图，注明各部位名称和尺寸。

【知识链接】 无土栽培

无土栽培又称营养液栽培、水培等，指的是不使用土壤而使用营养液设施栽培植物的方法。它是相对于自然土壤栽培而发展起来的新型栽培技术，起始于20世纪30～40年代，在欧美一些国家发展较快，目前多用计算机控制营养液浓度、酸碱度及用量，控制栽培过程中的温度、湿度、光照等，使栽培管理简单化、自动化、科学化。

（一）无土栽培的特点

无土栽培以人工创造的优良根系环境取代通常的土壤根系环境，使植物生长在无土环境中。在无土栽培过程中，植物生长的一切环境因素（温度、光照、水、空气、土壤）都可以人为控制，以最大限度地满足根系生长对水、肥、气、热的要求，发挥植物生长的最大潜力。无土栽培是当今园林植物生产科学化、自动化、现代化的体现，其主要特点如下：

（1）植物产量高、品质好、收效大。

（2）节约水肥，减少劳动用工。

（3）清洁卫生，减少病虫害。

（4）不择土地，能工厂化生产。

当然，无土栽培也有不足之处：

（1）投资大，因无土栽培完全是人为控制生产条件的，需要许多设备，一次性投资大。

（2）能耗大，因一切设备都在电能驱动下运转，所以能耗大。

（3）营养液配合比复杂，费用高。

（二）无土栽培的类型

无土栽培的类型很多。目前比较普遍的分类方法是按照1990年联合国粮农组织的标准，将无土栽培分为无基质栽培和基质栽培。

1. 无基质栽培

无基质栽培是指将植物的根连续或间断地浸在营养液中生长，不需要基质的栽培方法。无基质栽培一般只在育苗期采用基质，定植后就不用基质了，可分为水培和喷雾栽培两类：水培是定植时营养液直接与根接触的栽培方法，我国常用的有营养液膜法、深液流法、浮板毛管法、动态浮板法等；喷雾栽培简称雾培或气培，是将营养液直接喷雾到植物根系上，营养液可循环利用的栽培方法，该方法较好地解决了无基质栽培过程中养分元素和氧气的供应问题。

2. 基质栽培

基质是无土栽培中用以固定植物根系的固形物质，可同时吸附营养液，改善根系透气性，目前应用最广的是石棉基质栽培。有机基质栽培是用各种有机物质作基质（如草炭、锯末、树皮、稻壳、甘蔗渣、棉籽壳等）的一种栽培方法，使用前基质一般要经过发酵处理。以上各种基质可单独使用，也可混合使用，混合使用效果更好。

（三）无土栽培的设施

1. 栽培设备

无土栽培设备包括育苗容器、栽培容器、育苗床和栽培床四种。

（1）育苗容器。育苗容器是指供育苗用的容器，具体可分为育苗钵、育苗板、育苗箱。

（2）栽培容器。无土栽培的主要栽培形式是盆栽。所用容器有塑料盆和陶瓷盆。

（3）育苗床。育苗床是指用来培育幼苗的无土栽培设备。

（4）栽培床。栽培床是指种苗的床体设备，常用的有：水泥床，用水泥材料建造，一般长度 $1 \sim 10m$，宽度 $20 \sim 90cm$，深度 $10 \sim 20cm$，建造时呈倾斜状，坡度 $1/100 \sim 1/200$；塑料床，用塑料材料制成，一般长度为 $150 \sim 200cm$，宽度 $60 \sim 80cm$，深度 $15 \sim 20cm$。

2. 供液系统

供液系统是输送培养液的设备系统，可分为以下几种：

（1）人工系统。人工系统主要是用浇水壶等器具人工对植株逐棵浇灌培养液，适合小规模的无土栽培。

（2）滴灌系统。滴灌系统通过一个高于栽培床 $1m$ 以上的营养液槽，借重力的作用输送营养液。营养液先经过过滤器，再进入直径为 $35 \sim 40mm$ 的管道，然后通过直径为 $20mm$ 的细管进入栽培植物附近，最后由发丝滴管将营养液滴在根系上，每 $1000m^2$ 可用 1 个容积为 $2.5m^3$ 的营养液槽来供液。

（3）喷雾系统。喷雾系统将营养液喷成雾状，喷洒在植物根系上，是一个封闭系统。

（4）液膜系统。液膜系统由栽培床、储液罐、电泵和管道组成。一般栽培床每隔 $10m$ 设 1 个倾斜的回液管，通过它使营养液回流到设置在地下的营养液槽中。使用时，先将稀释好的营养液用水泵抽到高处，然后使其在栽培床上较高一端流动，每 $1000m^2$ 可设置一个容积为 $4000 \sim 5000L$ 的营养液槽，每小时的供液时间为 $10 \sim 20min$。

（四）栽培基质处理

无土栽培基质由于吸附了许多盐类和杂质，使用前必须经过处理，处理方法包括洗盐、灭菌、氧化和离子导入。

1. 洗盐

用清水反复冲洗栽培基质，可除去基质中多余的盐分。

2. 灭菌

通过暴晒基质或将基质通入高压蒸汽进行高温灭菌，也可以用甲醛喷洒。甲醛喷洒的方法为：先按 $50 \sim 100mL/m^2$ 均匀喷洒，然后覆盖薄膜，$2 \sim 3d$ 后揭膜摊晾。

3. 氧化处理

将沙石、砾等置于空气中，使游离氧与硫化物反应，可防止基质变黑。

4. 离子导入处理

定期给基质浇灌高浓度的营养液，补充植物生长所需的矿质养分。

【学习评价】

采用多元化的评价体系，将学生专业知识、技能操作、技能成果和个人的职业素养有效地结合在一起（表2-3-1）。

表 2-3-1　学生考核评价表

考核项目	权重	项目指标	考核等级				考核结果			总评
			A（优）	B（良）	C（及格）	D（不及格）	学生	教师	专家	
专业知识	35%	无土栽培特点	熟知	基本掌握	部分掌握	基本不能掌握				
		无土栽培类型	熟知	基本掌握	部分掌握	基本不能掌握				
		无土栽培设施	熟知	基本掌握	部分掌握	基本不能掌握				
		无土栽培内容	熟知	基本掌握	部分掌握	基本不能掌握				
技能效果	50%	无土栽培类型、特点、场地选择及配套	调查内容全面，记述准确	调查内容基本全面，记述基本准确	调查内容基本全面，但记述有误	调查内容不全面，但记述不准确				
		对比不同无土栽培类型结构、性能	准确而又全面进行分析比较	基本全面和准确进行分析比较	基本准确进行分析比较，但不全面	分析模糊，比较不清楚				
		不同类型无土栽培在本地的栽培利用情况	调查内容全面、记述准确	调查内容基本全面，记述基本准确	调查内容基本全面，但记述有误	调查内容不全面，但记述不准确				
职业素养	15%	态度	认真，能吃苦耐劳；不旷课，不迟到早退	较认真，能吃苦耐劳；不旷课	旷课次数≤1/3或迟到早退次数≤1/2	旷课次数>1/3或迟到早退次数>1/2				
		合作	服从管理，能与同学很好配合	能与班级、小组同学配合	只与小组同学很好配合	不能与同学很好配合				
		学习与创新	能提前预习和总结，能解决实际问题	能提前预习和总结，敢于动手	没有提前预习或总结，敢于动手	没有提前预习和总结，不能处理实际问题				

【练习设计】

一、填空

1. 无土栽培以_____的优良根系环境取代通常的_____根系环境，使植物生长在无土环境中。在无土栽培过程中，植物生长的一切环境因素（温度、光照、水、空气、土壤）都可以_____，以最大限度地满足根系生长对水、肥、气、热的要求，发挥植物生长的最大潜力。

2. 无土栽培按照有无基质，分为_____和_____两种类型。

3. 无土栽培设施分为_____和_____。

二、选择

1. 我国常用的水培方法有（　　　　）。

A. 营养液膜法　　　B. 深液流法　　　C. 浮板毛管法　　　D. 动态浮板法

2. 下面选项为无土栽培特点的是（　　　　）。

A. 植物产量高、品质好　　　　　　B. 节约水费、减少劳动用工

C. 清洁卫生，减少病虫害　　　　　D. 投资大

三、判断

1. 无土栽培是一种无需用土，节能卫生的栽培植物的方法。（　　　）

2. 无土基质栽培中，基质一般无须处理，可直接使用。（　　　）

四、实训

利用身边的材料自制无土基质栽培槽。

技能二　营养液的配制

【技能描述】

能依据满足园林植物的生长发育的营养液配方，配制出合格的营养液。

【技能情境】

（1）材料与用具：珍珠岩或树皮、砂子、水培盆（3L）、营养液容器（3个50kg塑料桶）、微管（3mm）、小铲、木台子（1m高，放营养液容器）、水勺、天平（千分之一和万分之一）、量筒（1000mL）、烧杯（1000mL）、聚乙烯塑料（0.1mm厚）、聚苯乙烯泡沫（0.02m 2个）。

（2）试剂：硝酸钙、磷酸钾、硫酸铵、硫酸镁、硫酸钾、过磷酸钙、硝酸钠、氯化钾、硫酸锌、硫酸锰、硼酸粉、硫酸铜、硫酸亚铁。

【技能实施】

1. 称取香石竹配方试剂

（1）1号营养液。硫酸铵（0.187g）、硫酸镁（0.5g）、硝酸钙（1.79g）、磷酸钾（0.62g），加自来水1L配制而成。

（2）2 号营养液。硝酸钠（0.630g）、过磷酸钙（0.441g）、硫酸铵（0.158g）、硫酸钾（0.221g）、硫酸镁（0.252g），同时在 1000L 溶液中加入 2～3g 配好的微量元素。

（3）3 号营养液。硝酸钠（0.882g）、氯化钾（0.0788g）、过磷酸钙（0.4725g）、硫酸镁（0.2678g）、硫酸铵（0.6030g），同时在 1000L 溶液中加入 2～3g 配好的微量元素。

配好的微量元素：硫酸锌（3g）、硫酸锰（9g）、硼酸粉（7g）、硫酸铜（3g）、硫酸亚铁（10g）混合而成，及时配制使用。

2. 配制

（1）称样：在千分之一天平上称取大量元素；在万分之一天平上称取微量元素。

（2）将自来水（硬水可减少硝酸钙和硫酸钾的用量，增加硝酸钾的用量）分别放入 1 号桶、2 号桶、3 号桶内，先分别加入称取的大量元素 1 号、2 号、3 号配方的试剂，然后按不同配方加入配好的微量元素（按 1000L 溶液加入 2～3g 的量）进行搅拌，充分溶解。

【技术提示】

（1）仔细阅读肥料或化学品说明书，注意分子式、含量、纯度等指标，检查原料名实是否相符，准备好盛装浓缩液的容器，贴上不同颜色的标识。

（2）试剂或肥料用量的计算结果要反复核对，确保准确无误；保证称量的准确性和名实相符。

（3）各种原料分别称好后，一起放到配制场地规定的位置上，最后核查无遗漏，才动手配制。切勿在用料及配制用具未到齐的情况下匆忙动手操作。

（4）原料加水溶解时，有些试剂溶解太慢，可用温水溶解或使用磁力搅拌器搅拌。有些试剂如硝酸铵，不能用铁质的器具敲击或铲，只能用木、竹或塑料器具取用。

（5）用于溶解试剂或肥料的容器须用清水刷洗，刷洗水一并倒入储液罐或储液池内。

（6）在实际生产中要建立严格的记录档案，以备查验。

【知识链接】

（一）植物无土栽培中营养液配方制定的原则

在无土栽培中，植物需要的营养元素和水分主要来自营养液，因此，营养液是无土栽培的核心，必须认真地了解和掌握有关营养液的知识，如对营养液配方的选择、配制的技术和营养管理等。由于无土栽培设施的不同和生产条件的差异，营养液的配方也会有所不同。要真正筛选出一个好的配方，需要通过自己的实践和探索。因此必须从理论和实践中认识营养液的组成及其变化规律，只有这样才能在复杂的生产实践中灵活又正确地使用营养液，以取得良好的效果。制定一个营养液配方，必须符合以下几个原则：

（1）营养液中必须含有植物生长所必需的营养元素，这些营养元素化合物应是植物根系直接吸收利用的形态。

经过植物生理学家一百多年来的研究，发现在植物体中存在着近 60 种不同元素。然而其中大部分元素并不是植物生长发育所必需。植物生长发育必需的元素只有 16 种，这就是碳、氢、氧、氮、磷、硫、钾、钙、镁、铁、锰、锌、铜、钼、硼和氯，人们将这 16 种元素称为必要元素。它们之所以被称为必要元素，是因为缺少了其中任何一种，植物的生长发育就不会正常，而且每一种元素不能互相取代，也不能由化学性质非常相近的元素代替。

植物所必需的 16 种元素中，碳、氢、氧、氮、磷、硫、钾、钙、镁 9 种元素，植物吸收量多，称为大量元素；铁、锰、锌、铜、钼、硼和氯 7 种元素，植物吸收量少，称为微量元素。16 种必要元素中的碳、氢、氧来自大气和水，其余 13 种元素一般称为矿质营养元素，它们均靠植物根系从土壤中吸收，是无土栽培营养液的核心。每种元素的化合物形态很多，但根系只能吸收其自身可以利用的化合物形态，例如，对于氮元素来说，大多数植物只能吸收铵态氮（NH_4-N）和硝态氮（NO_3-N）。了解植物对元素的吸收形态非常重要，因为只有了解植物根系的这种选择性吸收，才能正确设计出无土栽培的营养液配方。

上面已经提到，植物所需的碳、氢、氧可来自大气和水，所以一般情况下并不需要担心植物缺乏这三种元素，但在保护地栽培时，由于保护地条件下的二氧化碳浓度低于大气的浓度，因此有时需要施用二氧化碳。增施二氧化碳既可采用前面介绍过的简单的方法，也有些现代化的无土栽培温室装有发生器，可根据不同作物的要求，调节温室中的二氧化碳浓度。当温室中的二氧化碳低于浓度值时，即可释放二氧化碳。

（2）各种营养元素的数量、比例都应符合植物生长发育的要求。

尤其是元素之间的比例应是养分平衡的原则，必须按不同作物的要求配给。

（3）营养液的总盐分浓度及酸碱度都应适合植物生长发育的要求。

配制营养液的元素主要是无机盐，按配方用量加入水中而配成的具有一定浓度的营养液，营养液的浓度又称为盐分浓度，可用离子浓度来表示。营养液的总盐分浓度通常用电导测定，以电导度表示，符号为 EC，EC 值越高，含盐量越大，溶液的渗透性越大。资料表明，盐分浓度明显地影响作物正常生长，经过多年的研究，外国学者认为营养液总浓度的电导度范围不能超过 4.2ms/cm，最低也不能低于 0.88ms/cm，较适宜的数值是 2.5ms/cm。在无土栽培中营养液的酸碱度也是很重要的，不同的作物，pH 值要求也不同，多数植物 pH 在 5.5~6.5。

（4）组成营养液的各种化合物，应在较长的时间内保持有效形态。

营养液配制要避免出现难溶性沉淀，降低营养元素的有效成分。如硝酸钙与硫酸钾相遇，容易产生硫酸钙沉淀，硝酸钙与磷酸盐相遇，也容易产生磷酸钙沉淀。

（5）植物吸收营养造成生理酸碱反应较平稳。

营养液的 pH 值影响作物的代谢和作物对营养元素的吸收。如铁对营养液的 pH 值特别敏感，无土栽培营养液应维持 pH 值的稳定，以保证植物对铁的吸收。因为当营养液呈碱性时，大部分的铁生成不溶性沉淀，植物不能利用。相反，溶液中的 pH 值越低，铁溶解的量虽多，但对植物根系造成伤害。作物生长期间，氮素对营养液反应最大，常用的含氮无机盐主要有铵盐和硝酸盐两种。随着作物对养分的吸收，硝酸盐呈生理碱性反应，使营养液的 pH 值升高；铵盐呈生理酸性反应，使 pH 值下降，引起酸化反应；适当调节铵态氮和硝态氮的比例，使溶液的 pH 值稳定。

（二）营养液的组成

营养液是将含有各种植物营养元素的化合物溶解于水中配制而成，其主要原料就是水和各种含有营养元素的化合物。

1. 水

无土栽培中对用于配制营养液的水源和水质都有一些具体要求。

（1）水源。自来水、河水、井水、雨水和湖水都可用于营养液的配制。但无论用哪种水源都不应含有病菌，不能影响营养液的组成和浓度。所以使用前必须对水质进行调查化验，以确定其可用性。

（2）水质。用来配制营养液的水，硬度以不超过 10° 为好，pH6.5 ~ 8.5，溶氧接近饱和。此外，水中重金属及其他有害健康的元素不得超过最高容许值。

2. 含有营养元素的化合物

根据化合物纯度的不同，一般可以分为化学药剂、医用化合物、工业用化合物和农业化合物。考虑到无土栽培的成本，配制营养液的大量元素时通常使用价格便宜的农用化肥。无土栽培中常用的肥料有硝酸钙、硝酸钾、硫酸铵、磷酸二铵、磷酸二氢钾、硝酸铵、氯化钾、硫酸钾、过硫酸钙、磷酸、硫酸镁、硫酸亚铁、氯化铁、硼酸、硫酸铜、硫酸锰、硫酸锌和钼酸铵等。

（三）营养液的配制

1. 营养液配方的计算

一般在进行营养液配方计算时，应为钙的需要量大，并在大多数情况下以硝酸钙为唯一钙源，所以计算时先从钙的量开始，钙的量满足后，再计算其他元素的量。一般依次是氮、磷、钾，最后计算镁。微量元素需要量少，在营养液中浓度又非常低，所以每个元素单独计算，而无须考虑对其他元素的影响。无土栽培营养液配方的计算方法较多，有 3 种较常见的方法：一是百分率（10^{-6}）单位配方计算法；二是 mmol/L 计算法；三是根据 1mg/kg 元素所需肥料用量，乘以该元素所需的 mg/kg 数，即可求出营养液中该元素所需的肥料用量。

2. 营养液的配制

营养液中含有钙、镁、铁、锰、磷酸根和硫酸根等离子，配制过程中掌握不好就容易产生沉淀。为了生产上的方便，配制营养液时一般先配制浓缩储备液（母液），然后再稀释、混合配制工作营养液（栽培营养液）。

（1）母液的配制。母液一般分为 A 母液、B 母液、C 母液。A 母液以钙盐为主，凡不与钙作用而产生沉淀的盐类都可配制成 A 母液。与磷酸根形成沉淀的盐都可以配成 B 母液。C 母液由铁和微量元素配制而成。

（2）工作液的配制。在配置工作营养液时，为了防止沉淀形成，配制时先加九成的水，然后依次加入 A 母液、B 母液和 C 母液，最后定容。配制好后调整酸碱度并测试营养液的 pH 值和 EC 值，看是否与预配值相符。

（3）营养液的配制。在配制营养液时，要先看清各种药剂的商标和说明，仔细核对其化学名称和分子式，了解其纯度、是否含结晶水等，然后根据选定的配方，准确称出所需的肥料并加以溶解。

1）无机盐类的溶解。溶解无机盐类时，可先用 50℃ 的少量温水将其分别溶解，然后按配方开列的顺序，逐个倒入装有相当于所定容量为 75% 的水中，边倒边搅拌，最后用水定容到所需的量。

2）调节 pH 值。调节 pH 值时，应先把强酸强碱加水稀释或溶解，然后逐滴加入到营养液中，并不断用 pH 精密试纸或酸度计调节至所需的 pH 值为止。

3）添加微量元素。在配制营养液时，对微量元素要严格控制，因为在营养液中微量元素使用不当，即使只有很少剂量，也能引起中毒。在选择微量元素肥料时，要注意对营养液调节 pH 值的影响，因为其中某些元素，如铁在碱性环境中易生成沉淀，不能被植物吸收。

（四）营养液的管理

营养液管理技术性强，是无土栽培尤其是水培成败的关键。

1. 营养液配方的管理

植物的种类不同，营养液配方也不同。即使同一种植物，不同生育期、不同栽培季节，营养液配方也应略有不同。植物对无机元素的吸收量因植物种类和生长发育阶段而不同，应根据植物的种类、品种、生长发育阶段和栽培季节进行管理。

2. 营养液浓度管理

营养液浓度的管理直接影响植物的产量和品质，植物在不同生长期营养液浓度管理指标不同。不同季节营养液浓度管理也略有不同，一般夏季用的营养液浓度比冬季略低。要经常用电导率仪检查营养液浓度的变化，有条件的地方每隔一定时间要进行一次营养液的全面分析；没条件的地方，也要细心观察作物生长情况，有无生理病害的迹象发生，若出现缺素或过剩的生理病害，要立即采取补救措施。

3. 营养液酸碱度的管理

营养液的 pH 值一般要维持在最适范围，尤其是水培，对于 pH 值的要求更为严格。

4. 培地温度的管理

所谓培地温度就是根系周围的温度。通常液温高于气温的栽培环境对植物生长不利，应控制在 8~30℃范围内。

5. 供液方法与供液次数的管理

无土栽培的供液方法有连续供液和间歇供液两种，基质栽培或岩棉栽培通常采用间歇供液方式。每天供液 1~3 次，每次 5~10min，视一定时间内的供液量而定。供液次数多少要根据季节、天气、苗龄大小和生育期来决定。夏季高温，每天需供液 2~3 次。阴雨天温度低，湿度大，蒸发量又小，供液次数也应减少。水培有间歇供液和连续供液。间歇供液一般每隔 2h 一次，每次 15~30min；连续供液一般是白天连续供液，夜晚停止。

6. 营养液的补充和更新

对于循环式工业方式因每循环一周，营养液被作物吸收、消耗，液量会不断减少，回液量不足 1d 的用量，需要补充添加。营养液的更新一般是在其连续使用 2 个月以上后进行一次全量或半量的更新。

7. 营养液的消毒

最常用的方法是高温热处理，处理温度为 90℃；也可用紫外线照射，用臭氧、超声波处理等方法。

【学习评价】

采用多元化的评价体系，将学生专业知识、技能操作、技能成果和个人的职业素养有效地结合在一起（表 2-3-2）。

表 2-3-2　学生考核评价表

考核项目	权重	项目指标	考核等级				考核结果			总评
			A（优）	B（良）	C（及格）	D（不及格）	学生	教师	专家	
专业知识	25%	营养液配制原则	熟知	基本掌握	部分掌握	基本不能掌握				
		营养液组成	熟知	基本掌握	部分掌握	基本不能掌握				
技能操作	45%	称量	熟练使用工具，称量准确	基本会使用工具，称量准确	称量不准确	称量不准确				
		配制	方法正确，操作规范	方法正确，操作不规范	方法有误，操作不规范	方法错误，操作不规范				
		营养液溶解	操作准确，试剂充分溶解	少量不能溶解	半数以上能溶解	半数以上不能溶解				
技能成果	15%	营养液配方检查	体积、pH、浓度符合要求	考核 A 中两个符合要求	考核 A 中两个不符合要求	考核 A 三项都不符合要求				
职业素养	15%	态度	认真，能吃苦耐劳；不旷课，不迟到早退	较认真，能吃苦耐劳；不旷课	旷课次数≤1/3 或迟到早退次数≤1/2	旷课次数＞1/3 或迟到早退次数＞1/2				
		合作	服从管理，能与同学很好配合	能与班级、小组同学配合	只与小组同学很好配合	不能与同学很好配合				
		学习与创新	能提前预习和总结，能解决实际问题	能提前预习和总结，敢于动手	没有提前预习或总结，敢于动手	没有提前预习和总结，不能处理实际问题				

【练习设计】

一、填空

1. 无土栽培营养液必须含有植物生长所必需的_____种营养元素，其中碳、氢、氧来自_____，其余 13 种元素称为矿质营养元素，它们均靠植物根系从土壤中吸收，是无土栽培营养液的_____。

2. 无土栽培营养液的主要原料为_____和_____。

二、选择

1. 下面选项是植物生长所必需的大量营养元素的是（　　　）。

A. 碳、氢、氧　　　B. 氮、磷、硫　　　C. 钾、钙、镁　　　D. 铁、锰、锌

2. 在无土栽培中营养液的酸碱度因作物不同，pH 值要求也不同，多数植物在（　　　）。

A. 5.5～6.5　　　B. 5.5～8.2　　　C. 6.0～7.2　　　D. 6.5～7.0

三、判断

1. 植物生长所必需的营养元素均来源于土壤。　　　　　　　　　　　　　　（　　）

2. 植物必需的某种营养元素可以有与其化学相近的元素替代来供应植物生长。（　　）

3. 植物生长所需要的各种营养元素的比例应遵循养分平衡的原则，必须按不同作物的要求配给。（　　）

4. 组成植物生长的营养液的各种化合物，应在较长的时间内保持有效形态，要避免出现难溶性沉淀。（　　）

四、实训

查询相关资料，总结当地主要无土栽培园林植物的营养液配方。

技能三　花卉基质栽培

【技能描述】

能根据园林植物的生长发育需求，选择适宜的基质，掌握基质栽培的操作流程与技术要领。

【技能情境】

（1）场地：温室。

（2）材料与药剂：红掌种苗，40% 甲醛 100 倍液，配制红掌营养液所需的各种盐类化合物。

红掌营养液配方：$Ca(NO_3)_2 \cdot 4H_2O$ 为 236mg/L；$CaSO_4$ 为 86mg/L；KNO_3 为 354mg/L；$MgSO_4 \cdot 7H_2O$ 为 247mg/L；NH_4NO_3 为 80mg/L；KH_2PO_4 为 136mg/L。

（3）仪器与用具：塑料条盆或花盆，岩棉、蛭石、珍珠岩、椰糠、沙、陶粒、草炭等栽培基质，红砖，黑色聚丙烯塑料薄膜（0.1～0.2mm），成套滴灌设备，铁锹、皮尺、直尺、铁耙、剪子等，喷壶，营养液配制用具。

【技能实施】

1. 基质消毒

在夏季高温季节，在温室或大棚中把基质堆成 20～25cm 高，长、宽视具体情况而定，喷湿基质，使基质含水量超过 80%，然后用塑料薄膜覆盖基质堆，如果是槽培，可直接浇水后在上面盖薄膜即可，密闭温室或大棚，暴晒 10～15d，消毒效果良好。

2. 基质混合与装盆

将珍珠岩、椰糠、沙按 1∶2∶1 混合，然后在塑料条盆或花盆底部填装 5～8cm 的陶粒，其上填装混合基质至盆沿 4cm 左右。

3. 配制营养液。

按红掌营养液配方配制。

4. 定植

将红掌种苗根系洗干净，在 500 倍多菌灵溶液中浸泡根系 5～8min，再用清水清洗，并沥干根系表面的水分。

5. 上盆

根据品种特性可单株或双株定植。裸根苗定植在根颈部位，轻轻墩实盆中基质，保证基质深度与盆水线相平或略高 0.5cm。

6. 栽培管理

定植后适当遮阳，以促进缓苗。温度保持 16~28℃，空气湿度控制在 75%~85%，基质湿度 60%~70%，光强 7500~10000lx，缓苗前不施肥。定植 7~10d 后新根开始生成，植株具有生长势后表示缓苗期已结束，由此过渡到正常的栽培管理。

【技术提示】

（1）基质混配合理、均匀，要事先全面、彻底地消毒。

（2）定植操作要规范，不伤根。

（3）肥水管理科学，栽培效果好。

（4）能够根据幼苗的长势和长相判断其生长发育是否正常。

【技能链接】

（一）无土栽培基质

无土栽培常用的方法有基质培和水培两种。基质培是将植物栽培在各种清洁基质中的方法。所谓基质就是在无土栽培中固定或支持植物，并为根际提供一个良好的水、气条件的固定物质。无土栽培用的基质种类有许多种，包括珍珠岩、蛭石、沙砾、炉渣、甘蔗渣、锯末、岩棉、泥炭、陶粒等。无土栽培过程中，基质的使用是非常重要的一环，在基质栽培过程中，基质是必要的基础；即使在无基质的水培类型中，在育苗和定植时也需要固体基质。基质培养可依据植物习性的不同和不同基质的物理性能，采用合理的基质，以利植物的生长。

1. 基质的作用和要求

（1）支持锚定栽培的植物。要求固体基质在植物扎根基质中生长时，不致倒伏和沉埋。

（2）保持水分（营养液）。作为无土栽培用的基质都有一定的保持水分的作用，例如，珍珠岩可以吸收相当于自身重量 3~4 倍的水分；泥炭则可以吸收相当自身重量 10 倍以上的水分。要求基质所吸收的水分，能满足栽培植物根系吸收的需要，即在灌溉间歇期间不致使植物失水而受害。

（3）具有良好的透气性。植物根系呼吸作用需要氧气，基质的孔隙中有空气，可以供给植物根系呼吸所需要的氧气。基质的孔隙同时也是吸持水分的地方。因此，在基质中，透气和持水两者之间存在着对立统一的关系，即基质中空气含量高时，水分含量就低；基质中空气含量低时，水分含量就高。这样就要求基质的性质能够协调水分和空气两者的关系，以满足植物对两者的需要。

（4）缓冲作用。不是任何基质都有这种作用。多数的无机基质没有这种作用。当然，如果具备这种作用，就会给栽培管理带来方便，缓冲作用可以使根系生长的环境比较稳定，即当外来物质或在栽培过程中，根系生长本身所产生的一些有害物质危害根系时，缓冲作用会把这些危害化解，具有物理化学吸收功能的基质都有这种缓冲作用，例如蛭石、泥炭等。具有这种功能的基质，通常称为活性基质。在无土栽培生产中，常会由于营养液中使用了较多的生理酸性盐（如硫酸钾等），在植物吸收过程中产生较强的酸性而危害根系，而活性基质可以将这些具有危害作用的活性酸转变成潜性酸，而消除其危害性。无土栽培生产中所用的大多数固体基质没有或有很小的缓冲作用，所以其根系环境的物理化学稳定性很差。因此，在确定营养液配方时，应注意尽量少选用生理酸性盐；在进行循环营养液栽培时，一定时期应对营养液更换一次。

固体基质所具备的上述各种作用，是由其本身的物理性质与化学性质所决定的。要了解这些作用的大小、好坏，就必须对与它有密切关系的物理、化学性质有一个较具体的认识。

2. 基质的选用原则

基质的选用应遵循三个原则：根系的适应性，即能满足根系生长发育的需要；实用性，即质轻、性良、安全卫生；经济性，即能就地取材，来源广泛。

（1）根系的适应性是基质选择时首先考虑的因素。无土基质的优点之一是可以创造植物根系生长发育所需要的最佳环境条件，即最佳的水气比例。气生根、肉质根需要很好的通气性，同时需要保持根系周围的湿度达80%以上；粗壮根系要求湿度达80%以上，并通气较好；纤细根系如杜鹃花根系要求根系环境湿度达80%以上，甚至100%，同时要求通气良好。在空气湿度大的地区，一些透气性良好的基质，如松针、锯末、水苔藓等非常合适。而在大气干燥的北方地区，这种基质的透气性过大，根系容易风干。北方水质多呈碱性，要求基质具有一定的氢离子浓度调节能力，因此，选用泥炭混合基质的效果就比较好。

（2）基质的适用性是指选用的基质是否适合所要种植的植物，一般来说，基质的容重在0.5g/cm左右，总孔隙度在60%左右，大小孔隙比在0.5左右，化学稳定性强，酸碱度接近中性，没有有毒物质存在时，都是适用的。有些基质在一种状态下不适用，但经一定处理后可以变得很适用。例如，新鲜甘蔗渣的碳氮比很高，在栽培植物过程中，会发生微生物对氮的强烈固定作用，而使作物出现缺氮症状，但经过堆沤处理后，腐熟的甘蔗渣其碳氮比降低，成为很好的基质。有时，一些基质在一种情况下适用，而在另一种情况下又变得不适用了。如颗粒较细的泥炭，对育苗是适用的，但在袋培滴灌时由于透气性差而变得不适用。

（3）选择基质时还要考虑其经济性。有些基质虽然对植物生长有良好作用，但来源不易或价格太高，使用受到限制。如岩棉是较好的基质，但我国农用岩棉只处于试产阶段，多数岩棉仍需进口。又如甘蔗渣也是一种良好的基质，在南方是一种很廉价的副产物，来源广、价格低，而在北方泥炭则是一种物美价廉的基质。再如炉渣、锯木屑等，都是性能良好、来源广泛的基质。

3. 基质的分类

根据来源不同，可以将基质分为天然基质和人工合成基质两类。如沙、石砾等为天然基质，岩棉、泡沫塑料、多孔陶粒等为人工合成基质。

根据基质的性质不同，可将其分为惰性基质和活性基质两类。惰性基质是指基质本身不起供应养分作用或不具有阳离子代换量的基质；活性基质是指本身能供给植物养分或具有阳离子代换量的基质。沙、石砾、岩棉、泡沫塑料等本身既不含养分也不具有阳离子代换量，属于惰性基质；而泥炭、蛭石等含有植物可吸收利用的养分，并且具有较高的阳离子代换量，属于活性基质。

根据基质的组成不同，可将其分为有机基质和无机基质两类。沙、石砾、岩棉、蛭石、珍珠岩等是由无机物组成的，为无机基质；树皮、泥炭、锯末、稻壳等是由有机残体组成的，为有机基质。

根据使用时组分的不同，可将基质分为单一基质和复合基质。单一基质是指用一种基栽培植物，如沙培、石砾培、岩棉培使用的沙、石砾和岩棉都属于单一基质；复合基质是指由两种或两种以上的基质按一定的比例混合而制成的基质，是为了克服单一基质可能造成的容重过轻或过重，通气不良或过于疏松等弊病，一般以两种或三种基质混合配制成复合基质较为适宜，如泥炭和珍珠岩。

（二）常用的基质培方法

1. 沙培法（图2-3-1）

通常采用直径0.6～3mm大小的沙粒作固定基质，将植株种植于沙床中。营养液和水分通过管子或喷液器送到沙层表面，液体流入沙层；或者将稀释好的营养液通过喷灌系统，连续滴落在种植床植物的周围，液体渗过栽培基质，聚集于集水穴中，定期抽回储液罐。表面浇水法肥料消耗量大，滴灌栽培法要定期检查营养液的pH值。

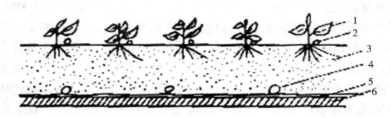

图2-3-1　温室地面沙培法示意图
1—植株　2—薄壁滴灌带　3—沙　4—排液管　5—黑色塑料薄膜　6—温室地面

2. 砾培法

采用小石子作为固定基质的一种无土栽培技术，该法应用较为广泛。所用石子的直径大于3mm小于2cm。所需设备主要包括床、储液罐、离心抽水机等。把营养液浇入栽培床，营养液在栽培床表面下的若干内积蓄，然后再把营养液排回到营养液罐中，此法设备为封闭的或再循环系统，在15～40d的时间内，使用相同的营养液，然后再把营养液处理掉，换上新的营养液。此法投资少，使用方便，但通气性较差，在输入营养液时，要给以良好的通气。

3. 沙砾培法

用沙和砾混合作固定基质的栽培方法。栽培床可由木材、水泥、油毡、砖、塑料等制成。在基质配合上，采用5～6份粗基质和2～3份细土或沙。此法简单经济，容易使用。

4. 蛭石培法

蛭石是由黑云母和金云母风化而成的次生矿物质，经高温加热，体积膨胀，形成疏松的多孔体。蛭石呈中性，含有可被植物利用的镁和钾，具有良好的保水性能。常用粒径为2～3mm的蛭石作为固定基质。蛭石在吸水后不能挤压，否则会破坏其多孔结构。长期使用的蛭石，其蜂窝状结构崩溃，排水和通气性能降低，达不到良好效果，生产上常与珍珠岩或泥炭混合使用。

5. 锯末培法

采用中等粗度的锯末或加适当比例谷壳作为固定基质的无土栽培方法。以黄杉和铁杉的锯末为最好，有些侧柏的锯末有毒，不能使用。栽培床可用木板制成，内铺以聚乙烯膜作衬里，床底呈"V"字形或圆形。用聚乙烯袋装上锯末，底部打些排水孔，根据袋的大小，每袋种1～3株植物。锯末培一般用滴灌系统提供水肥。

稍粗的锯末混以 25% 的谷壳，是保水性和通气性较好的基质。但因二者的碳氮比较高，作为基质时要加入氮化合物，如豆饼、鸡粪、氮素、化肥等，以调节其碳氮比。

6. 岩棉培法（图 2-3-2）

岩棉是 60% 辉绿石、20% 石灰石和 20% 焦炭的混合制品。新的岩棉块 pH 值都大于 7，使用前必须先用水浸泡。生产上一般将岩棉切成不同规格的方块，把植株种于方块中，放在装有营养液的盘或槽上。营养液的供应可采用滴灌方式。随着植物的不断生长，原有岩棉块将容纳不下逐渐生长的根系，应把它套入较大的岩棉块中进一步培养，以满足植物不断生长的需要。

（三）常见基质消毒方法

1. 蒸汽消毒

凡是有条件的地方，可将要消毒的基质装入柜或箱中。生产面积较大时，基质可以堆成 20cm 高，长宽根据地形而定，全部用防水防高温布盖上，通入蒸汽后，在 70～90℃ 条件下，消毒 1h 即可，效果较好，且比较安全。

2. 化学药剂消毒

常用的药剂有以下几种：

（1）40% 甲醛又称福尔马林，是一种良好的杀菌剂，但对害虫效果较差。一般将 40% 的原液稀释 50 倍，用喷壶将基质均匀喷湿，覆盖塑料薄膜，经 24～26h 后揭膜，风干 2 周后使用，如图 2-3-3 所示。

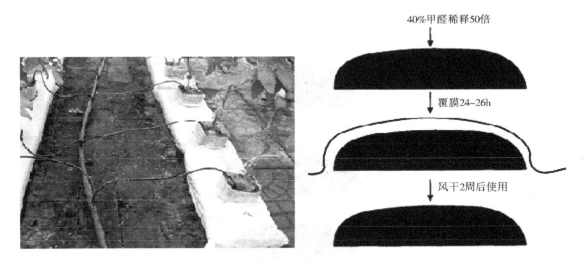

图 2-3-2　岩棉培法栽培西红柿　　　　图 2-3-3　甲醛消毒法

（2）氯化苦，液体，能有效地杀死线虫、昆虫、一些杂草种子和病原真菌。先将基质整齐堆放 30cm 厚，长宽根据具体情况而定。在基质上每隔 30cm 打一深为 10～15cm 的孔，每孔内用注射器注入 5mL 氯化苦，随即将孔堵住，再在其上铺 30cm 厚的基质，用同样的方法打孔注射氯化苦，共铺 2～3 层基质，然后盖上塑料薄膜，熏蒸 7～10d 后，揭开塑料薄膜，风干 7～8d 后即可使用。

氯化苦对植物及人体有毒害作用，使用时务必注意安全。

（3）溴甲烷，该药剂能有效地杀死大多数线虫、昆虫、杂草种子和一些真菌。使用时将基质堆起，然后用塑料管将药液引注到基质上并混匀，每立方米用药 100～200g。混匀后用薄膜覆盖密闭 5～7d，然后揭开薄膜，晾晒 7～10d 后方可使用。

溴甲烷有剧毒，使用时要注意安全。

（4）威百菌，该药剂是一种水溶性熏蒸剂，对线虫、杂草和一些真菌有杀伤作用。使用时将威百菌加入 10～15L 水稀释，然后喷洒在 $10m^2$ 基质表面，施药后用塑料薄膜密封基质，15d 以后可以使用。

（5）漂白剂（次氯酸钠或次氯酸钙），该消毒剂尤其适合砾石、沙子基质的消毒。一般在水池中配制含有效氯 0.3%～1% 的药液，浸泡基质 0.5h 以上，最后用清水冲洗，消除残留氯。此法简便迅速，短时间即可完成。

3. 太阳能消毒法

药剂消毒法虽然方便，但安全性差，并且会污染周围环境，而太阳能消毒法是一种廉价、安全、简便适用的消毒方法。

具体方法是，夏季高温季节，在温室或大棚中把基质堆成 20～25cm 高，长、宽视具体情况而定，喷湿基质，使基质含水量超过 80%，然后用塑料薄膜覆盖基质堆，如果是槽培，可直接浇水后在上面盖薄膜即可，密闭温室或大棚，曝晒 10～15d，消毒效果良好，如图 2-3-4 所示。

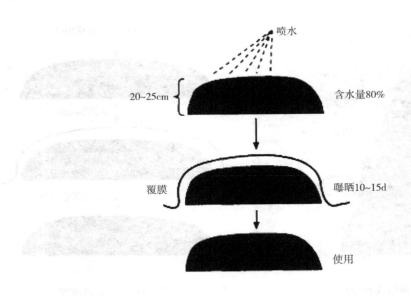

图 2-3-4　太阳能消毒法

【学习评价】

采用多元化的评价体系，将学生专业知识、技能操作、技能成果和个人的职业素养有效地结合在一起（表 2-3-3）。

表 2-3-3　学生考核评价表

考核项目	权重	项目指标	考核等级 A（优）	考核等级 B（良）	考核等级 C（及格）	考核等级 D（不及格）	考核结果 学生	考核结果 教师	考核结果 专家	备注
专业知识	25%	相关概念	熟知	基本掌握	部分掌握	基本不能掌握				
		基质类型	熟知	基本掌握	部分掌握	基本不能掌握				
		基质配方	熟知	基本掌握	部分掌握	基本不能掌握				
		消毒方法	熟知	基本掌握	部分掌握	基本不能掌握				
技能操作	45%	基质消毒	操作规范，基质覆膜严实，基质含水量在80%以上，消毒效果好	操作基本规范，覆膜不是很严，含水量基本达到了80%，消毒基本可以	操作不太规范，基质含水量没有达到要求，消毒效果不好	操作不规范，基质含水量没有达到要求，消毒效果不好				
		基质混合与装盆	①比例准确；②混合均匀；③底部陶粒填装适量；④填装量适宜	考核 A 级的 4 项指标中达到 3 项	考核 A 级的 4 项指标中达到 2 项	考核 A 级的 4 项指标中达到 1 及以下项				
		配制营养液	计算称量准确；配制流程正确；营养液合格	计算称量准确；配制流程正确；营养液基本合格	计算称量准确；配制流程有误；营养液基本合格	营养液不合格				
		定植	根系清洗干净无损伤；根系消毒操作准确	考核 A 级的 2 项指标基本做到，但根系有损伤	考核 A 级的 2 项指标只做到 1 项	考核 A 级的 2 项指标都不合格				
		上盆	定植深度、基质深度符合标准；水浇透	考核 A 级中满足 2 项	考核 A 级中满足 1 项	考核 A 级的 3 项指标都不合格				
		定植后管理	温湿度控制好	温湿度控制不是很稳定	温湿度控制不稳定	温湿度控制不稳定				
技能成果	15%	植物生长	植株长势好	植株长势一般	植株长势不好	有大部分死亡				
职业素养	15%	态度	认真，能吃苦耐劳；不旷课，不迟到早退	较认真，能吃苦耐劳；不旷课	旷课次数≤1/3 或迟到早退次数≤1/2	旷课次数＞1/3 或迟到早退次数＞1/2				
		合作	服从管理，能与同学很好配合	能与班级、小组同学配合	只与小组同学很好配合	不能与同学很好配合				
		学习与创新	能提前预习和总结，能解决实际问题	能提前预习和总结，敢于动手	没有提前预习或总结，敢于动手	没有提前预习和总结，不能处理实际问题				

【练习设计】

一、填空

1. 无土栽培基质选择应遵循三原则，即_____、_____、_____。

2. 基质培中基质的作用和要求主要有_____、_____、_____和_____。

3. 根据基质来源不同，可以将基质分为_____、_____两类。

4. 红掌基质在装盆前应先_____，而其定植前也应对其根部进行_____、_____和沥干表面水分。

二、选择

1. 红掌基质栽培珍珠岩:椰糠:沙的混合比例为（　　　）。

A. 1:1:1　　　　B. 1:2:1　　　　C. 1:1:2　　　　D. 2:1:2

2. 下面属于有机基质的有（　　　）。

A. 沙、石砾　　　B. 树皮、泥炭　　C. 岩棉、蛭石　　D. 锯末、稻壳

3. 常用的基质培方法有（　　　）。

A. 沙培法　　　　B. 砾培法　　　　C. 沙砾培法　　　D. 蛭石培法

三、判断

1. 基质栽培中基质仅是起固定植株的作用。 （　　　）

2. 沙、石砾、岩棉、泡沫塑料等属于活性基质，而泥炭、蛭石等属于惰性基质。 （　　　）

3. 松针、锯末、水苔藓等非常合适在空气湿度大的地方作为栽培基质，因其透气性好。 （　　　）

四、实训

调查当地花卉市场无土基质培的主要花卉种类及其基质培方法。

技能四　水培技术

【技能描述】

能根据植物的生长发育特性选择适宜的水培设施、方法，实施水培生产管理。

【技能情境】

（1）任务：仙客来水培。

（2）场地：当地无土栽培园林、园艺水培温室。

（3）材料及工具：天平（千分之一和万分之一）、配置营养液的容器、水培容器、聚苯硬板、园试配方营养液各种试剂、水、仙客来种球、岩棉或泡沫塑料、多菌灵、托布津、乐果等杀虫剂。

【技能实施】

1. 栽植前准备

（1）幼苗准备。8月下旬在仙客来休眠后、恢复生长前，选择球茎在 3cm 以上、10 片叶子以上、无病虫害、生长健康的植株挖出洗净后备用。

（2）容器准备。一般 3cm 以上的球茎选用直径 15cm 以上的容器，用 2cm 厚的聚苯硬板作盖板兼定植板。

（3）营养液配制。1/2 剂量水平的原始配方营养液，pH6.0 ~ 7.0。

2. 定植与管理

将球茎用岩棉或泡沫塑料裹卷好，锚定在定植板中，穿出的根系浸入营养液中。营养液每 30d 更新 1 次，也可以根据营养液的清晰程度而定。快速生长阶段处于高温、高湿期，注意喷洒多菌灵、托布津、乐果等杀虫剂，每月喷 1 次。

【技能提示】

（1）球茎选择要符合标准，无病虫害。

（2）仙客来球茎必须清洗干净，冲洗时避免伤根。

（3）仙客来不能忍受营养液的高温，否则会导致腐烂和死亡。假如无土栽培槽下有散热器管时，应隔绝热源，以保持温室中培养基的温度低于空气的温度，这一点很重要。

【知识链接】

（一）仙客来生物学特性

仙客来又名萝卜海棠、兔耳花、一品冠，为报春花科仙客来属的多年生宿根花卉。性喜光和冷凉、湿润环境。生长最适温度为 10 ~ 20℃，不耐高温，30℃以上植株停止生长进入休眠，35℃以上球茎易腐烂、死亡；耐低温，但在 5℃以下生长缓慢，叶卷曲，花不舒展，色泽暗淡，开花也少。盛花期在 12 月至翌年 5 月间，叶多花多，叶子大的往往开花迟。

（二）仙客来水培优势

将仙客来球茎置于特制的葫芦形容器的颈上部，根系自然垂入颈下的大容器中，整株观赏，绿叶白根，相得益彰。仙客来在无土栽培中较在土壤中能耐夏季的高温。无土栽培中水分的蒸发既能使植物凉爽，又能维持空气的适当湿度。在土壤上种植的仙客来，每天要喷水五、六次，而在无土栽培中一次已足，并且当开花时完全不用喷水。

（三）水培方法与类型

水培就是将植物的根系悬浮在装有营养液的栽培容器中，营养液不断循环流动以改善供养条件。水培方式主要有以下几种：

1. 薄层营养液膜法（NFT）（图 2-3-5）

仅有一层营养液流经栽培容器的底部，不断供应给花卉所需营养、水分和氧气。NFT 的设施主要有种植槽、储液池和营养液循环流动三个主要部分组成。

（1）种植槽。种植槽可以用面白底黑的聚乙烯薄膜临时围合成等腰三角形槽，或用玻璃钢或水泥制成的波纹瓦作槽底。铺在预先平整压实的且有一定坡降（1:75 左右）的地面上，长边与坡降方向平行。因为营养液需要从槽的高端流向低端，故槽底的地面不能有坑洼，以免槽内积水。用硬板垫槽，可调整坡降，坡降不要太小，也不要太大，以营养液能在槽内浅层流动顺畅为好。

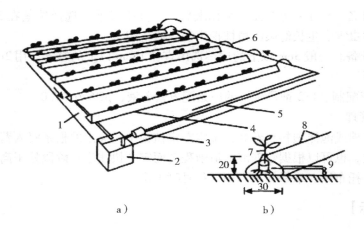

图 2-3-5　NFT 设施组成示意图（单位：cm）

a）全系统示意图　b）种植槽剖视图

1—回流管　2—储液池　3—泵　4—种植槽　5—供液主管

6—供液支管　7—苗　8—夹子　9—黑白双色塑料薄膜

（2）储液池。一般设在地平面以下，容量足够供应全部种植面积。大株型花卉以每株 3～5L 计，小株型以每株 1～1.5L 计。

（3）营养液循环供液系统。主要由水泵、管道、过滤器及流量调节阀等组成。NFT 法供液时营养液层深度不宜超过 1～2cm，供液方法又可分为连续式或间歇式两种类型。间歇式供液可以节约能源，也可控制花卉的生长发育，它的特点是在连续供液系统的基础上加一个定时装置。NFT 的特点是能不断供应花卉所需的营养、水分和氧气，但因营养液层薄，栽培难度大，尤其在遇短期停电时，花卉则面临水分胁迫，甚至有枯死的危险。

2. 深液流法（DFT）（图 2-3-6）

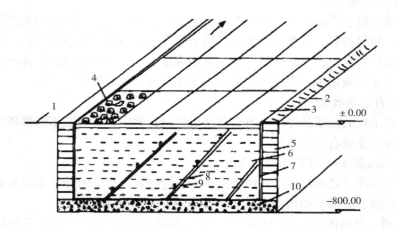

图 2-3-6　全温室深液流水培设施示意图（单位：cm）

1—地面　2—工作通道　3—泡沫塑料定植板　4—植株　5—槽框

6—营养液　7—塑料薄膜　8—供液管道　9—喷头　10—槽底

这种栽培方式与营养液膜技术差不多，不同之处是槽内的营养液层较深（5~10cm），花卉根部浸泡在营养液中，其根系的通气靠向营养液中加氧来解决。这种系统的优点是解决了在停电期间 NFT 系统不能正常运转的困难。

3. 动态浮根法（DRF）（图 2-3-7）

该系统是指在栽培床内进行营养液灌溉时，植物的根系随营养液的液位变化而上下左右波动。营养液达到设定的深度（一般为 8cm）后，栽培床内的自动排液器将营养液排出去，使水位降至设定深度（一般为 4cm）。此时上部根系暴露在空气中吸收氧气，下部根系浸在营养液中不断吸收水分和养料，不会因夏季高温使营养液温度上升、氧气溶解度低，可以满足植物的需要。

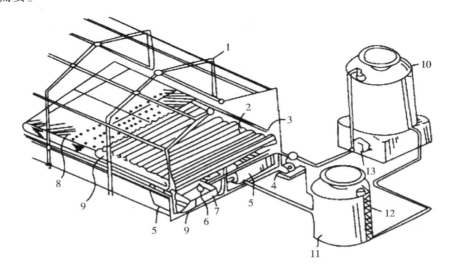

图 2-3-7　动态浮根系统的主要组成部分

1—管结构温室　2—栽培床　3—空气混入器　4—水泵　5—水池
6—营养液液面调节器　7—营养液交换箱　8—板条　9—营养液出口堵头
10—高位营养液罐　11—低位营养液罐　12—浮动开关　13—电源自动控制器

4. 浮板毛管法（FCH）

该方法是在 DFT 的基础上增加一块厚 2cm、宽 12cm 的泡沫塑料板，板上覆盖亲水性无纺布，两侧延伸入营养液中。通过毛细管作用，使浮板始终保持湿润。根系可以在泡沫塑料板上生长，便于吸收水中的氧气和空气中的氧气。此法根际环境稳定，夜温变化小，根际供氧充分。

5. 鲁 SC 系统

又称"基质水培法"，在栽培槽中填入 10cm 厚的基质，然后又用营养液循环灌溉植物，这种方法能稳定地供应水分和养分，所以栽培效果良好，但一次性的投资成本稍高。

【学习评价】

采用多元化的评价体系，将学生专业知识、技能操作、技能成果和个人的职业素养有效地结合在一起（表 2-3-4）。

表 2-3-4　学生考核评价表

考核项目	权重	项目指标	考核等级				考核结果			总评
			A（优）	B（良）	C（及格）	D（不及格）	学生	教师	专家	
专业知识	25%	水培定义	熟知	基本掌握	部分掌握	基本不能掌握				
		水培类型	熟知	基本掌握	部分掌握	基本不能掌握				
技能操作	45%	球茎选取与清洗	球茎选取符合要求，清洗干净，根系无损伤	球茎选取基本符合标准，清洗干净，根系损伤较小	部分球茎不符合标准，根系基本洗净，有小部分损伤	部分球茎不符合标准，根系清洗不干净，根系有损伤				
		营养液配制	操作准确、细致，配制营养液符合要求	配制流程个别环节不是很清晰，配制营养液符合要求	配制流程不是很清楚，自己无法独立完成营养液配制	配制流程不清楚，自己无法独立完成营养液配制				
		定植	球茎包裹符合要求，全部球茎的根系浸入营养液中	球茎包裹符合要求，但有 5% 以下球茎的根系没有浸入营养液中	球茎包裹基本符合要求，有超过 5% 以上球茎的根系未浸入营养液	球茎包裹不符合要求，有超过 5% 以上球茎的根系未浸入营养液				
		后期管理	适时更换营养液，适时防治病虫害	更换营养液与防治病虫害有一个不适时	更换营养液和防治病虫害不适时	没有更换营养液和防治病虫害				
技能成果	15%	苗木生长	95% 苗木生长健壮	90% 苗木生长健壮	85% 苗木生长健壮	85% 以下苗木生长健壮				
职业素养	15%	态度	认识，能吃苦耐劳；不旷课，不迟到早退	较认真，能吃苦耐劳；不旷课	旷课次数≤1/3 或迟到早退次数≤1/2	旷课次数 >1/3 或迟到早退次数 >1/2				
		合作	服从管理，能与同学很好配合	能与班级、小组同学配合	只与小组同学很好配合	不能与同学很好配合				
		学习与创新	能提前预习和总结，能解决实际问题	能提前预习和总结，敢于动手	没有提前预习或总结，敢于动手	没有提前预习和总结，不能处理实际问题				

【练习设计】

一、填空

1. 8月下旬，在仙客来休眠后恢复生长前，选择球茎在_____以上和_____以上，无病虫害、生长健康的植株挖出，_____后备用。

2. 水培主要有_____、_____、_____、_____和_____等方式。

3. NFT 的设施主要由_____、_____、_____三个主要部分组成。

二、选择

1. NTF 的供液时营养液层深度不宜超过（　　　）。

A. 1～2cm　　　　B. 2～3cm　　　　C. 2～4cm　　　　D. 3～5cm

2. DTF 与营养液膜技术差不多，不同之处是槽内的营养液层深度为（　　　）。

A. 4～6cm　　　　B. 4～8cm　　　　C. 5～10cm　　　　D. 3～5cm

三、判断

1. 仙客来不耐高温，30℃以上植株停止生长进入休眠，35℃以上球茎易腐烂、死亡。

（　　　）

2. NFT 的特点是不断供应花卉所需的营养、水分和氧气，其栽培难度较小。　（　　　）

3. DRF 方式通过自动调节营养液的深度，根系下部吸收水分和养料，上部根系吸收空气中的氧气，来满足植物需要。（　　　）

四、实训

查找关于水培红掌的资料，在家中实施红掌水培养护。

任务三总结

任务三详细阐述了无土栽培技术，主要内容包括：无土栽培的基础设施设备调查、无土栽培营养液的配制、无土栽培主要方式中基质培和水培的主要技术；补充了无土栽培主要技术的相关理论知识，为技能训练提供了理论参考。通过任务三的学习，学生可系统全面地掌握园林植物无土栽培的基础知识和基本技能。

任务四　园林植物的促成及抑制栽培技术

【任务分析】

能根据园林植物生长发育规律、生态习性以及花芽分化、花芽发育和开花的习性要求，采取合理的技术措施进行花期的调控，具体包括：

（1）一般栽培技术措施的调控。

（2）通过光照控制调控花期。

（3）通过温度控制调控花期。

（4）通过施用生长激素调节花期。

【任务目标】

（1）熟知常见花卉的开花习性。

（2）能利用一般栽培技术措施调控花卉的花期。

（3）能通过温度的作用调节休眠期、成花诱导、花芽形成期和花茎伸长期等主要进程而实现对花期的控制。

（4）能通过光照处理促进花芽分化、成花诱导、花芽发育和打破休眠，从而调控花期。

（5）能通过应用生长调节剂促进诱导成花或抑制生长延迟花期，进而实现花期的调控。

技能一　栽培措施调节技术

【技能描述】

能通过一般的栽培管理措施包括调整播种期、肥水调控以及摘心、抹芽等修剪措施调控园林植物的花期。

【技能情境】

（1）场地：提供各种绿化用花的温室与露地花圃等。

（2）材料：矮性品种的翠菊、一串红、金盏菊、紫罗兰、葱兰、晚香玉、唐菖蒲、美人蕉等的种子，月季花、茉莉、香石竹、倒挂金钟、荷兰菊、仙客来、桃、梅等植株。

【技能实施】

1. 调节播种期和栽植期

（1）调节播种期。不需要特殊环境诱导、在适宜的生长条件下只要生长到一定大小即可开花的植物种类，可以通过改变播种期来调节开花期。多数一年生草本花卉属于中间性植物，对光周期没有严格的要求，在温度适宜生长的地区或季节采用分期播种，可在不同时期开花，如在温室提前育苗，可提前开花。如翠菊的矮性品种于春季露地播种，6~7月开花，7月播种，9~10月开花；于温室2~3月播种，则5~6月开花；8月播种的幼苗在冷床上越冬，则可延迟到次年5月开花。一串红的生育期较长，春季晚霜后播种，可于9~10月开花；12~3月在温室育苗，可于8~9月开花；8月播种，入冬后假植、上盆，可于次年4~5月开花。

二年生花卉需在低温下形成花芽，在温度适宜的季节或冬季保护地栽培条件下，也可调节播种期使其在不同的时期开花。金盏菊在低温下播种30~40d开花，自7~9月陆续播种，可于12月至翌年5月陆续开花。紫罗兰12月播种，5月开花；2~5月播种，则6~8月开花；7月播种，则来年2~3月开花。

（2）调节栽植期。改变植物的栽植时期可以改变花期。如需国庆节开花，可在3月下旬栽植葱兰，5月上旬栽植荷花，7月上旬栽植晚香玉、唐菖蒲，7月下旬栽植美人蕉。唐菖蒲的早花品种，1~2月在低温温室中栽培，3~5月开花；3~4月种植，6~7月开花；9~10月栽种，12月至翌年1月开花。

2. 采用修剪、摘心、抹芽等栽培措施

月季、茉莉、香石竹、倒挂金钟、一串红等多种花卉，在适宜条件下一年中可多次开花。通过修剪、摘心等技术措施可以预定花期。月季花从修剪到开花的时间，夏季约40~45d，冬季约50~55d。9月下旬修剪可于11月中旬开花，10月中旬修剪可于12月开花，不同植株分期修剪可使花期相接。一串红修剪后发出的新枝约经20d开花，4月5日修剪可于5月1日开花，9月5日修剪可于国庆节开花。荷兰菊在短日照期间摘心后萌发的新枝经20d开花，在一定季节内定期修剪可定期开花。

3. 肥水控制

通常氮肥和水分充足可促进植物营养生长而延迟开花，增施磷肥、钾肥有助抑制营养生长而促进花芽分化。菊花在营养生长后期追施磷、钾肥可提早开花约 1 周。

能连续发生花蕾，总体花期较长的花卉，在开花后期增施营养可延长总花期。如仙客来在开花近末期增施氮肥可延长花期约 1 个月。干旱的夏季，充分灌水有利于生长发育，促进开花。例如在干旱条件下，当唐菖蒲抽穗期充分灌水，可提早开花约 1 周。在休眠期或花芽分化期，可通过肥水控制迫使植物休眠或促进花芽分化。如桃、梅等花卉在生长末期，保持干旱，使自然落叶，强迫其休眠，然后再给予适宜的肥水条件，可使其在 10 月开花。

【技术提示】

（1）二年生花卉需在低温下形成花芽。播种期温度高，开花期推迟。

（2）摘心、抹芽以及肥水控制等措施来调控花期在满足一定条件下才能实现。如荷兰菊，通过摘心 20d 左右开花的技术措施应在短日照期间进行才能实现。

【知识链接】园林植物促成及抑制栽培原理

促成和抑制栽培又称为催延花期或花期控制，是指通过人为控制环境条件以及采取一些特殊的栽培管理方法，使一些花卉提早或延迟开花，使花卉在自然花期之外，按照人的意志定时开放，其中开花期比自然花期提早者称为促成栽培，比自然花期延迟者称为抑制栽培。

1. 阶段发育理论

植物在其一生中或一年中经历着不同的生长发育阶段，最初是进行生长阶段，表现为细胞、组织和器官数量的增加，体积的增大，随着植物体的长大与营养物质的积累，植物进入发育阶段，开始花芽分化和开花。如果人为创造条件，使其提早进入发育阶段，就可以提前开花。

2. 休眠与催醒休眠

休眠是植物个体为适应生存环境，在历代的种族繁衍和自然选择中逐步形成的生物习性。植物休眠分为两种，一种是受外界环境条件的影响，如严寒或高温干旱，不符合生长条件要求时暂时停止生长，这种休眠为"强迫休眠"或"暂时休眠"。一旦外界环境条件变化了，符合生长条件，就能自行解除休眠，恢复生长。另一种是植物在原产地经历多年对外部环境的适应，到期限停止生长进行休眠，已经在植物体内形成一种习性，遗传给子孙后代，因此，植物到了一定时期就自动停止生长，进入休眠，这种休眠称为"自发休眠"或"深休眠"。此种休眠即使外界条件符合生长条件也不能解除，只有经过一段时间之后，才能恢复生长。掌握植物休眠的规律，就可以按照人类的需要通过催醒休眠或延长休眠来控制植物的花期。

3. 花芽分化的诱导

有些园林花卉在进入发育阶段以后，并不能直接形成花芽，需要一定的环境条件诱导其花芽的形成，这一过程称为成花诱导。诱导花芽分化的因素主要有两个方面，一是低温，二是光周期。

4. 低温春化作用

多数越冬的二年生草本花卉，部分宿根花卉、球根花卉及木本植物在其一生当中的某个阶段，只有经过一段时期的相对低温，才能诱导生长点发生代谢上的质变，进而花芽分化、孕蕾、开花，这种现象称为春化作用。若没有持续一段时间低温，它们始终不能成花，温度的高低与持续时间的长短因种类不同而异。多数园林植物需要 0~5d，天数变动较大，最大变动 4~56d。

园林植物栽培与养护

5. 光周期诱导

很多园林花卉生长到特定阶段，需要经过一定时间的白天与黑夜的交替，才能诱导成花，这种现象称为光周期现象。长日照条件能促进长日照花卉开花，抑制短日照花卉开花；相反短日照条件能促进短日照花卉开花而抑制长日照花卉开花。但实质上起作用的不是绝对长或短的日照，而是足够短或长的黑夜。

【学习评价】

采用多元化的评价体系，将学生专业知识、技能操作、技能成果和个人的职业素养有效地结合在一起（表2-4-1）。

表 2-4-1　学生考核评价表

考核项目	权重	项目指标	考核等级				考核结果			总评
			A（优）	B（良）	C（及格）	D（不及格）	学生	教师	专家	
专业知识	35%	促进抑制栽培概念	熟知	基本掌握	部分掌握	基本不能掌握				
		促花与抑花的原理	熟知	基本掌握	部分掌握	基本不能掌握				
		春花作用	熟知	基本掌握	部分掌握	基本不能掌握				
		光周期	熟知	基本掌握	部分掌握	基本不能掌握				
技能操作	50%	调控播种期和栽植期调控花期	至少能对6种花卉通过调整播种和栽植期进行花期调控	至少能对4种花卉通过调整播种和栽植期进行花期调控	至少能对2种花卉通过调整播种和栽植期进行花期调控	只能对2种以下花卉通过调整播种和栽植期调控花期				
		通过修剪技术调控花期	至少能对4种花卉通过修剪技术进行花期调控	至少能对3种花卉通过修剪技术进行花期调控	至少能对2种花卉通过修剪技术进行花期调控	只能对2种以下花卉通过修剪技术进行花期调控				
		通过肥水控制调控花期	至少能对4种花卉通过肥水措施进行花期调控	至少能对3种花卉通过肥水措施进行花期调控	至少能对2种花卉通过肥水措施进行花期调控	只能对2种以下花卉通过肥水措施进行花期调控				
职业素养	15%	态度	认真，能吃苦耐劳；不旷课，不迟到早退	较认真，能吃苦耐劳；不旷课	旷课次数≤1/3或迟到早退次数≤1/2	旷课次数>1/3或迟到早退次数>1/2				
		合作	服从管理，能与同学很好配合	能与班级、小组同学配合	只与小组同学很好配合	不能与同学很好配合				
		学习与创新	能提前预习和总结，能解决实际问题	能提前预习和总结，敢于动手	没有提前预习或总结，敢于动手	没有提前预习和总结，不能处理实际问题				

122

【练习设计】

一、名词解释

成花诱导　春化作用　光周期现象

二、填空

1. 植物休眠分为两种类型，一种是_____，另一种是_____。

2. 有些园林花卉在进入发育阶段以后并不能直接形成花芽，需要一定的环境条件诱导其花芽的形成，这一过程称为_____。诱导花芽分化的因素主要有两个方面，一是_____，二是_____。

三、判断

1. 植物一旦进入休眠，无论通过何种措施，都无法将其催醒。　　　　　　（　　）

2. 多数越冬的二年生草本花卉，部分宿根花卉、球根花卉及木本植物在其一生当中的某个阶段，若没有持续一段时间低温，它们始终不能成花。　　　　　　　　（　　）

四、实训

课外调查当地常见花卉的花期调控措施。

技能二　光周期调节技术

【技能描述】

能根据具体的花卉种类的开花习性，通过短日照处理或长日照处理技术措施，实现预期催花和延迟花期的目的。

【技能情境】

（1）场地：公园花圃等提供绿化用花的圃地。

（2）材料与工具：各类品种的秋菊、花盆等。

【技能实施】

1. 营养阶段生长管理

秋菊在长日照条件下，保持15～20℃时，50d左右即可完成营养生长阶段。

2. 催花

秋菊进行短日照处理促成花芽分化与发育，提早开花，具体措施：白天自早8时至傍晚5时充分见阳光，接受9～10h光照，夜间给予14～15h暗处理，依品种的不同，需短日照处理的时间长短也不同，一般经45～60d即可开花，如分批自4月至7月处理，则可自6月至9月陆续开花。如控制9月下旬至10月上旬开花为例，当植株完成营养生长阶段后，于7月25日开始，每日给予9h光照的短日照处理，早花品种的"粉面条"经45d可开花；"麦浪""紫玉岫"经55d可开花；中花品种的"凤凰振羽""杏花春雨"则需60d可开花。短日照处理时期应注意暗期必须严格控制，不能漏光，温度要求15～20℃，不可过高，在暗室宜加通风设备降温。短日照处理时间以花蕾吐色时为止。一般早生品种需6～7周，中生品种 8~9 周，晚生品种需 10~12 周。

3. 推迟花期

如推迟菊花花期，可选晚品种，对其进行长日照处理。如古铜蟹爪、紫凤朝阳等进行长日照处理，每日给予 14h 以上的光照，晚花品种在自然条件下花芽分化在 9 月中下旬开始，长日照处理应在花芽分化前开始，自 9 月初至 10 月下旬进行，则可将花期推至 12 月至翌年 2 月，即可在圣诞节、元旦及春节开花。一般情况下，停止补光后约 10~15d 开始花芽分化。从花芽分化至开花，在日温 20℃、夜温 15℃ 及自然短日照条件下，约需 50~55d，所以补光应在所需开花之日前 60d 停止。长日照处理具体方法为每 10~15m² 安装一盏 100W 的钨丝灯，每日自下午 5 时至晚 10 时给予光照，光源距植株顶端 1m 为宜。

4. 通过摘心、修剪及调整施肥催延花期

在采取光周期控制时，也可结合提前或推迟繁殖期，采取摘心、修剪以及调整施氮、磷、钾肥的比例等栽培措施来催延花期。如欲使秋菊春节开花，则可选中花品种于 8 月扦插，温室内越冬，保持 15~20℃，适时浇水施肥，在自然短日照条件下可春节开花。如欲"五一"开花，可于 11 月中下旬将开过花的秋菊，换盆、换土、修根，将地上部全部剪除，在温室栽培，使萌发新芽，加强水肥管理，促进营养生长，在自然短日照条件下于 3 月即可见到花蕾。

【技术提示】

（1）根据花期的早晚选择相应的品种。如催花，可选择早、中花品种；延迟花期，可选择晚花品种。

（2）催花短日照处理时期应注意暗期必须严格控制，不能漏光，温度要求 15~20℃，不可过高，在暗室宜加通风设备降温。

（3）短日照处理时间以花蕾吐色时为止。

（4）在采取光周期调控的同时，可结合一般栽培措施，达到催延花期的目的。

【知识链接】

（一）菊花常见园艺栽培类型

依自然花期可分为：

1. 春菊

花期自 4 月下旬至 5 月上旬，花芽分化要求夜温 3~5℃，开花要求 15~20℃。

2. 夏菊

花期自 5 月下旬至 7 月上旬，夜温 10~15℃ 时花芽很快分化，开花要求 15~20℃，为中日性。

3. 夏秋菊

花期自 7 月上旬至 9 月上旬，花芽分化要求夜温 15~18℃ 左右，开花要求 15~20℃。

4. 秋菊

花期自 10 月中旬至 11 月下旬，花芽分化要求夜温 15℃ 左右，花芽发育至开花要求 10~16℃，为短日性。

5. 寒菊

花期自12月上旬至翌年1月,花芽分化要求夜温10℃左右,花芽发育要求10~15℃。

其他尚有陈俊愉先生培育的岩菊、地被菊系列,花期可自6月上旬至霜降。北京园林局东北旺苗圃培育的北京小菊系列,花期可自6月上旬延至11月。五九菊,一年集中在5月及9月开两次花。

(二)菊花的生物学特性

菊花喜凉爽,不耐高温,30℃以上则生长不良,不同生态类型要求温度也各异。菊花喜阳光充足,但忌夏日过强的阳光直射,不同类型对光周期反应也不同,秋菊、寒菊为典型的短日性植物,对光照长短非常敏感。花芽分化及花蕾萌动均在短日照条件下进行,临界日长因品种而异,一般在14h左右,花芽分化以9~10h日长为宜。夏菊及部分夏秋菊对光周期反应不明显,为中日性植物。菊花宜在富含腐殖质、肥沃、土层深厚、排水良好的沙质壤土上生长,稍耐碱,忌连作。

(三)光周期学说

植物生理学家通过艰苦的研究最终意识到,很多植物的花芽分化受到光周期的影响。通常把光照与黑暗的相对长度称为光周期,而把植物对光照与黑暗的昼夜交替发生的反应称为光周期现象。观赏植物的萌芽、成花、落叶、休眠等生理过程均会不同程度地受到光周期的影响。

1. 光周期的生理机制

根据植物对光周期的反应可以将其分为三种类型,即短日照植物、长日照植物与中日照植物。短日照植物也称为短日植物,它们在开花时要求光照长度短于一定的时间,例如菊花、孔雀草、一品红等。长日照植物也称为长日照植物,它们在开花时要求光照长度长于一定的时间,例如倒挂金钟、金光菊、紫罗兰等。中日照植物其开花对光照长度没有一定的要求,在自然环境中全年均可正常开花。属于此类的观赏植物有扶桑、香石竹、月季等。此外,短日照植物还可以分为绝对性短日照植物和相对性短日照植物两种类型,长日照植物也可以分为绝对性长日照植物和相对性长日照植物两种类型。

植物的光周期类型与其地理起源有着较为密切的关系,通常低纬度起源者多半属于短日照植物,而高纬度起源者多半属于长日照植物。

一般认为,植物对光的反应是由成熟的叶片所接受的,经过光照刺激后叶片内会产生某种刺激开花的物质,尔后,其被运至苗端的分生组织,最终导致了花芽分化。大花牵牛是一种短日照植物,它的子叶也能接受光周期诱导。研究者将其放在不同的光照环境中诱导花芽分化,随后除去子叶将植株摆放到光照条件下。结果表明,经过14h的暗期后,除去子叶的所有植株均不开花;而经过14h的暗期处理,仍然保留着两片子叶的植株,在诱导后全部能够开花;如果将日本牵牛的子叶在经过18h暗期诱导后才除去,则植株能够开花。这项试验表明,刺激开花的物质经过14h的暗期处理后,虽然已经在子叶中形成,但尚未完全转运;而经过18h的暗期处理后,子叶中所生成的刺激开花物质已经大部分转移至茎尖,从而保证了大花牵牛花芽分化的顺利进行。上述研究被人们认为是开花激素存在的重要依据。

临界日长是指成花所需的极限日照长度,大于此值则短日照植物不能开花,小于此值则长日照植物不能分化花芽。植物临界日长与临界暗期的确定因植物种类而异,对于某些植物来说,此数值可以精确到数分钟,而对某些植物来说,此数值仅可精确至数小时。

研究表明,短日照植物的临界日长一定比长日照植物的临界日长短,因为短日照植物真正需要的不是短日照，而是足够长的暗期，与之相反，长日照植物真正需要的也不是长日照，而是足够短的暗期。因此有人也将短日植物称为"长夜植物"，而将长日照植物称为"短夜植物"。

光周期诱导植物开花的作用包括感光器官，即叶片和接受信息器官（顶端分生组织）所发生的全部过程，由于其对叶的诱导过程与对顶端分生组织的诱导过程在性质上是不同的，因此通常诱导一词专指在叶片中的过程，而诱发一词专指顶端分生组织，花原基的发端过程。

2. 光周期对开花的影响

当对植物进行光周期处理后，不会立即形成花芽，但是植物却可以保持光周期刺激的效应直至花芽的形成，这种现象称为光周期诱导。在进行光周期诱导的过程中，各种植物的反应是不一样的，有些种类只需要一个诱导周期的处理，例如大花牵牛等；而有些植物例如高雪轮，则需要几个诱导周期才能够分化花芽。

在长日照处理时，红光较为有效，远红光可以抵消其作用，含远红光较多的白炽灯不如含远红光较少的荧光灯更为有效。短日照处理时的暗期临界值约10lx，而长日照处理时的光照度通常要控制在100lx以上。

当将短日照植物进行暗期处理时，在暗期长度足以诱导其开花时采用短暂的曝光进行暗期中断处理，则可使植株仍然处于营养生长状态，反之，如果把长日照植物置于遮光环境中，在暗期长度足以抑制其开花时，采用短暂的曝光进行暗期中断处理，则可使植株开始进入生殖生长状态。上述试验表明，在暗期中开花受到日长影响的短日照植物或长日照植物被称为长夜植物或短夜植物更为科学。根据暗期中断的原理，则管理者可以在冬季诱导长日照植物开花时给予暗期中断，以节约电能。

3. 光周期处理

光周期处理的作用是通过光照处理促进花芽分化、成花诱导、花芽发育和打破休眠。对长日照花卉，在日照短的季节用灯光补光，能提早开花，相反给予短日照处理即抑制开花。对短日照花卉，在日照长的季节，进行遮光短日照处理，促进开花，相反给予长日照处理，就抑制开花。

（1）光周期处理时期的计算。光周期处理开始的时期，是由植物临界日照长度小时数和所在地的地理位置决定的。如北纬40°，在10月初至3月初的自然日照长度为12h，对临界日照长度12h以上的长日照植物自10月初至3月初需要进行长日照处理。

（2）长日照处理。用于长日照性花卉的促成栽培和短日照性花卉的抑制栽培。

1）方法。长日照处理的方法有多种，如彻夜照明法、延长明期法、暗中断法、间隙照明法、交互照明法等。目前生产上应用较多的是延长明期法和暗中断法。

① 延长明期法。在日落后或日出前给予一定时间的照明，使明期延长到该植物的临界日长小时数以上。较多采用的是日落后做初夜照明。

② 暗中断法。也称"夜中断法"或"午夜照明法"。在自然长夜的中期（午夜）给予一定时间照明，将长夜隔断，使连续的暗期短于该植物的临界暗期小时数。通常夏末、初秋和早春夜照明小时数为1~2个，冬季照明小时数为3~4个。

③ 间隙照明法。也称"闪光照明法"，该法以"夜中断法"为基础，但午夜不用连续照明，而改用短的明暗周期，一般每隔10min闪光几分钟，其效果与夜中断法相同。间隙照

明法是否成功，决定于明暗周期的时间比。如荷兰栽培切花菊，夜间做 2.5h 中断照明，在 2.5h 内，进行 6min 明 24min 暗或 7.5min 明 22.5min 暗等间隙周期，使总照明时间减少至 30min，大大节约电能，节省电费 2/3。

④ 交互照明法。此法是依据在诱导成花或抑制成花的光周期需要连续一定天数方能引起诱导效应的原理而设计的节能方法。例如长日照抑制菊花成花，在长日照处理期间采用连续 2d 或 3d（依品种而异）夜中断照明，随后间隔 1d 非照明（自然短日照），依然可以达到长日照的效应。

2）长日照处理的光源与照度。照明光源通常用白炽灯或荧光灯，不同植物适用的光源有所差异。菊花等短日照植物多用白炽灯，因白炽灯含远红外光比荧光灯多；锥花丝石竹等长日照植物多用荧光灯。也有人提出，短日照植物叶子花在荧光灯和白炽灯组合的照明下发育更快。

不同植物种类照明的有效临界光照强度有所不同。紫菀在 10lx 以上，菊花需 50lx 以上，一品红需 100lx 以上才有抑制成花的长日照效应。50 ~ 100lx 也常是长日照植物诱导成花的光强。锥花丝石竹长日照处理采用午夜 4h 中断照明时，随照明强度增加有促进成花的效果，但是超过 100lx 后效果即不明显。有效地照明强度常因照明方法而异。菊花抑制栽培，采用午夜闪光照明法时，1:10（min）的明暗周期需要 200lx 可起长日照效应，而 2:10（min）的明暗周期则 50lx 即可有效。

植物接受的光照度与光源安置方式有关。100W 白炽灯相距 1.5 ~ 1.8m 时，其交界处的光照度在 50lx 以上。生产上常用的方式是 100W 白炽灯相距 1.8 ~ 2m，距植株高度为 1 ~ 1.2m。如果灯距过远，交界处光照不足，长日照植物会出现开花少、花期延迟或不开花现象，短日植物则出现提前开花，开花不整齐等弊病。

（3）短日照处理。用于短日照性花卉的促成栽培和长日照性花卉的抑制栽培。

在日出之后至日落之前利用黑色遮光物，如黑布、黑色塑料膜等对植物进行遮光处理，使日长短于该植物要求的临界小时数的方法称为短日照处理。每天遮光处理时间的小时数不能超过临界夜长的小时数太多，否则会影响正常的光合作用，从而影响开花质量。例如一品红的临界日长为 10h，经 30d 以上短日照处理可诱导开花，其做短日照处理时日长不宜少于 8 ~ 10h。另外临界日长受温度的影响而改变，温度高时临界日长小时数相应减少；遮光程度保持低于各类植物的临界光照强度，一般不高于 22lx，特殊花卉有不同要求，菊花应低于 7lx，一品红应低于 10lx；不同品种需要遮光日数不同，通常为 35 ~ 50d。短日照处理以春季及初夏为宜，夏季做短日照处理，在覆盖物下易出现高温危害或降低开花品质。为减轻短日照处理可能带来的高温危害，应采用透气性覆盖材料，在日出前和日落前覆盖，夜间揭开覆盖物使之与自然夜温相近。一般短日照遮光处理多遮去傍晚和早晨光，遮去早晨的阳光，开花偏晚，以遮去傍晚的阳光为好；另外，植物已展开的叶片中，上部叶比下部叶对光照敏感，因此在检查时应着重注意上部叶的遮光度。

【学习评价】

采用多元化的评价体系，将学生专业知识、技能操作、技能成果和个人的职业素养有效地结合在一起（表 2-4-2）。

表 2-4-2　学生考核评价表

考核项目	权重	项目指标	考核等级				考核结果			总评
			A（优）	B（良）	C（及格）	D（不及格）	学生	教师	专家	
专业知识	20%	光周期反应	熟知	基本掌握	部分掌握	基本不能掌握				
技能操作	65%	催花品种的选择	所选品种至少90%能满足花期的需求	80%～89%能满足花期的需求	60%～79%能满足花期的需求	59%及以下能满足花期的需求				
		营养阶段的管理	植株生长健壮	植株长势基本可以	植株生长较弱	植株出现死亡				
		催延花日程安排	催延花日程安排合理	制定计划基本全面正确	安排不太完整，部分内容不合理	安排不完整，大部分内容不合理				
		短日照处理	暗期控制严格，温度适宜；短日中止时间合理	各项掌握基本合格	暗期控制不严格	暗期控制有误				
		补光处理	光源适宜，照度满足需要	可以满足补光需要	基本满足补光需要	不能满足补光需要				
职业素养	15%	态度	认真，吃苦耐劳；不旷课，不迟到早退	较认真，能吃苦耐劳；不旷课	旷课次数≤1/3或迟到早退次数≤1/2	旷课次数>1/3或迟到早退次数>1/2				
		合作	服从管理，能与同学很好配合	能与班级、小组同学配合	只与小组同学很好配合	不能与同学很好配合				
		学习与创新	能提前预习和总结，能解决实际问题	能提前预习和总结，敢于动手	没有提前预习或总结，敢于动手	没有提前预习和总结，不能处理实际问题				

【练习设计】

一、名词解释

临界日长　短日植物　长日照植物

二、填空

1. 很多植物的花芽分化受到光周期的影响。通常把光照与黑暗的相对长度称为_____。

2. 根据植物对光周期的反应可以将其分为三种类型，即_____、_____与_____。

3. 一般认为，植物对光照的反应是由_____所接受的，经过光照刺激后叶片内会产生某种刺激开花的物质，尔后，其被运至苗端的分生组织，最终导致了花芽分化。

三、判断

1. 植物的光周期类型与其地理起源有着较为密切的关系，通常低纬度起源者多半属于长日照植物，而高纬度起源者多半属于短日照植物。（　　）

2. 短日照植物的临界日长一定比长日照植物的临界日长短，因为短日照植物真正需要的不是短日照，而是足够长的暗期。（　　）

四、实训

选取身边一两种具有光周期反应的草花进行催花或延花实验。

技能三　温度调节技术

【技能描述】

能根据预期开花期，利用温度的调节来催花或延长花期。

【技能情境】

（1）场地：花卉温室。

（2）材料：水仙球、培养盆、水。

【技能实施】

1. 选择鳞茎

选用较大的鳞茎，至少20桩以上至30桩的，可以萌生5～7个花葶，每个葶约8～10朵花。

2. 提前开花

于11月上中旬将休眠的种球储存于2℃左右的冷库中，保持休眠状态，于要求开花之日前30～40d取出，先将水仙鳞茎上棕褐色的干枯外皮剥掉，并去掉根部的护泥和枯根，开始水培。水培初期宜每天换1次水，开花前可改为2～3d换1次水，但应在夜间将盆水倒干净，否则叶片生长迅速，花葶生长迟缓，开花时花藏在叶丛中，不甚美观。如欲春节开花，可于1月上旬进行水养。

3. 推迟花期

用低温延长休眠期的办法进行水养。具体措施为于11月份，将正处于休眠期的水仙鳞茎，放入冷室，保持0℃左右的低温，于2月中旬气温开始回升时，将鳞茎沙藏于大瓦缸中，一层沙一层鳞茎，4～6层，放入冷库中，保持0～2℃的低温，为防止鳞茎水分蒸发过多，以潮湿的锯末在瓦缸面上覆盖3cm左右的厚度。出冷库至开花所需天数，依外界气温而定，当外界气温达25℃时，鳞茎出冷库7～10d即可开花，花期4～5d。由于冷库温度与室外气温差别太大，出库后宜放在荫棚下水养并每天换盆水3～4次，降低温度，防止根的腐烂。为使其"十一"开花，可于9月20～25日陆续取出鳞茎进行水养。

【技能提示】

（1）花期调控的鳞茎要大。

（2）种球保持休眠的温度控制在2℃左右。

（3）水培前，应将种球外皮褐色部分剥去，去掉根部的护泥和枯根。

（4）水培的水要清洁，并按要求及时换水。

（5）从冷库中拿出种球宜事先放在荫棚下水养，防止温差过大。

【知识链接】

（一）温度处理调控花期

植物在完成生长后，要有一定条件才能开花，如达不到要求的条件就会停留在营养生长阶段而不开花。在栽培上正是通过人为对植物开花的某一个主导因子进行调控，以达到人为提早或延迟开花的目的。各种植物影响开花的主导因子不一样，因此，在进行调控栽培时，要了解植物开花的特性。如菊花、一品红、宝巾花等要在短日照条件下开花；山茶、杜鹃等要经低温期才开花；一串红、月季等可四季开花，营养生长是影响因素；荷包花、苍耳等是长日照植物，在长日照下开花。而对大多数植物而言，水分变化会引起体内激素的变化，如缺水条件下，容易产生催熟激素，提早开花，而水分充足，则内源催熟激生成减少。养分条件对植物的开花也有一定作用，如磷、钾肥可促使提早开花，而氮素会促进营养生长延迟开花。因此，在进行花期调控时，想提早开花，可针对主要因子适其道而行之，想延迟开花则反其道而行之。

温度处理调节花期主要是通过温度的作用调节休眠期、成花诱导、花芽形成期与花茎伸长期等主要进程而实现对花期的控制。大部分越冬休眠的多年生草本和木本花卉以及越冬呈相对静止状态的球根花卉，都可采用温度处理的方法调节花期。

1. 增温催花

增温催花适用于入室前已完成花芽分化过程或入室后能够完成花芽分化过程的植物种类。保护地提供适当的生长发育条件，通过升温可达到提前开花的目的。这种方法适应范围较广，包括露地经过春化的草本、宿根花卉，如石竹、桂竹香等；春季开花的低温温室花卉，如天竺葵、兔子花等；南方的喜温花卉，如非洲菊、五色茉莉等；经过低温休眠的露地花木，如牡丹、杜鹃等。开始加温的日期要根据植物生长发育至开花所需要的天数而定。温度是逐渐升高的，一般用15℃的夜温，25~28℃的日温。刚加温时，每天要在植物的枝干上喷水。

（1）直接加温催花用于入室前已完成花芽分化的种类，如瓜叶菊、山茶、白兰、腊梅等升温可以使花期提前。

（2）入室前经过预处理的部分花卉，如郁金香、百合等在室内加温前需一个低温过程完成花芽分化和休眠，然后再入室加温处理。应结合休眠控制等手段来调节花期。

（3）四季能进行花芽分化的花卉，如月季、茉莉等只要满足生长条件即可周年开花。

（4）高温打破休眠。有时加温可以打破部分植物的休眠，常用的方法是温水浴法，即把植株或植株的一部分，浸入温水中，一般30~35℃。如温水处理丁香、连翘的枝条，只需几个小时即可解除休眠。

2. 降低温度

（1）休眠控制。多数植物都有低温休眠的特性，通过控制休眠来控制花期。

1）延长休眠期。常用低温的方法使花卉在较长的时间内处于休眠状态，达到延迟花期的目的。处理温度一般在 1 ~ 3℃，常有一个逐渐降温的过程。在低温休眠期间，要保持根部适当湿润。根据需要开花的日期、植物种类和当时的气候条件，推算出低温后培养至开花的天数，来决定低温停止处理的日期。一般在开花前 20d 左右移出冷室，逐渐升温、喷水和增加光照，施用磷、钾肥。这种方法管理方便，开花质量好，延迟花期时间长，适用范围广。包括各种耐寒、耐阴的宿根花卉、球根花卉及木本花卉，如牡丹、梅花、山茶等都可用此法调节花期。

2）低温打破休眠。休眠器官经一定时间的低温作用后，休眠即被解除，再给予延长休眠或转入生长的条件，就可控制花期。

牡丹在落叶后挖出，经过 1 周的低温储藏（温度在 1 ~ 5℃），再进入保护地加温催花，元旦可上市。对于高温休眠的种类，如郁金香、仙客来等用 5 ~ 7℃ 的低温处理种球可打破休眠并诱导和促进开花。

（2）低温春化。二年生花卉和球根花卉，在生长发育中需要一个低温春化过程才能孕蕾开花，如毛地黄、桔梗等；对秋播花卉，若改变播种期至春季，在种子萌发后的幼苗期给予 0 ~ 5℃ 的低温，使其完成春化阶段，就可正常开花；秋植球根也需要一个 6 ~ 9 周的低温才能使花茎伸长，如风信子；某些花木须经 0℃ 的低温，强迫其通过休眠阶段后，才能开花，如桃花等。

（3）低温延缓生长。采用降温的方法延长花卉的营养生长期达到延迟开花的目的，降温通常逐渐进行，最后保持在 2 ~ 5℃。如盆养水仙，用 4℃ 以下的冷水培养，可推迟开花。但这种方法在生产中不常用，因为延缓生长意味着产量下降。

另外，很多原产于夏季凉爽地区的花卉，在夏季炎热的地区生长不好，也不能开花，生长期温度应控制在 28℃ 以下，这样植株处于持续活跃的生长状态中才能持续开花，如仙客来、天竺葵等。

（二）雕刻法促进水仙开花

雕刻法常用于水仙造型，但雕刻后经 25d 左右即可开花，较正常养护开花提前 8 ~ 10d。具体措施为取较大的鳞茎，剥除外包的皮膜，以刀将基部残根泥土刮除，用清水洗净。取利刀从鳞茎的宽面自中央微偏一侧纵切一刀，深度达鳞茎高度的 1/2，稍伤及幼叶及花葶，切勿伤及花蕾，再自鳞茎高度 1/2 处横切一刀，两刀口会合，切下部分鳞片，使花芽及幼叶外露，刻后及时浸泡在水中，经 36 ~ 48h，使黏液充分外流，伤口敷上干净棉花，以防污染与水分蒸发，每天换水，保持较低的室温 5 ~ 15℃ 为宜，每天早、晚喷水各一次，当白天室外气温 0℃ 以上、阳光充足且又无风，可将盆放室外背风向阳处 3 ~ 5h。如要在圣诞节、元旦开花，则可于 11 月底 12 月初雕刻。如要春节开花于 1 月中旬雕刻即可。

【学习评价】

采用多元化的评价体系，将学生专业知识、技能操作、技能成果和个人的职业素养有效地结合在一起（表 2-4-3）。

表 2-4-3　学生考核评价表

考核项目	权重	项目指标	考核等级				考核结果			总评
			A（优）	B（良）	C（及格）	D（不及格）	学生	教师	专家	
专业知识	25%	影响开花主要因素	熟知	基本掌握	部分掌握	基本不能掌握				
		温度调控	熟知	基本掌握	部分掌握	基本不能掌握				
技能操作	60%	种球选择	所选种球90%以上符合标准	80%～89%符合标准	60%～79%符合标准	59%及以下符合标准				
		温度控制	能根据花期的需要确定储藏种球的适宜温度，能根据外界气温的变化，有效地降低冷库种球的温度，基本无烂根	能有效控制冷库储藏的温度，但出库后温度控制不是很到位，出现少量烂根情况	能有效控制冷库储藏的温度，但出库后温度控制不是很到位，出现部分烂根情况	烂根情况较多				
		水培管理	水清澈无变质，未引起烂根	水基本清澈，少许烂根	水不太清澈，部分烂根	水污浊，烂根现象较重				
职业素养	15%	态度	认真，能吃苦耐劳；不旷课，不迟到早退	较认真，能吃苦耐劳；不旷课	旷课次数≤1/3或迟到早退次数≤1/2	旷课次数＞1/3或迟到早退次数＞1/2				
		合作	服从管理，能与同学很好配合	能与班级、小组同学配合	只与小组同学很好配合	不能与同学很好配合				
		学习与创新	能提前预习和总结，能解决实际问题	能提前预习和总结，敢于动手	没有提前预习或总结，敢于动手	没有提前预习和总结，不能处理实际问题				

【练习设计】

一、填空

1. 各种植物影响开花的主导因子不一样，菊花、一品红、宝巾花等要在_____条件下开花，山茶、杜鹃等要经低温期才开花，一串红、月季等可四季开花，_____是影响因素；荷包花、苍耳在_____条件下开花。

2. 温度处理调节花期主要是通过温度的作用调节_____、_____、_____与_____等主要进程而实现对花期的控制。

二、选择

1. 下面影响植物开花的主导因子是温度的有（　　　）。

A. 菊花　　　　　B. 杜鹃　　　　　C. 荷包花　　　　　D. 月季

2. 通过低温的方法使花卉在较长的时间内处于休眠状态，从而延迟花期，通常处理的低温一般在（　　　）。

A. 0～1℃　　　　B. 0～2℃　　　　C. 1～3℃　　　　D. 2～3℃

三、实训

练习水仙雕刻，提前水仙花期。

技能四　生长激素调节技术

【技能描述】

依据园林植物具体的品种，熟练利用生长调节剂调控其花期，实现预期开花。

【技能情境】

（1）场地：花卉园艺场等。

（2）材料与工具：适宜花期调控的若干品种的盆栽山茶、赤霉素、酒精、水。

【技能实施】

1. 确定开花时间

编制促成栽培计划。

2. 品种选择

山茶中宜选用"小桃红""七心红""撒金"等品种，茶梅中宜选用白花、粉花品种。花期早的品种均易于促成栽培。

3. 植株选择

宜选生长健壮，株高1.5m左右，花芽饱满分布均匀的盆栽。

4. 促成栽培

8月上中旬，花芽已较饱满，花芽分化已基本完成，可用激素处理。在激素处理前，宜先将过密集的花芽剔除，10~15cm长的枝条以保留3个花芽为恰当，疏除花芽后，将选定处理的花芽，每个芽剥除4~6枚鳞片，每日以500~1000mg/kg的赤霉素涂抹花芽，花芽迅速发育，直至吐色为止，自开始处理约经半个月即可开花。花期14d，若分批处理，则可自9月中旬开花至10月中旬，花朵大小、花色均与自然花期相似，"鲜红"花径8cm，"七心红"花径8cm，"撒金"花径6.7cm。

【技术提示】

（1）品种选择得当才能实现催花预期。

（2）选择长势健壮的茶花植株，弱小的植株最好不要用赤霉素做催花处理，以防影响它们以后的生长。

（3）处理前必须剥除4~6枚鳞片，否则处理无效。茶花鳞片质地厚药液不易进入，与其含有脱落酸有关。

（4）每盆仅涂抹全株花芽的1/3，即可达到当年开花的目的又可连年萌发新枝，连年开花，否则处理过多花芽，一盆花可连续开花一个半月，但翌年不萌芽生长，即使萌芽枝条也细弱，不进行花芽分化，且经处理的枝条逐年枯死。10年后始见少量枝条形成花芽开花，但株形较差，无观赏价值。

（5）剥鳞片时不要碰伤内部芽体。

（6）赤霉素配制时应先用少量酒精溶解。

【知识链接】

（一）山茶花品种与生物学特性

常见品种有'鹤顶红''花宝珠''美人茶''七心红''撒金茶花''十八学士''小桃红''雪塔'等。同属常见栽培种有南山茶品种'狮子头''紫袍''松子麟''早桃红''恨天高''麻叶银红'等。另外还有茶梅及黄色花的金花茶。

山茶花喜温暖，不甚耐寒，忌酷暑，生长适温 20～25℃。喜半阴，忌强阳光直射，宜富含腐殖质、肥沃、排水良好微酸性的沙质壤土。喜湿润，忌积水，宜空气湿度较高的环境。茶花于早春花后萌芽进行营养生长，当夏季日温达到 25℃、夜温 16℃时进行花芽分化，早品种 6 月开始花芽分化，于秋冬季进入休眠状态，翌年春季气温达 10～15℃时开花。山茶花为长寿树种，至今尚有树龄 1200 余年仍年年鲜花盛开的老树。

（二）植物生长调节剂

人工合成和从植物或微生物中提取的生理活性物质，称为植物生长调节剂，除包括生长素类、赤霉素类、细胞分裂素类、脱落酸、乙烯之外，还包括植物生长延缓剂和植物生长抑制剂，在花卉开花调节中，用于打破休眠，促进茎叶生长，促进成花、花芽分化和花芽发育等。常用的药剂有赤霉素（GA）、萘乙酸（NAA）、2,4-D、比久（B_9）、矮壮素（CCC）、吲哚乙酸（IAA）、β-羟乙基肼（BOH）、秋水仙素、马来酰肼（MH）、脱落酸（ABA）等。

1. 应用方法

（1）促进诱导成花。矮壮素、比久、嘧啶醇可促进多种植物的花芽形成。矮壮素浇灌盆栽杜鹃与短日照处理相结合，比单用药剂更为有效。有些栽培者在最后一次摘心后 5 周，叶面喷施矮壮素 1.58%～1.84% 溶液可促进成花。用 0.25% 比久在杜鹃摘心后 5 周喷施叶面，或以 0.15% 喷施 2 次，其间隔时间 1 周，有促进成花作用。比久可促进桃等木本花卉花芽分化，于 7 月以 0.2% 溶液喷施叶面，促使新梢停止生长，从而增加花芽分化数量。乙烯利、乙炔、P-羟乙基肼（BOH）对凤梨科的多种植物有促进成花作用，凤梨科植物的营养生长期长，需 2.5～3 年才能成花。以 0.1%～0.4% BOH 溶液浇灌叶丛中心，在 4～5 周内可诱导成花，之后在长日照条件下开花，如果子蔓属、水塔花属、光萼荷属、彩叶凤梨属等。田间生长的荷兰鸢尾喷施乙烯利可提早成花并减少盲花百分率。赤霉素对部分植物种类有促进成花作用，A. Long（1957）认为 GA 可代替二年生植物所需低温而诱导成花。细胞分裂素对多种植物有促进成花效应。KT 可促进金盏菊及牵牛花成花。

（2）打破休眠，促进花芽分化。常用的有赤霉素、激动素、吲哚乙酸、萘乙酸、乙烯等。

通常用一定浓度药剂喷洒花蕾、生长点、球根、雌蕊或整个植株，可促进开花。也可采用快浸和涂抹的方式，处理的时期在花芽分化期，对大部分花卉都有效应。例如宿根花卉芍药的花芽经低温 5℃打破休眠至少需经 10d，如在促成栽培前用 GA_3 10mg/L 处理可提早开花并提高开花率；10～12 月用浓度为 $10×10^{-5}$ 赤霉素处理桔梗的宿根，可代替低温打破休眠。

（3）抑制生长，延迟开花。常用生长抑制剂喷洒处理。如三碘苯甲酸（TIBA）0.2%～1% 溶液，矮壮素 0.1%～0.5% 溶液，在生长旺盛期处理植物，可明显延迟花期。

2. 应用特点

（1）相同的药剂对不同植物种类、品种的效应不同。例如赤霉素对一些植物，如花叶万年青有促进成花作用，而对多数其他植物，如菊花等则具抑制成花作用。

相同的药剂因浓度不同而产生不同的效果。如生长素低浓度时促进生长，而高浓度则抑制生长。相同药剂在相同植物上，因不同施用时期而产生不同效应。如吲哚乙酸（IAA）对藜的作用，在成花诱导之前应用可抑制成花，而在成花诱导之后应用则有促进开花的作用。

（2）施用方法。易被植物吸收、运输的药剂如赤霉素（GA）、比久（B₉）、矮壮素（CCC）等，可用叶面喷施；能由根系吸收并向上运输的药剂如嘧啶醇、多效唑（PP333）等，可用土壤浇灌；对易于移动的或需在局部发生效应时，可在局部注射或涂抹，如6-苄基腺嘌呤（6-BA）可涂于芽际促进落叶，为打破球根休眠可用浸球法。

（3）环境条件的影响。有的药剂以低温为有效条件，有的则需高温；有的需在长日照条件中发生作用，有的则需与短日照相配合。此外土壤湿度、空气相对湿度、土壤营养状况以及有无病虫害等都会影响药剂的正常效应。

【学习评价】

采用多元化的评价体系，将学生专业知识、技能操作、技能成果和个人的职业素养有效地结合在一起（表2-4-4）。

表2-4-4　学生考核评价表

考核项目	权重	项目指标	考核等级				考核结果			总评
			A（优）	B（良）	C（及格）	D（不及格）	学生	教师	专家	
专业知识	30%	生长调节剂的概念及种类	熟知	基本掌握	部分掌握	基本不能掌握				
		生长调节剂的应用方法	熟知	基本掌握	部分掌握	基本不能掌握				
技能操作	55%	催花品种的选择	选择的品种90%以上适宜催花	选择的品种80%~89%适宜催花	选择的品种60%~79%适宜催花	选择的品种59%以下适宜催花				
		赤霉素处理时期	花芽分化基本完成	时期略出现偏差	时期出现较大偏差	时期不当				
		赤霉素配制	少量酒精溶解，配制浓度正确	未用酒精溶解，操作不当，浓度略有偏差	未用酒精溶解，操作不当，浓度有较大偏差	未用酒精溶解，操作不当，浓度不正确				
		疏花芽	花芽选留质量好且数量合理	花芽选留质量与数量控制基本可以	花芽选留与数量控制略不当	花芽选留与数量控制不当				
		剥鳞片	98%以上的花芽剥除鳞片正确，未损伤内部芽体	超过5%的花芽鳞片剥除操作不当	超过10%的花芽鳞片剥除不当	超过20%的花芽鳞片剥除不当				

（续）

考核项目	权重	项目指标	考核等级				考核结果			总评
			A（优）	B（良）	C（及格）	D（不及格）	学生	教师	专家	
职业素养	15%	态度	认真，能吃苦耐劳；不旷课，不迟到早退	较认真，能吃苦耐劳；不旷课	旷课次数≤1/3或迟到早退次数≤1/2	旷课次数＞1/3或迟到早退次数＞1/2				
		合作	服从管理，能与同学很好配合	能与班级、小组同学配合	只与小组同学很好配合	不能与同学很好配合				
		学习与创新	能提前预习和总结，能解决实际问题	能提前预习和总结，敢于动手	没有提前预习或总结，敢于动手	没有提前预习和总结，不能处理实际问题				

【练习设计】

一、填空

1. 促进多种植物的花芽形成的生长调节剂有_____、_____、_____。

2. 生长激素催花的施用方法因药剂种类不同而异。易被植物吸收、运输的药剂如赤霉素，可用_____；能由根系吸收并向上运输的药剂如嘧啶醇、多效唑（PP333）等，可用_____；对易于移动的或需在局部发生效应时，可用_____，如6-苄基腺嘌呤（BA）可涂于芽际促进落叶，为打破球根休眠可用浸球法。

二、判断

1. 对山茶花催花，可用一定浓度的赤霉素直接涂抹于其覆盖鳞片的花芽上。　　（　　）

2. 为提高山茶花催花的质量，涂抹赤霉素前应进行适量疏花。　　（　　）

3. 相同的生长激素对不同植物种类、品种的效应是相同的。　　（　　）

4. 生长素低浓度可促进生长，而高浓度则抑制植物生长。　　（　　）

三、实训

选取当地常见盆栽花卉，通过资料检索相关催花知识，假定开花日期，制定催花计划。

任务四总结

任务四详细介绍了一般园艺措施、温度、光周期、植物激素等四个方面的调控技术，每项技能选取生产上典型的花卉花期调控案例设计了相应的技能训练，以点带面，并在"知识链接"环节围绕技能训练的内容，系统地介绍了促成及抑制花期的原理。通过学习，学生可以全面系统地掌握园林植物促成及抑制栽培的知识和技能。

项目二总结

项目二详细阐述了保护地栽培技术，主要包括保护地设施、栽培容器、栽培基质、容器栽培技术、水培技术和基质栽培技术。通过学习，学生能够获得保护地栽培生产的技能。

项目 三 园林植物栽植技术

在园林绿化工程中，树木栽植更多地表现为移植。

园林植物的栽植是一个系统的、动态的操作过程。不同的园林植物对环境有不同的要求，要确保栽植成活并正常生长，首先要了解各类园林植物的栽植原理，遵循园林植物生长发育规律，其次要根据植物的不同特性，选择适宜的栽植时期和栽植方法，促进根系的再生和树体生理代谢功能的恢复，使树体尽早恢复根壮树旺、枝繁叶茂、花果丰硕的蓬勃生机，达到园林绿化设计所要求的生态指标和景观效果。

学习目标

（1）了解园林植物栽植的相关理论知识。

（2）熟悉不同类型园林植物的栽植程序。

（3）掌握不同类型园林植物的栽植技术。

任务一　一般乔灌木栽植技术

【任务分析】

通过学习，能够进行一般乔灌木的栽植工作。包括：
（1）栽植前的准备。
（2）乔灌木定点放线。
（3）起苗。
（4）栽植。

【任务目标】

（1）了解常见乔灌木的生长习性和对环境的要求。
（2）熟悉一般乔灌木栽植工作所包含的内容。
（3）掌握合格苗木应具备的条件。
（4）能够按照设计图要求完成乔灌木的栽植工作。

技能一　栽植前的准备

【技能描述】

能够按照绿化工程中对栽植的相关要求，完成乔灌木栽植前的各项准备工作。

【技能情境】

（1）场地：苗圃、栽植地。
（2）工具：设计图、皮尺、纸张、计算器、笔、镐、锹、推车等。
（3）材料：石灰、有机肥、复合肥、硫酸亚铁等。

【技能实施】

1. 了解设计意图与工程概况
（1）了解设计意图、近期绿化效果、施工完成后所要达到的目标。
（2）了解种植与其他相关工程的范围和工程量。
（3）了解施工期限，包括工程总进度以及始、竣工日期。
（4）了解工程投资数、设计预算及设计预算定额依据。
（5）了解施工现场地上与地下情况。
2. 现场踏勘与调查
（1）各种地物（如房屋、原有树木、市政或农田设施等）情况与处理办法。
（2）现场内外交通、水源、电源等情况。
（3）土壤情况，确定是否换土，估算客土量及其来源。

3. 制定施工方案

根据规划设计制定施工方案。

（1）制定施工进度计划（表3-1-1）：分单项进度与总进度计划，规定起止日期。

表 3-1-1　工程进度计划表

工程名称　　　　　　　　　　　　　　　　　　　　　　　　　　　　　　年　月　日

工程地点	工程项目	工程量	单位	定额	用工	进度				备注
						月　日	月　日	月　日	月　日	

主管　　　　　　　　　审核　　　　　　　　　技术员　　　　　　　　制表

（2）制定劳动计划：根据工程任务量及劳动定额，计算出每道工序所需用的劳动力和总劳动力，并确定劳动力来源、使用时间及具体的劳动组织形式。

（3）制定工程材料工具计划（表3-1-2）：根据工程需要提出苗木、工具、材料的供应计划，包括用量、规格、型号及使用期限等。

表 3-1-2　工程材料工具计划表

工程名称　　　　　　　　　　　　　　　　　　　　　　　　　　　　　　年　月　日

工程地点	工程项目	工具材料	单位	规格	需用量	使用日期	备注

主管　　　　　　　　　审核　　　　　　　　　技术员　　　　　　　　　制表

（4）制定苗木供应计划（表3-1-3）：苗木是栽植工程中最重要的物质，按照工程要求保证及时供应苗木，才能保证整个施工按期完成。

表 3-1-3　工程用苗计划表

工程名称　　　　　　　　　　　　　　　　　　　　　　　　　　　　　　年　月　日

苗木品种	规格	数量	出苗地点	供苗日期	备注

主管　　　　　　　　　审核　　　　　　　　　技术员　　　　　　　　制表

（5）制定机械运输计划（表3-1-4）：根据工程需要提出所需用的机械、车辆，并说明所需机械、车辆的型号、日用台班数及使用日期。

表 3-1-4　机械车辆使用计划表

工程名称　　　　　　　　　　　　　　　　　　　　　　　　　　　　　　年　月　日

工程地点	工程项目	车辆机械名称	型号	台班	使用日期	备注

主管　　　　　　　　　审核　　　　　　　　　技术员　　　　　　　　制表

（6）制定技术和质量管理措施：如制定操作细则、确定质量标准及成活率指标、组织技术培训、落实质量检查和验收方法等。

4. 施工现场准备

施工现场准备是栽植工作的重要内容。主要包括：

（1）清理障碍物。为了便于栽植工作的进行，在工程进行之前，必须清除栽植地的各种障碍物。凡地界之内，有碍施工的市政设施、农田设施、房屋、树木、坟墓、堆放杂物、违章建筑等，一律应进行拆除和搬迁。对障碍物的处理应在现场踏勘的基础上逐项落实，根据有关部门对地上物的处理要求，办理各种手续。对现有树木的处理要持慎重态度，对于病虫害严重的、衰老的树木应予砍伐；凡能结合绿化设计可以保留的尽量保留，无法保留的可进行移植。

（2）地形地势整理。地形整理是指从土地的平面上，将绿化区与其他区划分开来，根据绿化设计图样的要求整理出一定的地形，此项工作可与清除地上障碍物相结合。对于有混凝土的地面一定要刨除，否则影响树木的成活和生长。地形整理应做好土方调度，先挖后垫，以节省投资。

地势整理主要是指绿地的排水问题。具体的绿化地块里，一般都不需要埋设排水管道，绿地的排水是依靠地面坡度，从地面自行径流排到道路旁的下水道或排水明沟。所以要根据地势排水的大趋向，将地块整理成一定坡度。一般城市街道绿化的地形整理要比公园的简单，要与四周的道路、广场的标高合理衔接，使行道树池内排水畅通。洼地填土或是去掉大量渣土堆积物后回填土壤时，需要注意对新填土壤分层夯实，并适当增加填土量，否则一经下雨或自行下沉，会形成低洼坑地。

（3）栽植地整理。地形地势整理完毕之后，为了给植物创造良好的生长条件，必须在种植植物范围内对土壤进行整理。原是农田菜地的土质较好，侵入物不多，只需要加以平整，不需换土。如果在建筑遗址、工程弃物、矿渣炉灰等地修建绿地，需要清除渣土更换好土。对于树木定植位置上的土壤改良，待定点挖穴后再行解决。

1）平缓地整理。对坡度10°以下的平缓耕地或半荒地，可采取全面整地。通常采用的整地深度为30cm，以利蓄水保墒。对于重点布景区或深根性树种种植区应翻至50cm深，并施有机肥，以改良土壤。

2）市政工程场地和建筑地区的整地。在这些地区常遗留大量的灰渣、砂石、砖石、碎木及建筑垃圾等，在整地之前应全部清除，还应将挖除建筑垃圾而缺土的地方换入肥沃土壤。由于夯实地基，土壤紧实，所以在整地同时应将夯实的土壤挖松，并根据设计要求处理地形。

3）低湿地区的整地。低湿地土壤紧实，水分过多，通气不良，土质多带盐碱，即使树种选择正确，也常生长不良。解决的办法是挖排水沟，降低地下水位，防止返碱。通常在种树前一年，每隔20cm左右就挖出一条长1.5~2m的排水沟，并将掘起来的表土翻至一侧培成垄台，经过一个生长季，土壤受雨水的冲洗后即可在垄台上种树。

4）新堆土山的整地。挖湖堆山是园林建设中常用的改造地形措施之一，人工新堆的土山要经过自然沉降，然后才能整地植树。因此通常在土山堆成后，至少经过一个雨季，才开始实施整地。

5）荒山整地。在荒山地整地之前，要先清理地面，刨出枯树根，搬除可移障碍物。在坡度较平缓、土层较厚的情况下，可以采用水平带状整地。此方法是沿低山等高线整成带状的地段，故可称环山水平线整地。在干旱石质荒山及黄土或红壤荒山的植树地段，可采用连续或断续的带状整地，称为水平阶整地。在水土流失较严重或急需保持水土、使树木迅速成林的荒山，则应采用水平沟整地或鱼鳞坑整地。

（4）其他附属设施建设。主要包括搭建工棚、机房、食堂，安装水电，修建（维修）道路等工作及生活设施建设。

5. 苗木准备

（1）苗木数量。根据设计图样和有关说明书等材料，分别计算每种苗（树）木的需要量。在生产上应按计算的数量另加5%左右的苗（树）木数量，以抵消施工过程中苗（树）木的损耗。

（2）苗木质量。苗木质量的好坏直接影响栽植成活率及绿化效果，在栽植前应慎重选择质量好的苗木。在园林绿化中合格苗木应具备以下条件：

1）根系完整发达，主根短直，接近根茎范围内要有较多的侧、须根，起苗后大根应无劈裂。

2）苗干粗壮、通直，有一定适合高度，枝条苗壮、无徒长现象。

3）具有健壮的顶芽，侧芽发育正常。

4）无病虫害和机械损伤。

（3）苗木来源。园林绿化中所用苗（树）木的来源主要有三种：

1）当地培育。由当地苗圃培育出来的苗木，一般对当地的气候及土壤条件有较强的适应性，苗木质量高，来源广，随起苗随栽植，减少因长途运输对苗木的损害（失水、机械损伤等）并降低运输费用。当地培育是目前园林绿化中应用最多的。

2）外地购进。可解决当地苗木不足的问题，但应该注意做到苗木各项指标优良，并进行严格的苗木检疫，防止病虫害传播。因长途运输易造成苗木失水和损伤，应注意保鲜、保湿。

3）野外收集或绿地调出。从野外收集到或从已定植到绿地但因配置不合理或因基建需要进行移植的苗（树）木，一般年龄较大，移栽后发挥绿化效果快。但从野外采集的苗（树）木，质量较差，抗性弱，应根据具体情况采取有力措施，做移植前的准备工作。

另外，同一植物的不同年龄对栽植的成活率有很大的影响，并与成活后的适应性、抗逆性及绿化效果发挥的早晚都有密切的联系。

【技术提示】

（1）应全面了解设计图与工程概况，制定出合理的施工方案。

（2）要选择高质量的苗木，栽植后才能发挥出预期的效果。

【知识链接】

由于城市绿化的需要和园林绿地局部环境的特点，一般采用苗木年龄较大的幼青年苗（树）木，尤其是选用经过多次移植的大苗，其移栽易成活，绿化效果发挥也较快。具体选用苗木的规格，依据不同植物、不同绿化用途有不同的要求。

常绿乔木一般要求苗木树形丰满，主梢苗壮，顶芽明显，苗木高度在1.5m以上或胸径在5cm以上。大中型落叶乔木，如毛白杨、槐树、五角枫、合欢等树种，要求树形良好，树干直立，胸径在3cm以上（行道树苗胸径在4cm以上），分枝点在2.2m以上。单干式灌木和小型落叶乔木，要求主干上端树冠丰满，地径在2.5cm以上。多干式灌木，要求自地面分枝外，要有三个以上分布均匀的主枝，如丁香、金银木、紫荆、紫薇等大型灌木，苗高要求在 80cm 以上；珍株梅、黄刺玫、木香、棣棠等中型灌木要求苗高在 50cm 以上；月季、郁李、金叶女贞、牡丹、红叶小檗等小型灌木苗高一般要求在 30cm 以上。绿篱类苗木要求树势旺盛，全株成丛，基部枝叶丰满，冠丛直径不小于 20cm，苗木高度在 50cm 以上。藤本类苗木，如地锦、凌霄、葡萄等要求生长旺盛，枝蔓发育充实，腋芽饱满，根系发达，至少有 2~3 个主蔓且无枯枝现象。

【学习评价】

采用多元化的评价体系，将学生所学专业知识、技能操作、技能成果和个人的职业素养有效地结合在一起（表3-1-5）。

表 3-1-5　学生考核评价表

| 考核项目 | 权重 | 项目指标 | 考核等级 | | | | 考核结果 | | | 总评 |
			A（优）	B（良）	C（及格）	D（不及格）	学生	教师	专家	
专业知识	25%	优质苗条件	熟知	基本掌握	部分掌握	基本不能掌握				
		苗木来源	熟知	基本掌握	部分掌握	基本不能掌握				
技能操作	35%	栽植地整理	整地深度符合规范；施肥量准确	整地深度符合规范；施肥量基本准确	整地深度较符合规范；施肥量不够准确	整地深度较不符合规范；施肥量错误				
		选苗	能根据标准选择优质苗木	苗木选择较好	苗木质量把握一般	苗木质量判断有误				
技能成果	25%	整地效果	完全符合要求	基本符合要求	60%符合要求	不符合要求				
		苗木质量	优	良	差	差				
职业素养	15%	态度	认真，能吃苦耐劳；不旷课，不迟到早退	较认真，能吃苦耐劳；不旷课	旷课次数≤1/3或迟到早退次数≤1/2	旷课次数>1/3或迟到早退次数>1/2				
		合作	服从管理，能与同学很好配合	能与班级、小组同学配合	只与小组同学很好配合	不能与同学很好配合				
		学习与创新	能提前预习和总结，能解决实际问题	能提前预习和总结，敢于动手	没有提前预习或总结，敢于动手	没有提前预习和总结，不能处理实际问题				

【练习设计】

一、名词解释

地形整理　乡土树种　胸径　地径

二、填空

1. 施工现场准备是栽植工作的重要内容，主要包括＿＿＿＿、＿＿＿＿、＿＿＿＿和其他附属设施建设四个方面。

2. 园林绿化中所用苗（树）木的来源主要有三种，分别是＿＿＿＿、＿＿＿＿、

_____。

3. 人工新堆的土山，要经过自然沉降，然后才能整地植树。因此通常在土山堆成后，至少经过_____个雨季，才开始实施整地。

4. 在坡度较平缓、土层较厚的情况下，可以采用_____整地。此方法是沿低山等高线整成带状的地段，故可称_____整地。在干旱石质荒山及黄土或红壤荒山的植树地段，可采用_____整地，称为_____整地。在水土流失较严重或急需保持水土、使树木迅速成林的荒山，则应采用_____或_____整地。

三、判断

1. 同一植物的不同年龄对栽植的成活率有很大的影响，并与成活后的适应性、抗逆性及绿化效果发挥的早晚都有密切的联系。　　　　　　　　　　　　（　　）

2. 当地苗圃培育出来的苗木，一般对当地的气候及土壤条件有较强的适应性，苗木质量高。　　　　　　　　　　　　　　　　　　　　　　　　　　　（　　）

3. 为了便于栽植工作的进行，在工程进行之前，必须清除栽植地的各种障碍物。（　　）

4. 从野外采集的苗（树）木，质量高，抗性强。　　　　　　　　　　　　（　　）

技能二　定点放线

【技能描述】

在设计图中，每株植物都有固定的位置，能够根据园林绿化设计图，确定出各种植物的种植点位置。

【技能情境】

（1）场地：栽植地等。

（2）工具：皮尺、卷尺、平板仪、绳等。

（3）材料：石灰等。

【技能实施】

1. 独植乔灌木定点放线

定点放线时首先选一些已知基线或基点为依据，用交会法或支距法确定独植树中心点，即为独植树种植点。

2. 丛植乔灌木定点放线

根据树木配置的疏密程度，先按一定比例相应地在设计图及现场画出方格，作为控制点和线，在现场按相应的方格用支距法分别定出丛植树的株点位置，用钉桩或石灰标明。

3. 绿篱定点放线

绿篱的定点、放线先按设计指定位置在地面放出种植沟挖掘线。若绿篱位于路边、墙体边，则在靠近建筑物一侧出现边线，向外展出设计宽度，放出另一面挖掘线。如是在草坪中间或片状不规则栽植可用方格法进行放线，确定栽植范围并用石灰线标明。

4. 色块的定点放线

根据其图案的性质和面积大小，采用以下两种方法：

（1）图案整齐、线条规则的色块。要求图案线条准确无误，故放线时要求极为严格，可用较粗的钢丝、铅线按设计图案的式样编好图案轮廓模型，图案较大时可分为几节组装，检查无误后，在绿地上轻轻压出清楚的线条痕迹轮廓。有些绿地的图案是连续和重复布置的，为保证图案的准确性、连续性，可用较厚的纸板或围帐布、大帆布等（不用时可卷起来便于携带运输），按设计图剪好图案模型，线条处留 5cm 左右宽度，便于撒灰线，放完一段，再放一段这样可以连续地撒放出来。

（2）自然式。

绘制方格网：根据图样上网格单位及比例，在绿化场地上相应地绘出网格。

图案关键点定位：在图样网格上找出色块图案的形状关键点，相应地找出在绿化地网格中的位置并应用木桩标记。关键点即确定色块图案走向的关键位置，有最左边、最右边、最上边、最下边"4 个基本点"，以及曲线弯曲趋势点、变化点等。关键点找得越多，则放线越准确。

绘制色块：依据设计方案连接各关键点，即在绿化地上用工具划出痕迹或撒上石灰等，修改调整放线的不足之处。

【技术提示】

（1）对独植树、列植树，应定出单株种植位置，并用石灰标记和钉木桩，写明树种、挖穴规格。

（2）对树丛和自然式片林定点时，依图按比例测出其范围，并用石灰标出范围边线，精确标明主景树位置。

（3）其他次要树种可用目测定点，但要自然，切忌呆板、平直，可统一写明树种、株数和挖穴规格等。定点后应由设计人员验点。

【知识链接】

树木种植有规则式和自然式之分。自然式树木种植方式有两种，一为单株，即在设计图上标出单株的位置；另一种是图上标明范围而无固定单株的树丛片林，其定点放线方法有以下五种：

1. 基准线定位法

一般选用道路交叉点、中心线、建筑外墙角、规则型广场和水池等建筑的边线。这些点和线一般都是相对固定的，是一些有特征的点和线。利用简单的直线丈量方法和三角形角度交会法即可将设计的每一行树木栽植点的中心线和每一株树的栽植点测设到绿化地面上。

2. 平板仪定点放线

测量基点准确的公园绿地可用平板仪定点，测设范围较大，即依据基点将单株位置及连片的范围线按设计图依次定出，并钉木桩标明，木桩上写清树种、株数。图板方位必须与实际相吻合。在测站位置上，首先要完成仪器的对中、整平、方向三项作业，然后将图样固定在小平板上。一人测绘，两人量距。在确定方位后量出该标定点到测站点距离，即可钉桩。如此可标出若干有特征的点和线。必须注意的是，在实测 30 多个立尺点后应检查图板定向是否有变动，如有应及时发现并纠正。平板仪定点主要用于面积大，场区没有或少有明确标志物的工地。也可先用平板仪来确定若干控制标志物，定基线、基点，再使用简单的基准线法进行细部放线，以减少工作量。

3. 网格法

网格法适用于范围大、地势较为平坦且无或少有明确标志物的公园绿地。对于在自然地形并按自然式配置树木的情况，树木栽植定点放线常采用坐标方格网法。其做法是，按照比例在设计图上和现场分别画出距离相等的方格（20m×20m最好），定点时先在设计图上量好树木对其方格的纵横坐标距离，再按比例定出现场相应方格的位置、钉木桩或撒灰线标明。如此地上就具有了较准确的基线或基点。依此再用简单基准线法进行细部放线，导出目的物位置。

4. 交会法

适用于范围较小、现场内建筑物或其他标记与设计图相符的绿地，以建筑物的两个固定位置为依据，根据设计图上与该两点的距离相交会，定出植树位置。

5. 支距法

适用于范围更小、就近具有明显标志物的现场，是一种常见的简单易行的方法。如树木中心点到道路中心线或路牙线的垂直距离，用皮尺拉直角即可完成。在要求净度不高的施工及较粗放的作业中都可用此法。

【学习评价】

采用多元化的评价体系，将学生所学专业知识、技能操作、技能成果和个人的职业素养有效地结合在一起（表3-1-6）。

表 3-1-6　学生考核评价表

考核项目	权重	项目指标	考核等级				考核结果			总评
			A（优）	B（良）	C（及格）	D（不及格）	学生	教师	专家	
专业知识	25%	定点放线方法	熟知	基本掌握	部分掌握	基本不能掌握				
技能操作	35%	根据施工图样放线	方法选择正确，操作规范	方法选择正确，操作有误	方法选择有误，操作有误	操作错误				
技能成果	25%	苗木定点	定点准确	定点较准确	定点有误	定点错误				
		绿篱色块定位	定点准确	定点较准确	定点有误	定点错误				
职业素养	15%	态度	认真，能吃苦耐劳；不旷课，不迟到早退	较认真，能吃苦耐劳；不旷课	旷课次数≤1/3或迟到早退次数≤1/2	旷课次数>1/3或迟到早退次数>1/2				
		合作	服从管理，能与同学很好配合	能与班级、小组同学配合	只与小组同学很好配合	不能小组同学很好配合				
		学习与创新	能提前预习和总结，能解决实际问题	能提前预习和总结，敢于动手	没有提前预习或总结，敢于动手	没有提前预习和总结，不能处理实际问题				

【练习设计】

一、名词解释

定点放线　片林　列植

二、填空

1. 树木种植有_____式和_____式之分。

2. 网格法适用于_____、地势_____且无或少有明确标志物的公园绿地。

3. 交会法适用于_____、_____或其他标记与设计图相符的绿地，以建筑物的两个固定位置为依据，根据设计图上与该两点的_____相交会，定出植树位置。

三、判断

1. 支距法是一种常见的简单易行的方法，在要求净度高、精细的作业中都可用此法。

（　　）

2. 测量基点准确的公园绿地可用平板仪定点，测设范围较小。

（　　）

3. 对独植树、列植树，应定出单株种植位置，并用石灰标记和钉木桩，写明树种、挖穴规格。

（　　）

技能三　起苗与运输

【技能描述】

通过学习，能够正确选择起苗方法，完成裸根起苗工作。

【技能情境】

（1）场地：苗圃。

（2）工具：锹、镐、皮尺、卷尺等。

（3）材料：草绳、蒲包片、塑料布等。

【技能实施】裸根起苗

1. 小苗裸根起苗

起小苗时，沿苗行方向距苗木一定距离（根据带根系的幅度确定）挖一道沟，沟深与主要根系的深度相同，并在沟壁苗的一侧挖一个斜槽，根据要求的根系长度截断根系，再从苗的另一侧垂直下锹，轻轻放倒苗木并打碎根部泥土，尽量保留须根，挖好的苗木立即打泥浆。苗木如不能及时运走，应放在阴凉通风处假植。

2. 大苗裸根起苗

起大苗时应单株挖掘。挖苗前应先将树冠拢起，防止碰断侧枝和主梢，然后以树干为中心画圆，通常不得小于树干胸径的 6~8 倍，在圆圈外挖沟，垂直下挖至一定深度，切断侧根，然后于一侧向内深挖，并将粗根切断。如遇到难以切断的粗根，应把粗根四周的土挖空后，用手锯锯断粗根。切忌强按树干或硬劈粗根，这样易造成根系劈裂。挖掘深度应较根系主要分布区稍深一些，以尽可能多地保留根系，特别是具吸收功能的根系。根系全部切断后，将苗取出，对病、伤、劈裂及过长的主根及时进行修剪。

　　3. 装运

　　装裸根苗木应顺序码放整齐，根部朝前，装时将树干加垫、捆牢，树冠用绳拢好。长途运输应特别注意保持根部湿润，一般可采取沾泥浆、喷保湿剂和用苫布遮盖等方法。

【技术提示】

　　（1）起苗前如果天气干燥，应提前 2 ～ 3d 对起苗地灌水，使苗木充分吸水，并使土质变软，便于操作。

　　（2）裸根起苗时，虽然根系裸露，在根系中心部位仍需保留"护心土"。

　　（3）为提高裸根苗栽植成活率，根系蘸泥浆是常用的保护方式之一，可提高移栽成活率 20% 以上。泥浆配合比为：过磷酸钙 1kg + 细黄土 7.5kg + 水 40kg，搅成浆糊状，将裸根苗根系用泥浆蘸湿，运输过程中，用湿草帘覆盖，以防根系风干。

　　（4）起苗时不能长时间晾晒根苗，一般针叶树苗起苗后根系晾晒 20 ～ 30min，就会使苗根死亡（侧、须根死亡达 30% 以上）。应避免根系损伤过多，保留根系的长度和侧根数，应该遵照国家标准《主要造林树种苗木质量分级》（GB 6000—1999）的规定。如遇树种主根较长或起苗时根系被撕裂时，需要修剪平整。栽植前还应对根系进行修剪。

【知识链接】

　　（一）起苗时间

　　起苗时间要尽量选择在苗木的休眠期。落叶树种从秋季开始落叶到翌年春季树液开始流动以前都可进行起苗；常绿树种除上述时间外也可在雨季起苗。春季起苗宜早，要在苗木开始萌动之前起苗，若在芽苞开放后起苗会大大降低苗木的成活率；秋季起苗在苗木枝叶停止生长后进行，这时根系在继续生长，起苗后若能及时栽植则翌春能较早开始生长。

　　（二）起苗方法

　　1. 裸根起苗

　　大多数落叶园林树木和栽植容易成活的其他小苗均可采用裸根起苗（图 3-1-1）。

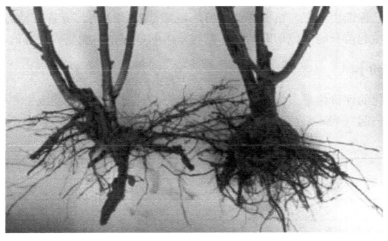

图 3-1-1　裸根起苗

2. 带土球起苗

一般常绿树苗木、珍贵树种苗木和较大的花灌木，为了提高栽植成活率，需要带土球起苗，以达到少伤根、缩短缓苗期、提高成活率的目的。这种方法的优点是栽植成活率高，但其施工费用较高。在裸根栽植能成活的情况下，尽量不用带土球起苗。

土球的大小视植物的种类、苗木的大小、根系的分布、栽植成活的难易、土壤的质地以及运输条件来确定。乔木土球直径为苗木胸径（落叶）或地径（常绿）的 8 ~ 10 倍，土球厚度应为土球直径的 4/5 以上，土球底部直径为球直径的 1/3，形似苹果状；灌木、绿篱土球苗，土球直径为苗木高度的 1/3，厚度为球径的 4/5 左右。具体操作方法见"任务二大树移植技术"。对直径规格小于 30cm 的土球，可采用简易包扎法，包扎方法如图 3-1-2 所示，所用材料为浸湿的草绳或塑料布。直径超过 30cm 的土球，可参照"任务二大树栽植技术"中"软材料包装"方法。

图 3-1-2　简易包扎方法

3. 机械起苗

目前起苗已逐渐由人工向机械作业过渡。机械起苗效率高，节省劳动力，劳动强度轻，成本低。但机械起苗只能完成切断苗根，翻松土壤的过程，不能完成全部的起苗作业。

【学习评价】

采用多元化的评价体系，将学生所学专业知识、技能操作、技能成果和个人的职业素养有效地结合在一起（表 3-1-7）。

表 3-1-7　学生考核评价表

考核项目	权重	项目指标	考核等级				考核结果			总评
			A（优）	B（良）	C（及格）	D（不及格）	学生	教师	专家	
专业知识	25%	起苗时间	熟知	基本掌握	部分掌握	基本不能掌握				
		起苗方式	熟知	基本掌握	部分掌握	基本不能掌握				

（续）

考核项目	权重	项目指标	考核等级				考核结果			总评
			A（优）	B（良）	C（及格）	D（不及格）	学生	教师	专家	
技能操作	35%	起苗	方法选择正确；操作熟练	方法选择正确；操作较熟练	方法选择正确；操作不够熟练	方法不正确；操作不熟练				
技能成果	25%	起苗质量	土球完整、尺寸符合要求；包扎方法正确	土球较完整、尺寸符合要求；包扎方法正确	土球有破损、尺寸基本符合要求；包扎方法正确	土球有破损、尺寸不符合要求；包扎方法有误				
职业素养	15%	态度	认真，能吃苦耐劳；不旷课，不迟到早退	较认真，能吃苦耐劳；不旷课	旷课次数≤1/3或迟到早退次数≤1/2	旷课次数>1/3或迟到早退次数>1/2				
		合作	服从管理，能与同学很好配合	能与班级、小组同学配合	只与小组同学很好配合	不能与同学很好配合				
		学习与创新	能提前预习和总结，能解决实际问题	能提前预习和总结，敢于动手	没有提前预习或总结，敢于动手	没有提前预习和总结，不能处理实际问题				

【练习设计】

一、名词解释

带土球起苗　裸根起苗　掏底　留底

二、填空

1. 乔木土球直径为苗木胸径（落叶）或地径（常绿）的_____倍，土球厚度应为土球直径的_____以上，土球底部直径为球直径的_____，形似苹果状。

2. 灌木、绿篱土球苗，土球直径为苗木高度的_____，厚度为球径的_____左右。

3. 裸根起苗时应距离主干_____一些，通常不得小于树干胸径的_____倍，挖掘深度应较根系主要分布区_____一些。

4. 落叶树种从_____到_____以前都可进行起苗；常绿树种除上述时间外也可在_____起苗。

三、判断

1. 带土球苗木，因根系部位有土壤包裹，因此不必再包扎土球。　　　　　（　　　）

2. 带土球起苗时，土球规格要符合规范要求，保持土球完好，外表平整光滑，包装严紧，草绳紧实不松脱。　　　　　　　　　　　　　　　　　　　　　　（　　　）

3. 裸根苗不能长时间晾晒根苗，以防止失水影响栽植成活率。　　　　　（　　　）

4. 裸根起苗时，虽然根系裸露，在根系中心部位仍需保留"护心土"。　　（　　　）

四、实训

某绿化设计图中有 5 株雪松、50 株月季、5 株垂柳、300 株金叶女贞、500 株紫叶小檗，按照工期进度需在 3 月上旬完成起苗工作。请按照树种特性确定合理的起苗计划。

技能四　栽植

【技能描述】

通过学习，能够完成散苗、单株、绿篱色块的栽植技术。

【技能情境】

（1）场地：栽植地。
（2）工具：锹、镐、枝剪、水桶等。
（3）材料：水、麻袋片、竹竿、木棍、细绳、遮阳网等。

【技能实施】

1. 散苗栽植

土球直径50cm以下的苗木，用人抬车拉的方式将树苗按图样要求（设计图或定点木桩）散放于定植坑边。大规格土球应在起重机配合下一次性完成定植。散苗速度与栽苗速度保持一致，散毕栽完，做到轻拿轻放，防止损伤土球；行道树苗木应事先量好高度、粗度、冠幅大小，进行排队编号，保证邻近苗木规格大体一致；对有特殊要求的苗木应按规定对号入座，散苗后要及时用设计图样详细核对，发现错误立即纠正，以保证植树位置正确。

2. 单株栽植

首先应确定合理栽植深度。栽植深度是否合理是影响苗（树）木成活的关键因素之一。一般要求苗（树）木的原土痕与栽植穴地面齐平或略高。栽植过深，容易造成根系缺氧，树木生长不良，逐渐衰亡；栽植过浅，树木容易干枯失水，抗旱性差。苗木栽植深度也受树木种类、土壤质地、地下水位和地形地势影响。一般根系再生力强的树种（如杨、柳、杉木等）和根系穿透力强的树种（如悬铃木、樟树等）可适当深栽；土壤排水不良或地下水位过高应浅栽；土壤干旱、地下水位低应深栽；坡地可深栽，平地和低洼地应浅栽。

其次要确定正确的栽植方向。树木，特别是主干较高的大树，栽植时应保持原来的生长方向。如果原来树干朝南的一面栽植朝北，冬季树皮易冻裂，夏季易日灼。此外，为提高树木观赏价值，应把观赏价值高的一面朝向主要观赏方向，如将树冠丰满的一面朝向主要观赏方向（入口处或行车道）；树冠高低不平时，应将低矮的一面朝向主要观赏方向，高的一面栽在背面；苗木弯曲时，应使弯曲面与行列的方向一致。

3. 绿篱苗、色块苗栽植技术

绿篱及色块苗栽植时，应使土球和地面持平，按苗木高度顺序排列，相差不超过20cm，三行以上绿篱选苗一般可以外高内低些。解脱包装物后，逐排填土夯实，土球间切勿漏空。及时筑堰浇水，扶直，并按设计高度进行粗剪，缓苗后再进行细剪。色块苗栽植时，色块、色带宽度超过2m的，中间应留20~30cm宽作业道。

4. 栽后管理

（1）立支柱（图3-1-3）：高大的树木，特别是带土球栽植的树木应当支撑。这在多风地区尤其重要。支柱的材料各地有所不同，有竹竿、木棍、钢筋水泥柱等。

（2）浇水：树木定植后必须连续浇灌 3 次水，尤其是气候干旱，蒸发量大的地区更为重要。第一次水应在定植后 24h 之内，水量不宜过大，浸入坑土 30cm 以下即可，主要目的是通过灌水使土壤缝隙填实，保证树根与土壤紧密结合。第二次灌水距头次水 3 ~ 4d，第三次距第二次水 7 ~ 10d。要求浇透灌足，避免频繁少量浇水。

（3）裹干（图 3-1-4）：移植树木，特别是易受日灼危害的树木，应用草绳、麻布、帆布、特制皱纸（中间涂有沥青的双层皱纸）等材料包裹

图 3-1-3　立支柱

树干或大枝。经裹干处理后，一可避免强光直射和干风吹袭，减少树干、树枝的水分蒸发；二可储存一定量的水分，使枝干经常保持湿润；三可调节枝干温度，减少夏季高温和冬季低温对枝干的伤害。裹干材料应保留 2 年或让其自然脱落，为预防树干霉烂，可在包裹树干之前，于树干上涂抹杀菌剂。

图 3-1-4　裹干

（4）修剪：在苗木起苗、运输和栽植过程中，会对苗木有一定损伤，因此可以根据苗木的实际情况在栽植后或者培土前对苗木进行适度修剪。

（5）树盘覆盖（图 3-1-5）：对于特别有价值的树木，尤其是秋季栽植的常绿树，用稻草、秸秆、腐叶土等材料覆盖树盘（沿街树池也可用沙覆盖），可减少地表蒸发，保持土壤湿润，防止土温变幅过大，提高树木移植成活率。

【技术提示】

栽植环节的关键在于不同类型的苗木应选择合理的栽植方法，深浅要适中，保证根系舒展，回填土壤要踩实并及时浇水。

图 3-1-5　树盘覆盖

【知识链接】假植

苗木出圃后若不能及时栽植，需要进行假植，以防根系失水，失去生活力。苗木假植就是用湿润的土壤对根系进行暂时的埋植处理，分为临时假植和越冬假植两种。

1. 临时假植

适用于假植时间短的苗木。选背阴、排水良好的地方挖一假植沟，沟深宽各为 30 ~ 50cm，长度依苗木的多少而定。将苗木成捆地排列在沟内，用湿土覆盖根系和苗茎下部，并踩实，以防透风失水。

2. 越冬假植

适用于在秋季起苗，需要通过假植越冬的苗木。在土壤结冻前，选排水良好背阴、背风的地方挖一条与当地主风方向垂直的沟，沟的规格因苗木大小而异。假植一年生苗一般深宽 30 ~ 50cm，大苗还应加深，迎风面的沟壁做成 45°的斜壁，然后将苗木单株均匀地排在斜壁上，使苗木根系在沟内舒展开，再用湿土将苗木根和苗茎下半部盖严，踩实，使根系与土壤密接。

3. 注意事项

（1）假植沟的位置：应选在背风处以防抽条；选在背阴处防止春季栽植前发芽，影响成活；选地势高、排水良好的地方以防冬季降水时沟内积水。

（2）根系的覆土厚度：一般覆土厚度在 20cm 左右，太厚费工且容易受热，使根发霉腐烂；太薄则起不到保水、保温的作用。

（3）沟内的土壤湿度：以其最大持水量的 60% 为宜，即手握成团，松开即散。

（4）覆土中不能有夹杂物：覆盖根系的土壤中不能夹杂草、落叶等易发热的物质，以免根系受热发霉，影响苗木的生活力。

（5）边起苗边假植，减少根系在空气中的裸露时间：这样可以最大限度地保持根系中的水分，提高苗木栽植的成活率。

【学习评价】

采用多元化的评价体系，将学生所学专业知识、技能操作、技能成果和个人的职业素养有效地结合在一起（表 3-1-8）。

表 3-1-8　学生考核评价表

考核项目	权重	项目指标	考核等级				考核结果			总评
			A（优）	B（良）	C（及格）	D（不及格）	学生	教师	专家	
专业知识	25%	栽植与假植的区别	熟知	基本掌握	部分掌握	少量或者不能掌握				
技能操作	35%	一般苗木栽植	操作规范，速度快	操作规范，速度一般	操作较规范，速度慢	操作不规范				
		栽植后管理	栽植后管理方法合理及时	栽植后管理方法合理不及时	栽植后管理方法有误，不及时	栽植后管理方法不合理				
技能成果	25%	栽植质量	好	较好	一般	差				
职业素养	15%	态度	认真，能吃苦耐劳；不旷课，不迟到早退	较认真，能吃苦耐劳；不旷课	旷课次数≤1/3 或迟到早退次数≤1/2	旷课次数＞1/3 或迟到早退次数＞1/2				
		合作	服从管理，能与同学很好配合	能与班级、小组同学配合	只与小组同学很好配合	不能与同学很好配合				
		学习与创新	能提前预习和总结，能解决实际问题	能提前预习和总结，敢于动手	没有提前预习或总结，敢于动手	没有提前预习和总结，不能处理实际问题				

【练习设计】

一、名词解释

定植　假植　裹干　定根水

二、选择

1. 按图定点放样，要按照绿化工程的顺序进行，一般最后确定的是（　　　）。

A. 栽植　　　　　　B. 土方　　　　　　C. 道路　　　　　　D. 水体

2. 将树木种植在预定位置上，不再移走的称为（　　　）。

A. 假植　　　　　　B. 寄植　　　　　　C. 定植　　　　　　D. 移植

3. （　　　）栽植是最不保险的。

A. 春季　　　　　　B. 冬季　　　　　　C. 秋季　　　　　　D. 夏季

4. 如果当地气候属寒冷地区，落叶树的种植时间在下列各阶段中以（　　　）最好。

A. 落叶后　　　　　　　　　　　B. 落叶后至发芽前任何时候

C. 落叶后至发芽前的中间　　　　D. 发芽之前

三、填空

1. 落叶树种的种植时间宜在_____以后。

2. 确定适宜的栽植时间，应考虑两个方面，一是：_____，二是：_____。

3. 栽植树体较大或在风大地区，对树体支撑多采用桩杆支撑，主要方法有_____、

_____。

4. 在冬天寒冷土壤结冻较深的北方，对耐寒性强的树种，可利用_____在冬季移栽。

四、实训

现有一面积为20m²的长方形花坛，需要种植株行距为20cm×30cm的金叶女贞和紫叶小小檗各一半。请先计算出用苗量并完成两种植物的栽植工作。

任务一总结

任务一详细阐述了一般乔灌木的栽植，包括栽植前的准备、定点放线、起苗和栽植四部分。通过学习，学生获得常见乔灌木栽植的技能和知识。

任务二　大树栽植技术

【任务分析】

通过学习，能够完成大树栽植工作。包括：

（1）栽植前的准备工作。

（2）定点放线。

（3）起苗。

（4）栽植。

【任务目标】

（1）了解大树移植的概念及大树移植的成活原理。

（2）熟悉大树移植前的准备工作。

（3）掌握大树移植的工作程序。

（4）学会运用适当的方法进行大树移植并能够完成栽植后的养护管理工作。

技能一　栽植前的准备

【技能描述】

能够按照要求，完成大树栽植前的选树、平衡修剪及断根缩坨任务。

【技能情境】

（1）场地：大树生长地。

（2）工具：枝剪、锹、镐、手锯等。

（3）材料：生根剂、酒精、水、量筒等。

【技能实施】

1. 选树

根据设计要求，选择符合绿化需要的大树，而且还要保证树体生长正常，无严重病虫感染以及受机械损伤的树木。同时对大树周围的立地环境做详细考察，包括土壤质地、土层厚度、调运机械通道周边障碍物等。同时，还必须考虑栽植地点的立地状况和施工条件，尽可能和树木原生地的立地环境条件相似，便于栽植后的养护。

另外，应尽量选择适合移植的大树品种。适合大树移植的树种主要有：油松、白皮松、桧柏、云杉、柳树、杨树、槐树、白蜡、悬铃木、合欢、香椿、楝树、雪松、龙柏、黑松、广玉兰、五针松、白玉兰、银杏、樟、七叶树、桂花、泡桐、罗汉松、石榴、榉树、朴树、杨梅、女贞、珊瑚树、凤凰木、木棉、桉树、木麻黄、水杉、榕树等。

大树选定后，用油漆在树干胸径处标记出北向，以识别生长朝向；同时，要建立登记卡，记录树种、高度、干径、分枝点高度、树冠形状和主要观赏面，以便进行移植分类和确定工序。

2. 移植时间的选择

一年的不同时期树木的生长状态不同，选择最佳的时间移植不仅可以提高移植成活率，而且可以有效降低移植成本，并方便日后的养护管理。

（1）春季移植。早春是大树移植的最佳时期，此时大树叶芽才刚刚萌动，根系还处于休眠状态，移植过程中损伤的根系容易愈合和再生，可以提高移植的成活率。移植时要选阴而无雨、晴而无风的天气，最好选择在早晚。

（2）夏季移植。夏季天气炎热，温度很高，树体的蒸腾量较大，一般来说不利于大树移植，但在特殊情况下必须进行移植时，可采取加大土球、加强修剪、树体遮阳、喷洒抗蒸腾剂等措施尽量降低树体的蒸腾，也可以保证树木的成活并获得很好的效果。夏季移植，由于需要的技术较复杂，成本较高，故应尽量避免在该时期移植。

（3）秋冬移植。进入秋冬季节，树木逐渐进入休眠状态，此时移植树木时被切断的根系能够愈合恢复，并且可以保证树木全冠移植，为来年春季创造良好的景观。但在较寒冷的北方城市要注意移植后树木的防寒工作，避免冻害发生。

3. 移植前的技术处理

为提高大树移植的成活率，在移植前可进行适当的技术处理，其中包括断根缩坨和整形修剪两个方面。

（1）断根缩坨。从树木新陈代谢活动的生理角度来看，大树移植后根系大量受损，树木的水分和有机物质大量消耗，打破了地上部分和地下部分的平衡。为此，在移植大树前可采取断根缩坨的措施（图3-2-1）。

具体做法是，在移植前1～3年的春季或秋季，以树干为中心，以胸径3～4倍为半径画圆或正方形，在相对的两或三段方向外挖30～40cm宽的沟，深度视树种根系特点决定，一般为60～80cm。挖掘时，如遇直径5cm以上的粗根，为防大树倒伏一般不可切断，在与沟的外壁连接处进行环状剥皮（宽约10cm），并在切口涂浓度为0.1%的生长素（萘乙酸等），以利于促发新根。其后，用加入一定量有机肥的腐叶土填入沟中夯实，并浇足水。到翌年的春季或秋季，再分批挖掘其余的沟段，仍按上述方法操作。正常情况下，经2～3年，环沟

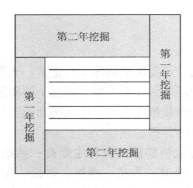

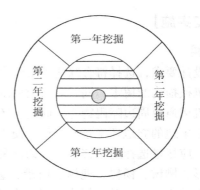

图 3-2-1　断根缩坨

内长满须根即可起挖移植。在气温较高的南方，在第一次断根数月后，即可进行移植。

（2）修剪。移植前需进行树冠修剪，修剪强度依树种而异。萌芽力强、树龄大、枝叶稠密的应重剪；常绿树、萌芽力弱的宜轻剪。从修剪程度看，可分全株式、截枝式和截干式三种，如图 3-2-2 所示。

图 3-2-2　修剪

全株式原则上保留原有的枝干树冠，只将徒长枝、交叉枝、病虫枝及过密枝剪去，适用于萌芽力弱的树种，如雪松、广玉兰等，栽后树冠恢复快、绿化效果好。截枝式只保留树冠的一级分枝，将其上部截去，如樟等一些生长较快，萌芽力强的树种。截干式修剪只适宜生长快，萌芽力强的树种，将整个树冠截去，只留一定高度的主干，如悬铃木、樟、榕树等，由于截口较大易引起腐烂，应将截口用蜡或沥青封口。

【技术提示】

（1）选择适合移植的大树品种。
（2）确定适合移植的时间。
（3）移植前进行断根缩坨和平衡修剪。

【知识链接】

所谓大树通常是指胸径在20cm以上的落叶和阔叶常绿乔木；株高在6m以上或地径在18cm以上针叶常绿乔木。大树移植即移植大型树木的工程。

1. 大树移植的特点

（1）树木越大，树龄越老，细胞再生能力越弱，损伤的根系恢复慢，新根发生能力较弱，给成活造成困难。

（2）树木在生长过程中，根系扩展范围很大，使有效地吸收根处于深层和树冠投影附近，而移植所带土球内吸收根很少，且高度木栓化，故极易造成树木移栽后失水死亡。

（3）大树的树体高大，枝叶蒸腾面积大，为使其尽早发挥绿化效果和保持原有优美姿态，多不进行过重修剪，因而地上部蒸腾面积远远超过根系的吸收面积，树木常因脱水而死亡。

2. 大树移植基本原理

（1）大树收支平衡原理。生长正常的大树，根和叶片吸收养分（收入）与树体生长和蒸腾消耗的养分（支出）基本能达到平衡。也只有养分收入大于或等于养分支出时，才能维持大树生命或促进其正常生长发育。

（2）大树近似生境原理。生境条件是指光、气、热等小气候条件和土壤条件（土壤酸碱度、养分状况、土壤类型、干湿度、透气性等）。如果把生长酸性土壤中的大树移植到碱性土壤，把生长在寒冷高山上的大树移入气候温和的平地，其生态环境差异大，影响移植成活率，因此，移植地生境条件最好与原生长地生境条件近似。移植前，如果移植地和原生地太远，海拔差大应对大树原植地和定植地的土壤、气候条件进行测定，根据测定结果，尽量使定植地满足原生地的生境条件以提高大树移植成活率。

（3）移栽对大树收支平衡的影响。大树根被切断后，吸收水分和养分的能力严重减弱，甚至丧失，在移栽成活并长出大量新生根系之前，树体对养分的消耗（支出）远远大于自身对养分的吸收合成（收入）。此时，大树养分收支失衡，大树表现为叶片萎蔫，严重时枯缩，最后导致大树死亡。根据大树养分收支平衡原理，采用合理的移植技术措施促进树势平衡，提高大树移栽成活率。

【学习评价】

采用多元化的评价体系，将学生所学专业知识、技能操作、技能成果和个人的职业素养有效地结合在一起（表3-2-1）。

表3-2-1　学生考核评价表

考核项目	权重	项目指标	考核等级				考核结果			总评
			A（优）	B（良）	C（及格）	D（不及格）	学生	教师	专家	
专业知识	25%	大树移植的特点	熟知	基本掌握	部分掌握	基本不能掌握				
		大树移植的基本原理	熟知	基本掌握	部分掌握	基本不能掌握				
技能操作	35%	选树	树种选择合理	树种选择较合理	树种选择不够合理	树种选择不合理				
		断根缩坨平衡修剪	操作规范，速度快	操作规范，速度一般	操作较规范，速度慢	操作不规范				
技能成果	25%	移植前的准备	充分	较好	一般	差				
职业素养	15%	态度	认真，能吃苦耐劳；不旷课，不迟到早退	较认真，能吃苦耐劳；不旷课	旷课次数≤1/3或迟到早退次数≤1/2	旷课次数>1/3或迟到早退次数>1/2				
		合作	服从管理，能与同学很好配合	能与班级、小组同学配合	只与小组同学很好配合	不能与同学很好配合				
		学习与创新	能提前预习和总结，能解决实际问题	能提前预习和总结，敢于动手	没有提前预习或总结，敢于动手	没有提前预习和总结，不能处理实际问题				

【练习设计】

实训

某公园新规划的草坪中央需要栽植一株大树，请根据本地气候条件选择树种。

要求：以常绿阔叶树为最佳，同时具有抗性强、观赏效果好等特点。

技能二　定点放线

【技能描述】

能够根据园林绿化设计图，确定出每株大树的种植点位置。

【技能情境】

（1）场地：栽植地等。

（2）工具：皮尺、卷尺、平板仪、绳等。

（3）材料：石灰等。

【技能实施】行道树定点放线

在已完成路基、路牙的施工现场，即已有明确标志物条件下采用支距法进行行道树定点。一般是按设计断面定点，在有路牙的道路上以路牙为依据，没有路牙的则应找出准确的道路中心线，并以之为定点的依据，然后采用钢尺定出行位，大约 10 株钉一木桩作为行位控制标记，然后采用石灰点标出单株位置。若道路和栽植树为一弧线，如道路交叉口，放线时则应从弧线的开始至末尾以路牙或中心线为准在实地画弧，在弧上按株距定点。

【技术提示】

由于道路绿化与市政、交通、沿途单位、居民等关系密切，植树位置的确定，除和规定设计部门配合协商外，在定点后还应请设计人员验点。行道树定点遇有障碍物影响株距时，应与设计单位取得联系，进行适当调整。

【知识链接】

出于安全的考虑，树木栽植之前要考虑树木与架空线、地下线及建筑物之间的安全距离，确保植物能正常生长的同时，不影响和破坏管线设施和建筑物。

（1）树木与架空线的距离应符合下列要求：

电线电压 380V，树枝至电线的水平距离及垂直距离均不小于 1m；电线电压 3300 ~ 10000V，树枝至电线的水平距离及垂直距离均不小于 3m。

（2）树木与地下管线的间距。

地下管线是指给水管、雨水管、污水管、煤气管、电力电缆、弱电电缆等。乔木中心与各种地下管线边缘的间距均不小于 0.95m；灌木边缘与各种地下管线边缘的间距均不小于 0.5m。

（3）树木与建筑、构筑物的平面距离见表 3-2-2。

表 3-2-2　树木与建筑物、构筑物的平面距离

建筑物、构筑物名称	距乔木中心不小于/m	距灌木边缘/m
公路铺筑面外侧	0.8	2.00
道路侧石线（人行道外缘）	0.75	不宜种
高 2m 以下围墙	1.00	0.50
高 2m 以上围墙（及挡土墙基）	2.00	0.50
建筑物外墙上无门、窗	2.00	0.50
建筑物外墙上有门、窗（人行道旁按具体情况决定）	4.00	0.50
电杆中心（人行道上近侧石一边不宜种灌木）	2.00	0.75
路旁变压器外缘、交通灯柱	3.00	不宜种
警亭	3.00	不宜种
路牌、交通指示牌、车站标志	1.20	不宜种
消防龙头、邮筒	1.20	不宜种
天桥边缘	3.50	不宜种

（4）道路交叉口、里弄出口及道路弯道处栽植树木应满足车辆的安全视距。在行道树定点时遇下列情况也要留出适当距离（数据仅供参考）：

1）遇道路急转弯时，在弯的内侧应留出50m的空档不栽树，以免妨碍视线。

2）交叉路口各边30m内不栽树。

3）公路与铁路交叉口50m内不栽树。

4）道路与高压电线交叉15m内不栽树。

5）桥梁两侧8m内不栽树。

6）另外如遇交通标志牌、出入口、涵洞、控井、电线杆、车站、消火栓、下水口等，定点都应留出适当距离，并尽量注意左、右对称。定点应留出的距离视需要而定，如交通标志牌以不影响视线为宜，出入口定点则根据人、车流量而定。

【学习评价】

采用多元化的评价体系，将学生所学专业知识、技能操作、技能成果和个人的职业素养有效地结合在一起（表3-2-3）。

表3-2-3　学生考核评价表

| 考核项目 | 权重 | 项目指标 | 考核等级 | | | | 考核结果 | | | 总评 |
			A（优）	B（良）	C（及格）	D（不及格）	学生	教师	专家	
专业知识	15%	规则式种植放线	熟知	基本掌握	部分掌握	基本不能掌握				
技能操作	45%	根据施工图放线	方法选择正确，操作规范	方法选择正确，操作较规范	方法选择正确，操作不够规范	方法选择有误，操作不规范				
技能成果	25%	行道树定点	定点准确无误	定点较准确	定点不够准确	定点不准确				
职业素养	15%	态度	认真，能吃苦耐劳；不旷课，不迟到早退	较认真，能吃苦耐劳；不旷课	旷课次数≤1/3或迟到早退次数≤1/2	旷课次数>1/3或迟到早退次数>1/2				
		合作	服从管理，能与同学很好配合	能与班级、小组同学配合	只与小组同学很好配合	不能与同学很好配合				
		学习与创新	能提前预习和总结，能解决实际问题	能提前预习和总结，敢于动手	没有提前预习或总结，敢于动手	没有提前预习和总结，不能处理实际问题				

【练习设计】

实训

某单位计划于明年新建一处职工食堂，规划地内生长有一株胸径为20cm的槐树，请你制定一套槐树移植方案（移植期限为一年半）。

技能三　起苗

【技能描述】

能够按要求完成带土球起苗，选择合适的方法和材料进行土球包扎。

【技能情境】

（1）场地：大树生长地。

（2）工具：锹、镐、皮尺、卷尺等。

（3）材料：草绳、麻绳、蒲包片、塑料布、木箱等。

【技能实施】

1. 挖掘

（1）测定树木胸径，根据胸径确定土球规格，土球规格应为树木胸径的 6~10 倍。

（2）以树干为中心，标明土球直径的尺寸，在比土球大 3~5cm 的地方画圆。

（3）画好圆圈后，先将圈内表土（也称宝盖土）挖去一层，深度以不伤地表的根系为度。

（4）沿所画圆圈外缘向下垂直挖沟，沟宽为 60~80cm，随挖、随修整土球表面，操作时千万不可踩踏土球，以防止土球破碎，直至挖掘到规定的深度（一般土球高度为土球直径的 2/3，土球底部直径为土球直径的 1/3）。在开挖过程中，细根可用利铲或铲刀直接铲断，避免破伤裂根，粗大根必须用锋利的手锯锯断，对于高大树体的粗根，待起重机吊缚后再用锋利的手锯锯断，以防撕裂根皮和树倒伤人。将土球修整到原体积的 1/2 时，逐渐纵向收底，收到原体积的 1/3 时，在底部修一个平底。

（5）掏底。球面修整完好以后，再慢慢从底部向内挖，称为"掏底"。直径小于 50cm 的土球可以直接掏出，将土球抱到坑外包装；而大于 50cm 的土球，则应将土球底部中心保留一部分支撑土球以便在坑内包装，称为"留底"（表 3-2-4）。

表 3-2-4　留底规格表

土球直径/cm	50~70	80~100	110~150
留底规格/cm	20	30	40

2. 包装

带土球树木的包装，视土球大小、质地松紧及运输距离的远近而定。根据包装材料的质地可分为软材料包装法和木箱包装法两类。

（1）软材料包装法。土球通常用软材料包装。常见的土球包装方法有井字包扎法、五星包扎法、线球包扎法等三种。

1）井字包扎法。先将草绳一端结在腰箍或主干上，然后按照图 3-2-3a 所示 1 到 9 的次序包扎。

2）五星包扎法。先将草绳一端结在腰箍或主干上，然后按照图 3-2-3b 所示 1 到 10 的次序包扎。

3）线球包扎法。先将草绳一端结在腰箍或主干上，然后按照图 3-2-3c 所示 1 到 6 的次序密实包扎。

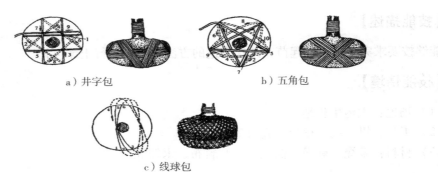

a）井字包　　　　　　　　　　　b）五角包

c）线球包

图 3-2-3　软材料包装

（2）木箱包装法。胸径大于 25cm，土球直径超过 1.4m 时，可采用土台移栽。土台规格应上大下小，下部边长比上部边长少 1/10，修平的土台尺寸应大于边板长度 5cm，土台面平滑，不得有砖石等凸出土台。土台通常用木箱包装以确保安全吊运。

土台顶边应高于边板上口 1～2cm，土台底边应低于边板下口 1～2cm；随后用 4 块专制的箱板夹附土台四侧，保证边板与土台紧密严实，箱板上端与坑壁、底板与坑底支牢、稳定无松动，再用钢丝绳或螺栓将箱板紧扣，而后将土台底部掏空，附上底板并捆扎牢固，如图 3-2-4 所示。

图 3-2-4　木箱包装法

【技术提示】

（1）起苗前，首先根据土壤的干湿情况适当浇水，以避免挖掘时土壤过干导致土球松散。

（2）清理大树周围的环境，并合理安排运输路线。起挖前应先立好支柱，支稳树木，以确保安全。根据树木胸径大小，选择适合的挖掘和包装方法。

【知识链接】

1. 吊装

大树的装车常用到各类机械，这样既可以减轻工作人员的劳动强度又可以加快大树移植的速度，保证大树的成活率。

大树装运前，应先计算土球重量，计算公式为：

$$W = D^2 h \beta$$

式中　W——土球重量；

　　　D——土球直径；

　　　h——土球厚度；

　　　β——土壤容量。

土球挖掘并包装好后，应根据实际情况采取不同的起吊方式。一般采取的方式是土球和树干双吊方式。土球外围用草绳缠绕好，树干着力点部位用草绳或旧棉絮等软质材料包裹。一根吊带勒住土球底部，另一根吊带牢系在包裹好的树干上，同时起吊。注意用宽吊带，这样可以减少树皮的损伤。装车时起重机运行速度要慢，将树木调整好方向，按顺序轻放到车上。用起重机吊苗时，绳索与土球接触面放 3cm 厚的木块，以防止土球因局部受压过大而松散，并在车箱底部装些土，将土球垫成倾斜状，装车时要使树冠向着汽车尾部，根部土球靠近驾驶室。树干包上柔软材料，放在木架上，用软绳扎紧，树冠也要用软绳适当缠绕。装、运、卸时都要保证不损伤树干、树冠及根部土球。非适宜季节吊运时还应注意采取遮阴、补水保湿等措施，以减少树体水分的蒸发。吊装如图 3-2-5 所示。

图 3-2-5　吊装

2. 运输

运输距离较近，可不必再次包装，运输过程中主要避免车身与树干，树干与树干之间相互碰撞摩擦。在树干与车身接触位置，用软质材料垫好；树干的相互接触部位，在装车过程中也要铺垫软质材料；将土球用木板夹紧后用绳索等固定。车辆行驶过程中应尽量注意匀速慢行，特别是崎岖不平的山路更应放慢车速。在运输过程中风较大，大树极易失水过多，植物叶片萎蔫，因此装好车后应用塑料布把暴露在空气中的枝叶覆盖，减少水分的损失。但也要注意到达目的地后去除塑料布并及时栽种，避免塑料布造成内部温度过高灼伤树木。

运距较远或有特殊要求的树木，将枝梢向外、根部向内，并互相错行重叠摆放，以蒲包片或草席等为包装材料，再用湿润的苔藓或锯末填充树木根系空隙。将树木卷起捆好后，再用冷水浸渍卷包，然后起运。

【学习评价】

采用多元化的评价体系，将学生所学专业知识、技能操作、技能成果和个人的职业素养有效地结合在一起（表3-2-5）。

表3-2-5　学生考核评价表

考核项目	权重	项目指标	考核等级				考核结果			总评
			A（优）	B（良）	C（及格）	D（不及格）	学生	教师	专家	
专业知识	25%	土球包装方法	熟知	基本掌握	部分掌握	少量或者不能掌握				
技能操作	35%	起苗	方法选择正确；操作熟练	方法选择正确；操作较熟练	方法选择正确；操作不够熟练	方法选择有误；操作不熟练				
技能成果	25%	起苗质量	优	良	差	差				
职业素养	15%	态度	认真，能吃苦耐劳；不旷课，不迟到早退	较认真，能吃苦耐劳；不旷课	旷课次数≤1/3或迟到早退次数≤1/2	旷课次数＞1/3或迟到早退次数＞1/2				
		合作	服从管理，能与同学很好配合	能与班级、小组同学配合	只与小组同学很好配合	不能与同学很好配合				
		学习与创新	能提前预习和总结，能解决实际问题	能提前预习和总结，敢于动手	没有提前预习或总结，敢于动手	没有提前预习和总结，不能处理实际问题				

【练习设计】

一、名词解释

断根缩坨　截干式　截枝式　全株式

二、选择

1. 大树移栽时要进行平衡修剪，这项工作应在（　　）进行。

A. 移前半月　　　B. 移后半月　　　C. 移前半年　　　D. 移前三个月

2. 大树移栽时，挖掘土台的大小，一般可按树干胸径的（　　）确定。

A. 5～7倍　　　B. 6～8倍　　　C. 7～10倍　　　D. 8～12倍

3. 大树移栽一般针对树木胸径（　　）cm以上。

A. 20　　　　　　　B. 15　　　　　　　C. 10　　　　　　　D. 35

4. 大树断根缩坨时间一般在栽前（　　）进行。

A. 1 年　　　　　　B. 1 ~ 3 年　　　　C. 2 ~ 3 年　　　　D. 3 ~ 4 年

三、判断

1. 大树移栽的栽植深度，一律要比原来的种植深一些，才有利于大树的成活。（　　　）

2. 月季、夹竹桃、悬铃木等都可作为幼、托机构的绿化植物。（　　　）

3. 两株植物栽植时距离靠近，间距不要大于树冠半径之和。（　　　）

4. 行列式栽植可用枝叶稀疏、树冠不整齐的树种。（　　　）

5. 落叶树种的种植时间应在春季以后。（　　　）

技能四　栽植

【技能描述】

能够把运输到目的地的大树种植到栽植穴中。

【技能情境】

（1）场地：大树栽植地。

（2）工具：锹、镐、皮尺、卷尺、水桶等。

（3）材料：甲基托布津、根腐灵等。

【技能实施】

1. 挖穴

在定植前，要清理和平整场地，提前按照设计图样挖好定植树穴，树穴为方形。

种植穴应比土球直径大 40 ~ 60cm，比方箱尺寸大 60 ~ 80cm，深度应比土球或方箱高度深 20 ~ 30cm，如果定植地土壤较差，为保证大树的成活和良好的生长条件，需进行换土和适当的施肥。

目前在施工中对条件差的土地环境不仅要换土还要在树穴的回填土中掺入蛭石、珍珠岩等，以增强大树根部土壤的通气性，增设排水沟或渗水井，以增强土壤的通气性。

2. 土球及树体消毒

在定植前，对土球及树干进行消毒，大树到达种植穴后，应解除包扎土球用的草绳、蒲包片等。在树干切口及伤口涂抹愈伤涂膜剂，特别是根系切口、树干切口和损伤的皮层部位，以促进其愈合和防止细菌感染腐烂，用甲基托布津等杀菌剂 600 ~ 800 倍液进行喷施，直至滴水，或用百力特系列产品"大树移栽成活液"100 ~ 150 倍喷施根部，目的是诱导大树快速生根，用"根腐灵"1500 倍液喷施土球，以消毒和防止根腐，两者混合使用时，可防根腐，促进快速生根，提高成活率。

3. 栽植

树木入坑后，一般与原土痕平或略高于地面 5cm 左右；入坑后进行苗木调正，应将树冠最丰满面朝向主观赏方向，并考虑树木在原生长地的朝向；土球放稳后，立即拆包取出包装物，如土球松散，腰绳以下可不拆除，以上部分则应解开取出；然后分层填土，逐层夯实，填土至2/3时可浇水，将填土捣实，然后加土堆成丘状，切忌踩土球。这里值得一提的是对于一些大树特别是一些不耐水湿的树种和规格过大的树木，宜采用浅穴堆土栽植，即土球高度的4/5～3/5入穴，然后围土球堆成丘状，这样土壤透气性好，有利于根系伤口的愈合和新根的萌发。

4. 栽植后养护

（1）浇定根水。定根水采取小水慢浇方法。大树移栽后立即灌一次透水，保证树根与土壤紧密结合，促进根系发育，间隔2～3d浇第二次水，隔一周后浇第三次水，灌水后及时用细土封树盘或覆盖地膜以保墒并防止表土开裂透风，以后根据土壤墒情变化注意浇水，浇水要掌握"干透浇透"的原则，而且，平时要注意经常观察移植后树木的水分情况，定时检查、记录、分析，以更好地保证大树的成活率。

大树移植后，浇完第三次水即可撤除浇水围堰，并将土壤堆积到树下成小丘状，以免根际积水，并经常疏松树盘土壤，改善土壤的通透性。而且为保护地面，减少蒸发，充分利用土地，形成良好的生态环境，可种植草坪、花灌木、其他绿色植物材料或铺上一层白石子，以尽快达到理想效果。

（2）裹干。为防止树体水分蒸腾过大，可用草绳等软材将树干全部包裹至一级分枝，在冬季裹干也可以起到防止树体发生冻害的作用。这类包扎物具有一定的保湿性和保温性，树木经过裹干处理后，不仅可以避免强光直射和干风吹袭，减少树干、树枝水分蒸发，还可以储存一定量的水分，使枝干经常保持湿润，此外，还能调节枝干温度，减少高温和低温对枝干的伤害。

目前，有些地方采用塑料薄膜裹干，此法在树体休眠阶段效果是好的，但在树木萌芽前应及时撤换。因为塑料薄膜透气性能差，不利于被包裹枝干的呼吸作用，尤其是在高温季节，内部热量难以及时散发会引起树体过热，损伤枝干、嫩芽或隐芽，对树体会造成伤害。

（3）支撑。由于树大体重，灌水后土松、固结力差，易于偏斜，如遇大风更易歪倒，影响成活和栽植效果，因此，定植后应重新用支柱进行支撑。一般采用十字支撑法或三角支撑法，支点高度一般在树高的1/3～1/2范围内，但不能伤害树皮，支撑点处应垫软垫后再进行固定支柱。

（4）修剪。栽植后根据苗木的情况进行适当修剪是不可少的措施。在大树起苗、运输和栽植过程中，会对苗木有一定损伤，尤其在起重机的帮助下，损伤会更大。因此可以根据苗木的实际情况在栽植后或者培土前对苗木进行适度修剪。

（5）搭棚遮阳。大树移栽初期或高温干燥季节，尤其是树木要求全冠移植时，要搭制荫棚遮阳，减少树体水分蒸发，防止树体灼伤。在成行、成片种植，树木密度较大的区域，宜搭制大棚，省材料又方便管理。独植树则宜按株搭制。荫棚要求能达到全冠遮阳，荫棚上方及四周与树冠保持50cm左右的距离，以保证棚内有一定的空气流动空间，遮阳度一般为70%左右，让树体接受一定的散射阳光，以保证树体光合作用的正常进行，如图3-2-6所示。此后，夏季高温期过后视树木生长情况和季节变化，逐步去掉遮阳物。

（6）后期养护管理。后期的日常养护根据不同的季节、不同的温度来确定是否需要进行叶面喷水。在喷水过程中可适量稀释尿素、磷酸二氢钾等速效肥和营养液制成浓度0.3%～0.5%的肥液对移植树木进行叶干喷撒；或树木移植1个月后采用每15d根外追肥1

次，并在发出新芽后追肥量由少渐多，但要遵循少量多次的原则。喷水和施肥工作要细要勤，切忌过量。

【技术提示】

大树栽植要掌握"随挖""随包""随运""随栽"的原则，以保证栽植成活率。

【知识链接】

（一）促进大树生根措施

1. ABT 生根粉的使用

采用软材包装移植大树时，可选用 ABT 生根粉 1 号、3 号处理树体根部，有利于树木在移植和养护过程中损伤根系的快速恢复，促进树体的水分平衡，提高移植成活率达 90.8% 以上。掘树时，对直径大于 3cm 的断根伤口喷涂

图 3-2-6　搭棚遮阳

150mg/L ABT 生根粉 1 号，以促进伤口愈合。修根时，若遇土球掉土过多，可用拌有生根粉的黄泥浆涂刷。

2. 保水剂的使用

主要应用的保水剂为聚丙乙烯酰胺和淀粉接枝型高吸水性树脂，拌土使用的大多选择 0.5～3mm 粒径的剂型，可节水 50%～70%，只要不翻土，水质不是特别差，保水剂寿命可超过 4 年。保水剂的使用，除提高土壤的通透性，还具有一定的保墒效果，提高树体抗逆性，另外可节肥 30% 以上，尤其适用于北方以及干旱地区大树移植时使用。使用时，在有效根层干土中加入 0.1% 拌匀，再浇透水；或让保水剂吸足水成饱和凝胶，以 10%～15% 比例加入与土拌匀。北方地区大树移植时拌土使用，一般在树冠垂直位置挖 2～4 个坑，长：宽：高为 1.2m：0.5m：0.6m，分三层放入保水剂，分层夯实并铺上干草。用量根据树木规格和品种而定，一般用量 150～300g/株。为提高保水剂的吸水效果，在拌土前先让其吸足水分成饱和凝胶（2.5h 吸足），均匀拌土后再拌肥使用，采用此法，只要有 300mm 的年降雨量，大树移植后可不必再浇水，并可以做到秋水来年春用。

3. 输液促活技术

移植大树时尽管可带土球，但仍然会失去许多吸收根系，而留下的老根再生能力差，新根发生慢，吸收能力难以满足树体生长需要。截枝去叶虽可降低树体水分蒸腾，但当供应（吸收水分）小于消耗（蒸腾水分）时，仍会导致树体脱水死亡。为了维持大树移植后的水分平衡，通常采用外部补水（土壤浇水和树体喷水）的措施，但有时效果并不理想，灌溉方法不当时还易造成渍水烂根。采用向树体内输液给水的方法，即用特定的器械把水分直接输入树体木质部，可确保树体获得及时、必要的水分，从而有效提高大树移植的成活率。

（1）液体配制。输入的液体主要以水分为主，并可配入微量的植物生长激素和磷、钾等矿质元素。为了增强水的活性，可以使用磁化水或冷开水，同时 1kg 水中可溶入 ABT 5 号生根粉 0.1g 和磷酸二氢钾 0.5g。生根粉可以激发细胞原生质体的活力，以促进生根，磷、

钾元素能促进树体生活力的恢复。

（2）输液孔准备。用木工钻在树体的基部钻洞孔数个，孔向朝下与树干呈30°夹角，深至髓心为度。洞孔数量的多少和孔径的大小应和树体大小及输液插头的直径相匹配。采用树干注射器和喷雾器输液时，需钻输液孔1~2个；挂瓶输液时，需钻输液孔洞2~4个。输液洞孔的水平分布要均匀，纵向错开，不宜处于同一垂直线方向。

（3）输液方法。

1）注射器注射。将树干注射器针头拧入输液孔中，把储液瓶倒挂于高处，拉直输液管，打开开关，液体即可输入，输液体结束，拔出针头，用胶布封住孔口。

2）喷雾器压输。将喷雾器装好配液，喷管头安装锥形空心插头，并把它紧插于输液孔中，拉动手柄打气加压，打开开关即可输液，当手柄打气费力时即可停止输液，并封好孔口。

3）挂液瓶导输。将装好配液的储液瓶钉挂在孔洞上方，把棉芯线的两头分别伸入储液瓶底和输液洞孔底，外露棉芯线应套上塑管，防止污染，配液可通过棉芯线输入树体。

（4）使用树干注射器和喷雾注射器输液时，其次数和时间应根据树体需水情况而定；挂瓶输液时，可根据需要增加储液瓶内的配液。当树体抽梢后即可停止输液，并涂浆封死孔口。有冰冻的天气不宜输液，以免树体受冻害。

4. 树冠喷施抗蒸腾剂

喷抗蒸腾剂可以在起苗前和栽植后喷施。起苗前没有及时喷抗蒸腾剂的，栽植后根据树种及规格及时向树冠（主要是叶背面，由于气孔只分布在叶背面）喷稀释10~20倍的蒸腾剂，均匀喷施于植物表面，以不滴为宜。喷施后，通过在植物表面形成一层可以进行气体交换而减少水分通过的膜和调节气孔开张度来降低蒸腾速率，使气孔关闭从而减少树冠水分散失，抵御高温干旱，增加植物的营养。增强枝叶的恢复力、再生力，提高树木的成活率和存活率。进行树冠喷水在清晨或傍晚进行（每天上午10点以前或下午5点以后），增加叶片水分吸收。

（二）容器苗栽植技术

容器苗就是直接栽植于容器内或由地栽移植到容器内，在容器内生长至少半年以上，已形成完整根系的各种花卉和苗木。容器苗在栽植过程中应该注意以下几点：

（1）容器育苗装运时，按"品"字形摆放，不要压在苗木上，否则易发生苗木折断，并要形成一定倾斜度。运输时，车速要适当，避免上下颠簸，造成营养土散坨。

（2）栽植时，用手托起容器苗，轻轻将袋撕掉，轻放在植树坑内，踏实四周，轻踏营养土所在部位，避免营养土坨踩散、须根系折断，然后浇足水，封好堰。

（3）栽植时，对于老化和腐朽的根系进行必要的修剪。

（三）反季节栽植技术

现代城市建设的高速发展，对城市建设中的园林绿化也提出了新的要求，尤其是在很多重大市政建设工程的配套绿化工程中，出于特殊时限的需要，需要打破季节限制、克服不利条件进行反季节移植施工。在反季节移植中选择长势旺盛、植株健壮、根系发达、无病虫害、规格及形态均符合设计要求的苗木；起苗时尽量加大土球少伤根，修剪量适度增大；移植过程中尽量缩短起挖到栽植时间；运输和栽植后主要保水保湿，必要时采取营养液输送、使用抗蒸腾剂、挂移动水袋等措施。

【学习评价】

采用多元化的评价体系，将学生所学专业知识、技能操作、技能成果和个人的职业素养有效地结合在一起（表3-2-6）。

表3-2-6　学生考核评价表

考核项目	权重	项目指标	考核等级				考核结果			备注
			A（优）	B（良）	C（及格）	D（不及格）	学生	教师	专家	
专业知识	25%	栽植技术	熟知	基本掌握	部分掌握	基本不能掌握				
技能操作	35%	栽植	操作规范，速度快	操作规范，速度一般	操作较规范，速度较慢	操作不规范，速度慢				
技能成果	25%	栽植质量	好	较好	一般	差				
职业素养	15%	态度	认真，能吃苦耐劳；不旷课，不迟到早退	较认真，能吃苦耐劳；不旷课	一般；旷课次数≤1/3或迟到早退次数≤1/2	旷课次数＞1/3或迟到早退次数＞1/2				
		合作	服从管理，能与同学很好配合	能与班级、小组同学配合	只与小组同学很好配合	不能与同学很好配合				
		学习与创新	能提前预习和总结，能解决实际问题	能提前预习和总结，敢于动手	没有提前预习或总结，敢于动手	没有提前预习和总结，不能处理实际问题				

【练习设计】

一、填空

1. 大多树种适应的最佳 pH 值为_____。但某些喜酸性土壤树种，如北美杜鹃、松树、茶树等，需要大量溶解在酸性溶液中的营养，在 pH _____的土壤中生长最佳。

2. 对新植树，特别是对移植时进行过_____的树体所萌发的芽要加以保护，在树体萌芽后，要特别加强_____、_____、_____等养护工作，保证嫩芽与嫩梢的正常生长。

二、选择

1. 挖掘带土球的乔木，其土球直径通常是该乔木胸径的（　　　）倍。

A. 3～4　　　　　B. 5～6　　　　　C. 8～9　　　　　D. 10～12

2. 挖掘带土球的灌木，其土球直径通常是该灌木根系丛的（　　　）倍。

A. 1　　　　　　B. 1.5　　　　　C. 2　　　　　　D. 3

3. 根据当地条件选择种植的树种是一种（　　）的方法。

A. 选树适地　　　　B. 选地适树　　　C. 改地适树　　　　D. 改树适地

4. 下列大树移植不易成活的是（　　）。

A. 杨树　　　　　　B. 柳树　　　　　C. 国槐　　　　　　D. 冷杉

任务二总结

任务二详细阐述了大树栽植技术，包括栽植前的准备工作、定点放线、起苗和栽植四部分。通过学习，学生能掌握大树栽植的技能和知识。

任务三　地被草坪栽植技术

【任务分析】

通过学习，能够完成绿化设计图中地被草坪植物的栽植任务，包括：

（1）确定合理的栽植密度，计算出所用苗木的数量。

（2）选择适合的栽植方法，完成地被植物的栽植。

（3）学会草坪种植技术。

【任务目标】

（1）了解常见地被草坪植物的种类和习性。

（2）熟悉常见地被草坪植物的养护技巧。

（3）学会常见地被草坪植物的栽植技术。

技能一　地被植物栽植技术

【技能描述】

能够完成地被植物的栽植任务。

【技能情境】

（1）场地：实训基地。

（2）工具：镐、锹、铁耙、洒壶等。

（3）材料：苗木、硫酸亚铁、硫黄粉、石膏、复合肥、有机肥等。

【技能实施】

1. 场地清理与平整

地被植物栽植的土壤要求有良好的物理性状，一般是土壤表层疏松、土粒大小适中、通气性良好、透水性好。翻耕深度一般为 30～40cm，打碎土块，清除石块、树桩、树根、瓦砾、碎玻璃、混凝土残渣等障碍物，去除土壤中的杂草根，以减少杂草与地被植物的竞争，从而能够减少以后的养护工作量，然后将土地整平，以免在种植后造成绿地内积水。对土质差的地段或者栽植对土壤有特殊要求的植物，还需要进行局部换土，换土时通常需要将土壤深翻60cm左右，土方移动时要注意表层肥土及生土要分别放置，表土暂时放在一边，然后移去底土，由于表土已经经过风化，土质成分内含有大量的腐殖质，土壤肥力较佳，换土后表土置于原地段的最上层，然后整平床面并稍加镇压。

2. 改良土壤

不同地被植物对土壤的要求是不同的，保水、保肥能力好的土壤，既有利于地被植物的生长，又可减少后期的水肥管理，同时还能长期保持景观效果。地被植物栽植的土壤要强调良好的结构，并且含有较多的有机物质，这样才能为植物的生长和发育提供优良的条件，最大限度地发挥植被层的生态和景观效益。因此，栽植前需要测定和调整土壤结构及 pH 值，如果土壤条件较差就需要进行改良。

大多数绿化地段的土壤条件较差，土壤结构过于密实，严重影响地被植物的正常生长。栽植前可使用腐熟的人畜粪尿、堆肥、碎树皮、树叶覆盖层、泥炭藓、煤渣、锯木屑等作为土壤改良物。

地被植物对酸碱度要求不严格，在弱酸、弱碱至中性土壤上均能生长，但多数地被植物在 pH 值 6.5 ~ 7.5 的土壤中生长良好。如果测定土壤的 pH 值为酸性，可结合深翻适量施用石灰来进行调节；如果测定的结果呈碱性，可用石膏、硫黄、硫酸亚铁等来改良土壤，若使用硫酸亚铁要使 pH 值从 7.5 降到 6.5，施用量应分别为 $1 \sim 2 kg/m^2$。

3. 施基肥

种植地被前，要求在地表均匀撒施复合肥，$1m^2$ 撒施 15g，撒施后与 10 ~ 15cm 深土层均匀混合。

4. 地被植物栽植

按照苗木大小，栽植株行距为 10 ~ 15cm × 10 ~ 20cm，行列式种植，种植深度略深于根系，种植完逐一踩实，使根系与土壤紧密结合，扶正苗木并浇透水。

【技术提示】

（1）土壤表层疏松、土粒大小适中、通气性良好、透水性好。

（2）地被植物大多为多年生浅根性植物，栽植不宜过深。

【知识链接】

运用盆栽的地被植物，栽植密度由所用花盆的数量或植物的茂密程度决定，而成片栽植的地被植物，也多按片栽植。地被植物最小栽植密度：富贵草等 49 株/m²，矮生竹类 25 株/m²。

【学习评价】

采用多元化的评价体系，将学生所学专业知识、技能操作、技能成果和个人的职业素养有效地结合在一起（表 3-3-1）。

表 3-3-1　学生考核评价表

考核项目	权重	项目指标	考核等级				考核结果			备注
			A（优）	B（良）	C（及格）	D（不及格）	学生	教师	专家	
专业知识	25%	地被植物习性	熟知	基本掌握	部分掌握	基本不能掌握				
技能操作	35%	栽植地准备	翻耕精细，合理施肥	翻耕平整，合理施肥	翻耕平整，施肥不均匀	翻耕较平整，施肥不均匀				
		栽植	操作规范，速度快	操作规范，速度一般	操作较规范，速度慢	操作不规范				
技能成果	25%	栽植质量	好	较好	一般	差				
职业素养	15%	态度	认真，能吃苦耐劳，不旷课，不迟到早退	较认真，能吃苦耐劳；不旷课	旷课次数≤1/3 或迟到早退次数≤1/2	旷课次数>1/3 或迟到早退次数>1/2				
		合作	服从管理，能与同学很好配合	能与班级、小组同学配合	只与小组同学很好配合	不能与同学很好配合				
		学习与创新	能提前预习和总结，能解决实际问题	能提前预习和总结，敢于动手	没有提前预习或总结，敢于动手	没有提前预习和总结，不能处理实际问题				

【练习设计】

实训

校园内新建一处面积为 100m² 的圆形花坛，请你选择 5 种本地常见的彩叶植物，制定出合理的栽植方案。

技能二　草坪栽植技术

【技能描述】

能够完成草坪的种植工作。

【技能情境】

（1）场地：实训基地。

（2）工具：镐、锹、铁耙、洒壶等。

（3）材料：草种、硫酸亚铁、硫黄粉、石膏、复合肥、有机肥等。

【技能实施】

1. 建坪步骤

（1）场地准备。应全面调查，清除各类垃圾，严禁使用化学污染土和深层土。新建草坪的中心位置必须高于四周边缘，以防草坪积水。整地时，应尽量按照习惯上的 0.3% ~ 0.5% 比例的排水要求进行地形整理。运动场草坪对排水的要求更高，除地表排水按 0.5% ~ 0.7% 的比例进行平整外，还应设置地下排水系统，目前常用的是盲沟排水设施。

（2）土壤改良。对 pH > 7.5 的土壤，应采用草灰土或酸性栽培介质进行改良；对相对密度 > 1.3，总孔隙度 < 50% 的土壤，必须采用疏松的栽培介质加以改良；对有机质低于 2% 的土壤，应施腐熟的有机肥或含丰富有机质的栽培介质加以改良。

（3）整地翻耙。应在建植前全面翻耙土地，深耕细耙，翻、耙、压结合，清除杂草及杂物。翻地时期以春秋两季为宜，整地深度为 20 ~ 25cm。严禁在土壤含水量过高时操作，当土壤含水量为 15% ~ 20% 时，宜进行翻耙。

（4）施足基肥。基肥以有机肥为主，必须充分腐熟。施用数量为每公顷 75 ~ 110t，过磷酸钙 300 ~ 750kg。可结合翻地将肥料施入。

（5）草种选择。依据草坪功能和该地区的气候条件，正确选择草坪品种，才能满足功能要求和观赏性状。以新疆昌吉地区为例：夏季，日平均温度达 20 ~ 26℃，日最高可达 41 ~ 44℃；冬季，日平均温度为 -13 ~ -43℃，年降水量为 110 ~ 220mm。这就要求草坪品种必须抗旱性强、抗寒性强、抗逆性强，才能在该地区健壮生长。

（6）播种。播种前应进行发芽试验和催芽处理，确定合理的播种量，不同草种的播种量可按照（表 3-3-2）进行均匀撒播。

表 3-3-2　不同草种播种量

草坪种类	精细播种量/（g/m²）	粗放播种量/（g/m²）
剪股颖	3 ~ 5	5 ~ 8
早熟禾	8 ~ 10	10 ~ 15
多年生黑麦草	25 ~ 30	30 ~ 40
高羊茅	20 ~ 25	25 ~ 35
羊胡子草	7 ~ 10	10 ~ 15
结缕草	8 ~ 10	10 ~ 15
狗牙根	15 ~ 20	20 ~ 25

（7）镇压或覆盖。播种后，轻耙、镇压或覆层薄泥沙，以不露出种子为宜（否则严重影响发芽率）；或者用无纺布或者薄膜进行覆盖，保水保温。

（8）播种后管理。播种后第一天浇水要透。以后要每天浇水，时刻保持土壤湿润，确保草种正常发芽。一般播种后 7 ~ 10d 即可出苗，15 ~ 25d 即可少量施肥（尿素 60 ~ 75kg/hm²），待草坪草生长至 8 ~ 10cm 时即可进行第一次修剪，以后视草坪草生长速度和叶色进行必要的修剪和施肥。

2. 草坪铺植法

草坪铺植的方法主要有密铺法、间铺法、点铺法和茎铺法。

（1）密铺技术要求。应将选好的草坪切成 300mm×300mm、250mm×300mm、200mm×200mm 等不同草块，顺次平铺，草块下填土密实，块与块之间应留有 20～30mm 缝隙，再行填土，铺后及时滚压浇水。若草种为冷地型则可不留缝隙。

（2）间铺技术要求。铺植方法同密铺，$1m^2$ 的草坪宜有规则地铺设 2～3m^2 面积。

（3）点铺技术要求。将草皮切成 30mm×30mm，点种。用 $1m^2$ 草坪宜点种 2～5m^2 面积。

（4）茎铺技术要求。茎铺时间：暖地型草种以春末夏初为宜，冷地型草种以春秋为宜。撒铺方法：应选剪 30～50mm 长的枝茎，及时撒铺，撒铺后滚压并覆土 10mm。

（5）铺植后的管理。密铺、间铺和点铺法铺植后第一周浇水根据气温确定，每天一次或者隔天一次，以后每周 2～3 次，逐渐减少。铺植后 2～3d 开始滚压，及时松土、除草，防治病虫害发生。茎铺法及时均匀浇透水，茎铺后有裸露根基时用沙、土补覆，及时松土，防治病虫害发生。

3. 草坪养护

（1）施肥管理。施肥是为草坪草提供养料的重要措施，能改善草坪的持久性和提高草坪的质量。在北疆地区草坪草每年施两次肥较为适宜，分别在早春和早秋。在 4 月初第一次施肥（施肥要适量），不仅可以使草坪提前返青，还有利于冷季性草坪草在一年生杂草萌生之前恢复损伤和加厚草皮；在九月份进行第二次施肥，除了能延长绿期至晚秋冬季外，还能促进第二年新分蘖枝与根茎的生长。

为保持草坪具有良好的景观状态、持久的绿色和较高的抗病虫害能力，就必须维持一定量的营养水平，因而需要加强根外追肥，补充除氮、磷、钾外的其他微量元素，满足其生长的需要。

（2）水分管理。保证草坪草水分的供给，是产生优质草坪的必备条件。一般草坪缺水时，草坪草有不同程度的萎蔫，颜色由青绿色变成灰绿色，此时就需要灌水。

浇水不仅可以维持草坪草的正常生长，而且还可以提高茎叶的韧性，增强草坪的耐践踏性。浇水季节应在蒸发量大于降水量的干旱季节进行，冬季草坪土壤封冻后，无须浇水。为提高水的利用率，在一天中早晨和傍晚是浇水的最佳时间，不过晚上浇水不利于草坪的干燥，易引发病害，就天气情况而言，有微风时是浇灌的最好时间，能有效地减少蒸发损失，利于叶片的干燥。通常在草坪草生长季的干旱期，为保持草坪草的鲜绿，大约每周需补充 3～4cm 的浇水量，在炎热干旱的条件下，旺盛生长的草坪每周需补充 6cm 或更多的水。需水量的大小，在很大程度上取决于坪床土壤的质地。浇水方式可采用喷灌、滴灌、漫灌等多种方式，可根据不同程度的养护管理水平以及设备条件采用不同的方式。秋季草坪草停止生长前和春季返青前应各浇透水一次，有利于草坪草越冬和返青。

（3）杂草防除。杂草的防除一般使用化学防除和人工拔除两种方法。在建坪之前可先灌透水一次，等杂草全部萌发后，使用灭杀性除草剂（如百草枯、草甘膦）彻底清除所有杂草，然后施入有机肥，深翻土壤，等农药残留期过后开始播种，为了加强杂草的防治效果，播种后萌发前还可喷洒杂草封闭药剂（如二甲戊乐灵、扑草净等）；草坪草萌发之后，进入正常生长期，如坪面还出现禾本科杂草（如冰草、稗草等），此时只能结合灌水，进行人工拔除；如出现阔叶杂草，可使用选择性除草剂（如 2，4-D 类）防除。

（4）病害防治。

1）草坪草病害分类。根据病原的不同可将病害分为两类：非侵染性病害和侵染性病害。非侵染性病害的发生在于草坪和环境两方面的因素，如草种选择不当、土壤缺乏草坪草生长必需的营养、营养元素比例失调、土壤过干或过湿、环境污染等，这类病害不传染。侵染性病害是由真菌、细菌、病毒、线虫等侵害造成的，这类病害具很强的传染性，发生的三个必备条件是：感病植物、致病力强的病原物和适宜的环境条件。

2）防治方法。第一，消灭病原菌的初侵染来源。土壤、种子、苗木、田间病株、病株残体以及未腐熟的肥料是绝大多数病原物越冬和越夏的主要场所，故采用土壤消毒（常用福尔马林消毒，即福尔马林:水 = 1:40，土面用量为 10 ~ 15L / m^2）、种苗处理（包括种子和幼苗的检疫和消毒，如福尔马林 1% ~ 2% 的稀释液浸种子 20 ~ 60min，浸后取出洗净晾干后播）和及时消灭病株残体等措施加以控制。第二，农业防治方法。适地适草，尤其是要选择抗病品种、及时除去杂草、适时深耕细肥、及时处理病害株和病害发生地、加强水肥管理等。第三，化学防治，即喷施农药进行防治。一般地区可在早春各种草坪将要进入旺盛生长期以前，即草坪草临发病前喷适量的波尔多液 1 次，以后每隔 2 周喷一次，连续喷 3 ~ 4 次，这样可防止多种真菌或细菌性病害的发生。病害种类不同，所用药剂也各异。但应注意药剂的使用浓度、喷药的时间和次数、喷药量等。一般草坪草叶片保持干燥时喷药效果好。喷药次数主要根据药剂残效期长短而确定，一般 7 ~ 10d 一次，共喷 2 ~ 5 次即可，雨后应补喷。此外，应尽可能混合使用或交替使用各种药剂，以免产生抗药性。

（5）虫害防治。

1）草坪草害虫危害的主要原因。草坪建植前土壤未经防虫处理（深翻晒土、挖土拾虫、土壤消毒等）；施用的有机肥未经腐熟；早期防治不及时或用药不当、失效等。

2）草坪草虫害综合防治。第一，农业防治。适地适草、播前深翻晒地、随挖随拾、施用充分腐熟的有机肥、适时浇水管理等。第二，物理和人工防治。灯光诱捕、药剂毒土等触杀以及人工捕捉等。第三，生物防治，即利用天敌或病原微生物防治。如防治蛴螬有效的病原微生物主要是绿僵菌，防治效果达 90%。第四，化学防治，杀虫剂以有机磷化合物为主。一般施药后应尽可能立即灌溉，以促进药物的分散，避免光分解和挥发造成的损失。对地表害虫常用喷雾法，但有些害虫，如防治草坪野螟等施药后灌溉至少应在施药 24 ~ 72h 后进行。常用方法是药剂拌种、毒饵诱杀或喷雾。

【技术提示】

（1）整地要精细，施足基肥。
（2）选择合适的草种，播撒均匀，覆土厚度适中，浇水及时。
（3）铺植均匀，填土滚压及时。

【知识链接】

草坪是指由人工建植或人工养护管理，起绿化美化作用的草地，多见于庭院、公园；或将草裁切为固定长度供各种体育运动如足球、橄榄球、棒球、垒球、网球、高尔夫球等使用。

1. 草坪分类

（1）按照气候类型可以分为：冷季型草和暖季型草两大类。冷季型草多用于长江流域附近及以北地区，主要包括高羊茅、黑麦草、早熟禾、白三叶、剪股颖等种类；暖季型草多用于长江流域附近及以南地区，在热带、亚热带及过度气候带地区分布广泛，主要包括狗牙根、百喜草、结缕草、画眉草等。

（2）按植物材料的组合分可分为：单播草坪，用一种植物材料的草坪；混播草坪，由多种植物材料组成的草坪；缀花草坪，以多年生矮小禾草或拟禾草为主，混有少量草本花卉的草坪。

（3）按草坪的用途可分为：

1）游憩草坪。可开放供人入内休息、散步、游戏等户外活动之用。一般选用叶细、韧性较大、较耐踩踏的草种。

2）观赏草坪。不开放，不能入内游憩。一般选用颜色碧绿均一、绿色期较长、能耐炎热、又能抗寒的草种。

3）运动场草坪。根据不同体育项目的要求选用不同草种，有的要选用草叶细软的草种，有的要选用草叶坚韧的草种，有的要选用地下茎发达的草种。

4）交通安全草坪。主要设置在陆路交通沿线，尤其是高速公路两旁，以及飞机场的停机坪上。

5）保土护坡的草坪。用以防止水土被冲刷，防止尘土飞扬。主要选用生长迅速、根系发达或具有匍匐性的草种。

2. 草种选择

（1）生态适应性。

北方地区：耐寒、抗干旱、绿期长，冷季型草种，混播。

南方地区：耐炎热、耐湿、抗病，冬季枯萎期短或终年基本不枯。

（2）符合利用目的的需要。观赏草坪、游憩草坪以及儿童乐园、小游园和医院供病人户外活动的草坪，一般选用色彩柔和、叶细、低矮、平整、美观、软硬适中、较耐践踏的草种，如细叶结缕草、马尼拉草、匍茎剪股颖等。

运动场草坪，选用耐践踏、耐修剪、有健壮发达的根系、再生能力强、能迅速复苏的草种，如狗牙根、中华结缕草、结缕草、黑麦草等。

护坡固土草坪，选用耐湿、耐淹、具有一定的耐旱能力、根系发达、铺盖能力强、营养繁殖和种子繁殖均可的草种，如狗牙根、假茜草等。

（3）养护管理费用与建设经济条件相适应。草坪草种的选择应考虑养护管理技术是否简单容易，经济实力是否能够承受。

【学习评价】

采用多元化的评价体系，将学生所学专业知识、技能操作、技能成果和个人的职业素养有效结合在一起（表3-3-3）。

表3-3-3　学生考核评价表

考核项目	权重	项目指标	考核等级				考核结果			总评
			A（优）	B（良）	C（及格）	D（不及格）	学生	教师	专家	
专业知识	25%	草坪分类与草种习性	熟知	基本掌握	部分掌握	少量或者不能掌握				
技能操作	35%	播种	撒播均匀，覆土适中	撒播较均匀，覆土适中	撒播不均匀，覆土厚度不合格	撒播不均匀，覆土厚度不合格				
		铺植	铺植均匀，填土滚压及时	铺植较均匀，填土滚压及时	铺植不均匀，填土滚压不及时	铺植不均匀，填土滚压不够及时				

（续）

考核项目	权重	项目指标	考核等级				考核结果			总评
			A（优）	B（良）	C（及格）	D（不及格）	学生	教师	专家	
技能成果	25%	整地效果	完全符合要求	基本符合要求	基本不符合要求	不符合要求				
职业素养	15%	态度	认真，能吃苦耐劳；不旷课，不迟到早退	较认真，能吃苦耐劳；不旷课	旷课次数≤1/3或迟到早退次数≤1/2	旷课次数＞1/3或迟到早退次数＞1/2				
		合作	服从管理，能与同学很好配合	能与班级、小组同学配合	只与小组同学很好配合	不能与同学很好配合				
		学习与创新	能提前预习和总结，能解决实际问题	能提前预习和总结，敢于动手	没有提前预习或总结，敢于动手	没有提前预习和总结，不能处理实际问题				

【练习设计】

1. 根据本地区气候特点，为某运动场制定一套草坪建植方案。
2. 调查校园内某一处草坪生长状况，并制定出一套相应的养护措施。

任务三总结

任务三详细阐述了地被草坪栽植技术，包括地被植物栽植技术和草坪植物栽植技术两部分。通过学习，学生获得能够完成绿化设计图中地被草坪植物栽植的技能和知识。

项目三总结

项目三详细阐述了园林植物的栽植技术，包括一般乔灌木栽植技术、大树栽植技术和地被草坪栽植技术三部分。通过学习，学生获得能够掌握各类园林植物栽植的技能和知识。

项目 四 园林植物养护管理技术

 项目引言

　　园林植物栽植后能否成活、能否健康生长、能否实现绿化设计的功能效果，取决于养护管理水平的高低。俗话说："三分栽，七分管"，就是强调园林植物在栽培养护过程中，养护管理工作的重要性。本项目依据实际工作情境，分别从土、肥、水管理、植株整形修剪、自然灾害防治以及名树、古树管理等方面设计了 17 个技能情境，并介绍了相关基础知识。

学习目标

　　（1）熟悉园林植物养护管理的基本内容。
　　（2）熟知园林植物常见自然灾害的防治措施。
　　（3）掌握园林植物的土、肥、水管理及整形修剪技术。
　　（4）掌握园林古树名木养护管理技术。

任务一　土壤管理技术

【任务分析】

能根据土壤、植物、气候的实际情况，进行土壤的基本管理工作，包括：

（1）栽植前的整地。

（2）土壤改良技术。

（3）中耕除草技术。

【任务目标】

（1）了解园林植物整地的意义，掌握各类园林植物的整地技术。

（2）能根据不同土壤的状况实施适宜的改良措施。

（3）能根据土壤状况和园林植物种类准确的应用中耕除草技术。

技能一　栽植前的整地

【技能描述】

（1）能根据一、二年生草本花卉、宿根花卉、球根花卉等类型进行整地。

（2）能进行木本园林植物栽植前的整地。

【技能情境】

（1）场地：公路绿化带、公园绿地的草本花卉种植区。

（2）工具：铁锹、耙子、拖拉机或锄、镐、锹。

（3）材料：一、二年生草本花卉、宿根花卉、球根花卉、肥料等。

【技能实施】

1. 确定整地时间

整地应在土壤干湿适中时进行。春季用地一般以秋季翻地、春季整地效果最好，可以有冬季冻垡和晒垡的过程。新开垦的土地必须于冬季进行深耕，并施入大量有机肥，以改良土壤；其他时间用地，则是结合茬口进行。

2. 整地的深度

整地深度根据花卉种类、土壤质地不同而定。一、二年生花卉生长期短，根系较浅，宜浅耕，整地深度一般为 20～30cm；多年生宿根草本园林植物整地深度应达 30～40cm，甚至 40～50cm，并应施入大量的有机肥；栽培球根花卉的土壤应适当深耕 30～40cm，甚至 40～50cm，并通过施用有机肥料、掺和其他基质材料来改良土壤。另外，根据土壤质地不同也有差异，砂质土壤宜浅耕，黏质土壤宜深耕。

3. 整地的方法

（1）清除杂物。将圃地植被和杂物清除干净，然后翻耕并敲碎土块，除去土中的残根、石砾等杂物。

（2）耕翻土壤。用拖拉机或锄、镐、锹耕翻一遍。耕地时在地表施一层有机肥，随耕翻土壤进入耕作层。必要时拌入药剂（呋喃丹、福尔马林等）进行消毒。

（3）耙地。耙碎土块、混合肥料、平整土地、清除杂草。

（4）镇压。

4. 做畦

绿化中草本花卉种植前有的只进行场地的平整，有的采用畦栽。畦栽可采用高畦与低畦两种方式，高畦畦面高出地面 20cm，低畦畦面低于地面 15cm。低畦畦面平整，两侧做畦梗。近年来采用喷灌或滴灌方式进行灌溉的越来越多，所以对畦面平整要求不再很严格。高畦两侧做排水沟。依据花卉种类和土质决定畦的宽度，畦面一般宽 100cm，畦埂高 20～30cm，草花或密植花卉畦面不宜太宽，应小于 1.6m。

【技术提示】

（1）以小组为单位，每组做一个高床，床长 10m；一个低床，床长 5m。

（2）要做到床面平整，土壤细碎，土层上松下实，床面规格整齐、美观。

（3）注意安全，工具要按正确方法使用及放置。

（4）北方低畦灌溉多采用畦面漫灌的方法，因此畦面必须平整，坚实一致，顺水源方向微有坡度，以使水流通畅，均匀布满畦面，如畦面不平，则低处积水，高处仍干，灌溉不均。

【知识链接】

1. 整地做床的意义

露地栽培一、二年生草本园林植物，要选择光照充足、土地肥沃、地势平整、水源方便和排水良好的地块，在播种或栽植前进行整地。整地可以改进土壤物理性质，使水分空气流通良好，种子发芽顺利，根系易于伸展；保持土壤水分；促进土壤风化和有益微生物的活动；有利于可溶性养分含量的增加；可预防病虫害。将土壤病虫害等翻于表层，暴露于空气中，经日光和严寒灭杀。

2. 畦栽方式的选择

露地花卉栽培多采用畦栽方式，依地区和地势的不同，常采用高畦与低畦两种方式，也可称为阳畦和阴畦。我国北方干旱少雨地区，一般以低畦为主，畦面平整，两侧有畦梗，北方低畦灌溉多采用畦面漫灌的方法，因此畦面必须平整，坚实一致，顺水源方向微有坡度，以使水流通畅，均匀布满畦面，如畦面不平，则低处积水，高处仍干，灌溉不均。近年来采用喷灌或滴灌方式进行灌溉的越来越多，所以对畦面平整要求不再很严格。南方多雨或地势低洼的地区，则多采用高畦，其畦面高出地面，两侧有排水沟，便于排水。依据花卉种类和土质决定畦的宽度。

3. 木本园林植物的露地栽培前的整地

主要包括栽植地地形、地势的整理及土壤的改良。首先将绿化用地与其他用地分开，对于有混凝土的地面一定要刨除。将绿地划出后，根据本地区排水的大趋势，将绿化地块适当垫高，再整理成一定坡度，以利排水。然后在种植地范围内，对土壤进行整理。有时由于所选树木生活习性的特殊要求，要对土壤进行适当改良。

【学习评价】

采用多元化的评价体系，将学生专业知识、技能操作、技能成果和个人的职业素养有效地结合在一起（表4-1-1）。

表4-1-1　学生考核评价表

考核项目	权重	项目指标	考核等级				考核结果			总评
			A（优）	B（良）	C（及格）	D（不及格）	学生	教师	专家	
专业知识	25%	整地意义	熟知	基本掌握	部分掌握	基本不能掌握				
		整地要求	熟知	基本掌握	部分掌握	基本不能掌握				
		栽前土壤准备	熟知	基本掌握	部分掌握	基本不能掌握				
技能操作	60%	整地时间	耕翻季节、整地时间合理	耕翻季节或整地时间模糊	耕翻季节、整地时间都模糊	耕翻季节、整地时间不清楚				
		整地深度	能针对不同种类植物选择合适的深度	能根据部分植物种类选择合适的深度	在指导下能进行整地	操作错误				
		整地操作	畦面干净无杂物；施入肥料混铺撒混合均匀；无大块土块；镇压到位	畦面基本干净无杂物；施入肥料基本铺撒混合均匀；基本无大块土块；镇压基本到位	畦面有较多杂物；施入肥料聚集；分布较多大的土块	操作错误				
		畦埂高度	畦面高度到位、畦埂高度适中并均匀	畦面高度基本到位、畦埂基本合适	畦面高度明显不到位；畦埂过低	操作错误				
职业素养	15%	态度	认真，能吃苦耐劳；不旷课，不迟到早退	较认真，能吃苦耐劳；不旷课	旷课次数≤1/3或迟到早退次数≤1/2	旷课次数＞1/3或迟到早退次数＞1/2				
		合作	服从管理，能与同学配合	能与班级、小组同学配合	只与小组同学很好配合	不能与同学很好配合				
		学习与创新	能提前预习和总结，能解决实际问题	能提前预习和总结，敢于动手	没有提前预习或总结，敢于动手	没有提前预习和总结，不能处理实际问题				

【练习设计】

一、填空

1. 露地花卉栽培多采用畦栽方式，依地区和地势的不同，常采用_____与_____

两种方式，也可称为阳畦和阴畦。我国北方干旱少雨地区，一般以_____为主，南方多雨或地势低洼的地区，则多采用_____。

2. 一、二年生花卉生长期短，根系较浅，宜浅耕，整地深度一般为_____；多年生宿根草本园林植物整地深度应达_____，并应施入大量的有机肥；栽培球根花卉的土壤应适当深耕_____，并通过施用有机肥料、掺和其他基质材料来改良土壤。

二、判断

1. 整地应在土壤干湿适中时进行。春季用地一般以秋季翻地、春季整地效果最好。
（　　　）

2. 一、二年生花卉整地深度一般为 10～20cm；多年生宿根草本园林植物整地深度应达 20～30cm。
（　　　）

三、简答

整地的意义

四、实训

自行选择一种一、二年生花卉、宿根花卉、球根花卉，设计露地整地方案。

技能二　土壤改良

【技能描述】

能根据土壤实际情况和园林植物种类选取合适的改良措施，进行土壤改良。

【技能情境】

（1）对某公园挖湖堆土的山上栽植的树木进行深翻熟化。
（2）工具及材料：铁锹、小推车、农家肥、过磷酸钙。

【技能实施】

1. 确定深翻熟化的时期

秋末。树体地上部分基本停止生长，养分开始回流、积累，同化产物的消耗减少，一般在 9 月份进行。

早春。应在土壤解冻后进行。

2. 深翻方式

树盘深翻：在树冠边缘，在地面的垂直投影线附近挖环状深沟，宽度 30～40cm，深度依树木根系垂直集中分布区而定。

3. 操作步骤

（1）表土与心土分开放置。
（2）将农家肥与过磷酸钙和表土混合填入沟底，心土填到上面。
（3）浇水。

【技术提示】

（1）挖土过程中，不要挖断直径在 1cm 以上的根。

（2）肥料与土壤要均匀混合。

（3）使用的农家肥要充分腐熟。

（4）施肥后一定要及时浇水。

【知识链接】

（一）城市绿地土壤的特点

1. 自然土壤层次紊乱

由于建筑活动频繁，城市绿地原土层被扰动，表土经常被移走或被底土盖住。适宜植物生长的表土层已经不复存在，代之以大面积的建筑施工挖出的底层土或生土，打乱了原有土壤的自然层次。

2. 土壤渣化严重

历史上其城市建筑经过多次的拆建，废弃的渣土大部分就地消纳，人们生活中利用能源、物资而产生的废弃物也就地填垫。在旧城区掺杂深度达 $2 \sim 6m$。新建区一般土壤表层的碴砾多为时代较近的第一次侵入物，其分布深度多在 $0.5m$ 以内。各类碴砾基本不含可供植物吸收的养分，且 pH 值较本地自然土壤普遍偏高，多在 $8 \sim 12$，如陶然亭公园部分煤球灰渣含量达 $80\% \sim 90\%$ 的地段栽植的油松、白皮松针叶黄化、枯尖、生长衰弱甚至死亡，即使适应能力强的槐树，长势也较一般植株弱。

3. 土壤密实度高

在城市环境里由于人踏、车轧、建筑机械施工碾压使土壤密实度增高。密实的土壤硬度大，土壤通气性差，影响树木根系生长和分布。一般适于树木生长的土壤硬度在 $8kg/cm^2$ 以下。松类、银杏、元宝枫、云杉等树种，在土壤硬度超过 $14kg/cm^2$ 的地方，几乎没有根系分布。

4. 土壤中缺乏有机物质，土壤养分贫乏

相对于自然发育的（山林、野地）土壤和耕作土，城市绿地土壤中返回的有机质很少，绿地土壤中的有机物质中只有被微生物转化和被植物吸收，而很少通过外界施肥等加以补充。土壤中有机质过低，不但土壤养分缺乏，也导致土壤物理性质恶化。据调查，北京市的土有机质含量低于 1%；上海市凡保留落叶较好的封闭绿地，有机质含量能达到 2% 左右，而大部分"生土"有机质仅为 0.7%。

5. 土壤 pH 值偏高

以北京和上海为例，这两个地区自然土壤为石灰性土壤，pH 值为中性到微碱性。如果城区绿地土壤中夹杂较多石灰墙土，会增加土壤中的石灰性物质。长期用矿化度很高的地下水灌溉也会使土壤碱性增加，生活用水污染、排水不畅都会造成土壤盐分积累，促使土壤向盐碱化发展，土壤盐碱化对大多数园林植物生长不利。因盐分过高，对中水的应用应慎重。

（二）园林绿地土壤改良

园林绿地土壤改良和管理的任务，是通过各种措施来提高土壤的肥力，改善土壤结构和理化性质，不断供应园林树木所需要的水分和养分，为其生长发育创造良好的条件。同时还结合实行其他措施，维持地形地貌整齐美观，减少土壤冲刷和尘土飞扬，增强园林景观效果。

园林绿地的土壤改良大体包括：深翻熟化、客土栽植、土壤质地改良、pH 值的调节和盐碱地的改良。

1. 深翻熟化

深翻就是对园林植物根区范围的土壤进行深度翻垦。深翻包括园林植物栽培前的深翻与栽植后的深翻。前者是在栽植园林植物前，配合园林地形改造，杂物清除等工作，对栽植场地进行全面或局部的深翻；后者是在园林植物生长过程中进行的土壤深翻，其主要目的是加快土壤的熟化。通过深翻，特别是结合施有机肥，可以改善土壤结构和理化性状，促使土壤团粒结构的形成，增加孔隙度。深翻后土壤的含水量和透气状况大大改善，进而促进土壤微生物的活动，因此加速土壤熟化，使难溶性营养物质转化为可溶性养分，相应地提高了土壤肥力。

（1）深翻适应的范围。荒山、低湿地、建筑的周围、土壤的下层有不透水层的地方、踩踏和机械压实过的地段等。

（2）深翻时期。实践证明，园林植物土壤一年四季均可深翻。就一般情况而言，深翻主要在秋末和早春进行，以秋末冬初效果为佳。秋末冬初时期植物地上部分生长基本停止或趋于缓慢，同化产物消耗少，并已经开始回流积累；此时根系处于秋季生长高峰，伤口容易愈合，并发出部分新根，吸收能力提高，吸收的和合成的营养物质在树体内进行积累，有利于翌年的生长发育；同时秋翻后经过漫长的冬季，有利于土壤风化和积雪保墒。如果由于某种原因，秋季没能进行深翻，也可以早春进行，最好是在土壤一解冻就及早实施。此时植物地上部分处于休眠状态，根系刚开始活动，生长较为缓慢，除某些树种外，伤根后也较易愈合再生新根。但是早春时间短，气温上升快，伤根后根系还未及时恢复，地上部分已经开始生长，需要大量的水分和养分，往往因为根系供应的水分和养分不能满足地上部分生长的需要，造成根冠水分代谢不平衡，致使树木生长不良。

（3）深翻的深度。翻的深度与地区、土质、树种等有关。黏重土壤应深翻；沙质土壤可适当浅翻，地下水位高时也宜浅翻；下层为半风化岩石时宜深翻以增加土层厚度；深层为砾石或沙砾时也应深翻；地下水位低，土层厚，栽植深根性树种时宜深翻；下层有不透水层或为黄淤土、白干土、胶泥板及建筑物地基等残留物时深翻深度以打破此层为宜，以利渗水。通常，在一定范围内，翻得越深越好，一般为60～100cm，最好距根系主要分布层稍深、稍远一些，以促进根系向纵深及周边生长，扩大吸收面积，提高根系的抗逆性。

（4）深翻的次数。一般情况下，黏土、涝洼地深翻后容易恢复紧实，因此保持年限较短，每隔1～2年深翻1次；而地下水位低，排水良好，疏松透气的沙壤土，保持时间长，每隔3～4年深翻一次。

2. 客土栽植

客土栽植是在栽植园林树木时，根据树木的生长特点，对栽植地实行局部换土。通常是在土壤完全不适宜园林树木生长的情况下需进行客土栽植。当在岩石裸露、人工爆破坑栽植，或土壤十分黏重、土壤过酸过碱以及土壤已被工业废水、废弃物严重污染等情况下，宜在栽植地一定范围内全部或部分换入肥沃土壤。如在碱性土上种植杜鹃、茶花等喜酸性土植物时，常将栽植坑附近的土壤全部换成山泥、泥炭土、腐叶土等酸性土壤。

3. 土壤质地改良

（1）培土。培土就是在园林树木生长过程中，根据需要在树木生长地添加部分土壤基质，以增加土层厚度、保护根系、补充营养、改良土壤结构的措施，也称压土。培土工作要经常进行，并根据土质确定培土基质类型。土质黏重的应培含沙质较多的疏松肥土，甚至河沙；含沙质较多的可培塘泥、河泥等较黏重的肥土以及腐殖土。培土量视植株的大小、土源、成本等条件而定。

（2）增施有机质。增加有机质是土壤改良的一种方法。在沙性土壤中，有机质就像海绵一样，保持水分和矿质营养。在黏土中，有机质有助于团聚较细的颗粒，形成较大的孔隙度，改善土壤透气排水性能。改良土壤最好的有机质是粗泥炭、半分解状态的堆肥和腐熟的厩肥。增施有机质不是越多越好，一般认为 $100m^2$ 的施用量不多于 $2.5m^3$，约相当于增加 $3cm$ 的表土。

4. 土壤酸碱度的调节

土壤的酸碱度主要影响土壤养分物质的转化与有效性、土壤微生物的活动和土壤的理化性质，因此，与园林植物的生长发育密切相关。一般说来，我国南方城市的土壤 pH 值偏低，北方偏高，所以，土壤酸碱度的调节是一项十分重要的土壤管理工作。

（1）土壤酸化。土壤酸化是指对偏碱性的土壤进行必要的处理，使之 pH 值有所降低，符合酸性园林树种生长需要。目前，土壤酸化主要通过施用有机肥料、生理酸性肥料、硫黄等进行调节。据试验，每亩施用 $30kg$ 硫黄粉，可使土壤 pH 值从 8.0 降到 6.5 左右。硫黄粉的酸化效果较持久，但见效缓慢。对盆栽园林树木也可用 $1:50$ 的硫酸铝钾，或 $1:180$ 的硫酸亚铁水溶液浇灌植株来降低 pH 值。

（2）土壤碱化。土壤碱化是指对偏酸的土壤进行必要的处理，使之土壤 pH 值有所提高，符合一些碱性树种生长需要。土壤碱化的常用方法是向土壤中施加石灰、草木灰等碱性物质，生产上普遍使用的是熟石灰。

5. 盐碱地的改良

盐碱土是盐化和碱化土壤的总称，又称盐渍土。盐碱土中可溶盐类对植物的危害以碳酸钠为最厉害，氯化钾次之，硫酸镁、氯化钠、氯化镁、氯化钾又次之，碳酸氢钠、硫酸钠毒害较轻。在园林绿化工程之前就必须把它们从土壤中除掉。一般采取物理改良、水利改良、化学改良和生物改良等几方面。

（1）物理改良。

1）平整地面。留一定坡度，挖排水沟，以便灌水洗盐。

2）深耕晒垡。凡质地黏重，透水性差结构不良的土地，特别是原生盐碱荒地，在雨季到来之前进行翻耕，能疏松表土，增强透水性，阻止水盐上升。

3）及时松土。松土能保持良好墒性，控制土壤盐分上升。

4）封底式客土抬高地面和地上花盆式客土抬高地面。

5）微区改土，大穴整地。植树时先将塑料薄膜隔离袋置树穴中添以客土。有时在树穴内铺隔盐层，通过铺粗砂、炉灰渣、锯屑、碎树皮、马粪或麦糠等然后填以客土。

（2）水利改良。

1）蓄淡压盐。在盐土周围筑存降水，促使土壤脱盐。

2）灌水洗盐。降水条件较好的地区，在田内灌水洗盐，可加快土壤脱盐速度。

3）大穴客土。下部设隔离层和渗管排盐。分为两种形式，一是用水泥渗漏管或塑料渗漏管，埋地下适宜深度排走溶盐；二是挖暗沟排盐，沟内先铺鹅卵石，然后盖粗砂与石砾或铺未烧透的稻糠壳灰，然后填土。

（3）化学改良。

1）对盐碱土增施化学酸性肥料过磷酸钙，可使 pH 值降低，同时磷素能提高树木的抗性。施入适当的矿物性化肥，补充土壤中氮、磷、钾、铁等元素的含量，有明显的改土效果。

2）施用大量有机质，如腐叶土、松针、木屑、树皮、马粪、泥炭、醋渣及有机垃圾等。

（4）生物改良。种植耐盐的绿肥和牧草，如田菁、草木樨、紫花苜蓿等，对盐土改良有积极作用。

在工程中降低绿化成本、加快绿化速度、提高美化效果是评价盐碱地区绿化工程效果的主要指标。上述改良方法各有利弊，其中生物改碱投资最小，但见效慢、美化效果差；封底式客土抬高地面和地上花盆式客土抬高地面措施，虽然见效快、绿化美化效果好，但投资太高；大穴整地、淡水洗盐工程措施，成本低、见效较快、绿化美化效果好，是街道绿化和住宅区绿化的好办法；大穴客土，下部设隔离层和渗管排盐，见效快，客土持续时间长，绿化美化效果好，成本相对较低，值得推广。

【学习评价】

学习评价采用多元化的评价体系，将学生专业知识、技能操作、技能成果和个人的职业素养有效地结合在一起（表 4-1-2）。

表 4-1-2　学生考核评价表

考核项目	权重	项目指标	考核等级				考核结果			总评
			A（优）	B（良）	C（及格）	D（不及格）	学生	教师	专家	
专业知识	25%	深翻时期	熟知	基本掌握	部分掌握	基本不能掌握				
		深翻方式	熟知	基本掌握	部分掌握	基本不能掌握				
技能操作	60%	深翻	深翻位置和深度合适	深翻位置和深度较合适	深翻深度和位置有一个错误	操作错误				
		表土和心土	表土和心土分开放置	基本将表土和心土分开放置	没有分开表土和心土	操作错误				
		肥料与土壤混合	肥料和表土充分混匀	肥料基本上与土壤混匀	直接投放肥料，没有混合	操作错误				
		施肥后浇水	施肥后及时浇并水浇透水	浇水了，但水量不足	没浇水	没浇水				
职业素养	15%	态度	认真，能吃苦耐劳；不旷课，不迟到早退	较认真，能吃苦耐劳；不旷课	旷课次数≤1/3或迟到早退次数≤1/2	旷课次数>1/3或迟到早退次数>1/2				
		合作	服从管理，能与同学很好配合	能与班级、小组同学配合	只与小组同学很好配合	不能与同学很好配合				
		学习与创新	能提前预习和总结，能解决实际问题	能提前预习和总结，敢于动手	没有提前预习或总结，敢于动手	没有提前预习和总结，不能处理实际问题				

【练习设计】

一、名词解释

土壤酸化　土壤碱化　培土

二、填空

一般情况下，黏土、涝洼地深翻后容易恢复_____，因此保持年限较短，可每隔_____深翻1次；而地下水位低，排水良好，疏松透气的沙壤土，保持时间长，可每隔_____年深翻一次。

三、判断

1. 园林植物土壤一年四季均可深翻。就一般情况而言，深翻主要在秋末和早春进行。以秋末冬初效果为佳。　　　　　　　　　　　　　　　　　　　　　　（　　）

2. 培土量视植株的大小、土源、成本等条件而定。压土厚度过薄起不到压土作用，所以越厚越好。　　　　　　　　　　　　　　　　　　　　　　　　　　（　　）

四、实训

选择校园里新栽植1~3年的园林树木，测定其土壤 pH 值。

技能三　松土除草与地面覆盖

【技能描述】

能根据土壤与园林植物生长的实际情况，合理进行松土、除草以及地面覆盖等措施，并能很好地实施。

【技能情境】

（1）场地：公园绿地、公路旁绿化带等。

（2）工具：锄头、手套、各种覆盖材料、各种除草剂。

【技能实施】

1. 松土除草

（1）松土除草的时间及次数。松土除草的季节和次数要根据当地的具体气候、树木生长状况、土壤状况等因素而定。如北方地区在春季和秋季管理以中耕作业为主，进入6月份以后则应以除草为主。灌水或大雨过后，为防止土壤板结，应安排中耕松土。

除草的次数一般每年1~3次，新栽植的树木第一年次数宜多，以后逐渐减少。每年一次的，在盛夏到来之前进行；每年除草2次的，第一次在盛夏前，第二次在立秋后；每年3次的，在盛夏和立秋之间再增加1次。用大苗栽植的孤立树、各种丛植、群植的树木或行道树，松土除草要长期而经常地进行，如果见到的杂草、灌木毫无价值，而且影响景观和人的活动，就要及时清除。具体的除草松土时间可选择在天气晴朗或雨后、土壤不过干和不过湿的情况下进行才可获得最佳的效果。

（2）松土除草的范围及深度。松土除草的范围和深度应根据植物种类及树木当时根系的生长状况而确定，一般树木松土的范围在树冠投影半径的 1/2 以外到树冠投影外 1m 以内的环状范围，深度约为 6～10cm，灌木、草本可在 5cm 左右。松土除草应掌握靠近基干浅、远离基干深的原则。松土时应避免碰伤树木的树皮、根系等，生长在地表的浅根可适当剪去割断，促进树木侧根的萌发。

2. 喷施除草剂

（1）选择最佳施药时间。对于封闭类除草剂，务必在杂草萌芽前使用，一旦杂草长出，抗药性增加，除草效果差；对于茎叶处理类除草剂，应当把握"除早、除小"的原则。杂草株龄越大，抗药性就越强。在正常年份，杂草出苗 90% 左右时，杂草幼苗组织幼嫩、抗药性弱，易被杀死。在日平均气温 10℃ 以上时，用除草剂的推荐用药量的下限，便能取得 95% 以上的防除效果。苗前期宜用毒土法；速生期对除草剂敏感，要特别慎用；苗木硬化期苗木虽有一定抗性，但大部分杂草已经成熟，施药的作用不大。

（2）灵活掌握用药量。苗木对除草剂的耐药性是有一定限度的，所以不能随意加大用量。此外，不同苗木的耐药性不同，应严格按产品说明使用。一般来说，针叶树种的用药量可以大些，阔叶树种的用药量宜小些。同一苗木品种对某种药剂的抗药性，会随着苗龄增加而提高，用药量可相应加大。如松、杉苗圃的禾本科杂草，可每亩用 23.5% 的果尔乳油 50mL 单用，或 23.5% 的果尔乳油 30mL 加 50% 乙草胺乳油 100mL 混用，若用于阔叶树种苗圃，用药量宜适当减少。对于一年生杂草，使用推荐用药量即可。对于多年生恶性杂草、宿根性杂草，需要适当增加用药量。

（3）注意施药时的温度和土壤湿度。温度直接影响除草剂的药效。例如二甲四氯、2，4—D 在 10℃ 以下施药药效极差，10℃ 以上时施药药效才好；除草剂快灭灵、巨星的最终效果虽然受温度影响不大，但在低温下 10～20d 后才表现出除草效果。所有除草剂都应在晴天气温较高时施药，才能充分发挥药效。不论是苗前土壤施药还是生长期叶面施药，土壤湿度均是影响药效高低的重要因素。苗前施药，若表土层湿度大，易形成严密的药土封杀层，且杂草种子发芽出土快，因此防效高；生长期施药，若土壤潮湿、杂草生长旺盛，利于杂草对除草药剂的吸收和在体内运转，因此药效发挥快，除草效果好。

（4）根据苗木种类、杂草种类选择有效的除草剂。除草剂的品种很多，有茎叶处理剂、灭生性除草剂等，有的适用于芽前除草，有的适用于茎叶期除草，因此，要根据不同的苗木品种和不同时期的杂草分别选用。如针叶树种抗药性强，可选用除草醚、盖草能、果尔等；阔叶树种抗药性差，可选用圃草封、圃草净、地乐胺、扑草净等。

（5）确定合理的施药方法，提高施药技术。根据除草剂的性质确定正确的使用方法。如使用草甘膦等灭生性除草剂，务必做好定向喷雾，否则就会对苗木造成伤害；如使用氟乐灵，则需要混土，否则容易引起光解而失效。施用除草剂一定要施药均匀。如果相邻地块是除草剂的敏感植物，则要采取隔离措施，切记有风时不能喷药，以免危害相邻的敏感作物。喷过药的喷雾器要用漂白粉冲洗几遍后再往其他植物上施用。施用除草剂的喷雾器最好是专用，以免伤害其他作物。

（6）严格掌握除草剂的兑水量。每种除草剂都有最佳药效浓度。水量过大，除草剂浓度低，会影响除草效果；水量过小，除草剂浓度高，成本高，且易造成药害。因此，喷施除草剂时一定要严格按照说明书进行兑水，可以使用量筒、烧杯协助称量，尽量做到称量准确。

另外，有机质含量高的土壤颗粒细，对除草剂的吸附量大，而且土壤微生物数量多，活动旺盛，药剂易被降解，可适当加大用药量；而沙壤土质颗粒粗，对药剂的吸附量小，药剂分子在土壤颗粒间多为游离状态，活性强，容易发生药害，用药量可适当减少。多数除草剂在碱性土壤中稳定，不易降解，因此残效期更长，容易对后期苗木产生药害，在这类土壤上施药时应尽量提前，并谨慎使用。

3. 树盘覆盖（图4-1-1）

覆盖材料以就地取材，经济适用为原则，如水草、树叶、锯末、马粪、泥炭等均可应用。在大面积粗放式管理的园林中，还可以将草坪上或树旁割下来的草头堆放在树盘附近，用以进行覆盖。覆盖的厚度通常以3～6cm为宜，鲜草以5～6cm为宜，过厚会产生不利的影响。

图4-1-1　树盘覆盖实例

【技术提示】

（1）把握好中耕除草的时机，做到早除、巧除。

（2）除草的深度应根据植物种类有所区分，不能过深，伤及根系。

（3）使用除草剂应在无风晴天露水干后施用（喷粉法除外），且至少半天无雨。在规定面积上将药液施完，喷洒要均匀，速度适当，避免重喷和漏喷。

（4）除利用生理和形态解剖上的差异除草外，不能将除草剂施在苗上。

（5）操作人员必须戴手套、口罩，防止药剂接触皮肤、口腔，喷完后要洗手洗澡。

（6）使用除草剂，特别是除草剂混用时一定要谨慎，要经过试验，取得经验后方可推广。

（7）树盘覆盖物不宜过厚。

【知识链接】

（一）苗圃地的中耕除草

中耕是指对土壤进行浅层翻倒、疏松表层土壤。中耕的目的主要是松动表层土壤，一般结合除草，在降雨、灌溉后以及土壤板结时进行。在北美，苗圃业田间栽培大苗多采用中耕锄草，既起到松土结合除草的作用，又避免使用除草剂对环境的污染。中耕松土的深度，以不伤苗木根系为度，针叶树苗木、小苗宜浅，阔叶树苗、大苗宜深；株间宜浅，行间宜深。中耕除草作业一般在杂草生长期（长江中下游地区为3～11月）进行，在苗圃管理中是一项重点作业。为了提高中耕除草的作业效率，应坚持"除早、除小、除了"。除早是指除草工作要早安排、提前安排，只有安排并解决了杂草问题之后，其他作业才有条件进行。除小是指除草从杂草幼苗时就开始，减少对苗木生长的影响，又减少了作业工作量。除了是指除草要除彻底、干净。中耕除草的作业安排、作业方式、时间及次数是根据不同条件和目的决定的。

1. 人工中耕除草

这是目前我国苗圃采用最多的、也是主要的中耕除草方式。工具大都是使用不同规格的锄头，小苗区以小锄使用最多。南方撒播苗床传统方法是人工拔草。总体都是劳动强度大，工作效率低。

2. 机械中耕除草

机械除草是发达国家田间栽培苗木除草的主要措施之一。在育苗面积大、地势平坦的地区，可用机械中耕除草。可用不同型号的大、中型轮式拖拉机牵引多行中耕器在较矮的小苗（行距0.6m）区进行多行作业；或在行距1m以上的中、大苗养护区，用小型拖拉机、手扶拖拉机配带小型犁、靶、旋耕机等农机具穿行行间进行翻土、松土作业。另外，也要设置与株行距配套的适合农机作业的移植、养护苗木的机械作业道。

3. 畜力中耕

畜力中耕即是利用畜力牵引农机具，如三齿耘锄、中耕器等进行中耕、培土、除草等工作。目前对一些中、小型苗圃是很适用的，虽不及机械作业，但比人力中耕省力，功效可提高3～5倍。

（二）化学除草在园林中的应用

化学除草剂是控制恶性杂草最有效的武器，它具有显著的经济效益、社会效益和环境生态效益。然而乱用或滥用除草剂不仅会造成药害、带来环境污染，而且还会致使杂草产生抗药性。因此科学使用除草剂极为重要。

1. 除草的必要性

杂草生长迅速，不但与花卉苗木争夺养分和水分，而且还是多种病虫害的中间寄主，如果防治不及时就会蔓延，影响花木生长。杂草防除的物理方法主要是人工拔除、耕作和使用覆盖物，生物控制法很少在园林苗圃中使用，而最简单有效的方法则是使用化学除草剂。

2. 杂草种类

（1）一年生杂草，分夏季一年生杂草和冬季一年生杂草。此类杂草以种子繁殖，繁殖量大，对除草剂的耐药性差，易于防除。

（2）两年生杂草，两年生杂草生长期为两年，如毛蕊花属、牛蒡属等是常见的两年生杂草。

（3）多年生杂草，包括普通多年生杂草、球根多年生杂草和匍匐多年生杂草，它们的生长期为两年以上。在苗圃生产中很少涉及球根杂草，防除方法主要是人工拔除。

有效的杂草防治不仅要了解杂草的生命周期，还需要早防早治。大多数除草剂在杂草较小时使用效果最好，因此，杂草幼苗的鉴定是防治成功的关键。杂草防治工作要特别注意遗漏的杂草和新出现的杂草。

3. 除草剂类型

（1）根据使用时间分类可以分为土壤处理剂、茎叶处理除草剂和土壤兼茎叶处理除草剂。

1）土壤处理剂。土壤处理剂一般用在土壤或生长介质表面，通过杂草根系吸收或在杂草萌芽时穿过土壤表面到达发芽处而起作用。它必须在土壤或介质中溶解以提高药效，这种除草剂会在土壤中保持相当长一段残效期，因此必须慎重选择，以免对花卉苗木造成药害。常见的药剂有氟乐灵、都尔、莠去津、西马津、绿麦隆等。该类药剂多用于空地以及栽植苗后或苗木间，对于未出土的杂草有效。

2）茎叶处理除草剂。茎叶处理除草剂是指除草剂通过植物茎叶进入植物体内而起作用的药剂。该类除草剂入土后往往失效或者药效大大降低，常采用喷洒方式施药，最常用的药剂有盖草能、禾草克、稳杀得、拿扑净等。使用茎叶处理除草剂时首先要对这类药剂的杀草谱、杂草敏感期以及选择性能有所了解，其次要了解施药时所要求的气候条件，特别是与降雨要有一定间隔时间。该类药剂多用于防除已出苗的杂草。

3）土壤兼茎叶处理除草剂。土壤兼茎叶处理除草剂可通过土壤作为媒介进入植物，也可以通过茎叶进入植物起作用。这类药剂按用药时间可分别按土壤处理阶段与茎叶处理阶段使用。常用药剂有森草净、果尔、林草净等。

（2）根据传导方式分类可以分为内吸型除草剂和触杀型除草剂。

1）内吸型除草剂。内吸型除草剂喷在杂草上，被杂草的根、茎、叶或芽鞘等部位吸收，并在植株体内输导运送到全株，破坏杂草的内部结构和生理平衡，使之枯死。内吸型除草剂可防治一年生杂草和多年生杂草。

2）触杀型除草剂。触杀型除草剂喷到土壤表面或杂草叶片上，既不会传导到其他叶片也不会传导到根部等其他部位，是通过削弱和扰乱杂草细胞膜，导致渗漏和局部死亡。这类除草剂只能杀死杂草的地上部分，对杂草地下部分或有地下繁殖器官的多年生杂草效果差或无效，因而主要用于防除一年生较小的杂草。施药时要求喷洒均匀，使所有杂草个体都能接触到药剂，以达到好的防治效果。

内吸型除草剂的代表药剂有草甘膦，使用后 2 ~ 3d 之内无变化，先烂根后地上部位枯萎；触杀型药剂的代表药剂有百草枯，使用后第二天叶子黄化逐渐枯萎，小草易死亡，大草根未死，易萌发新枝叶。

（3）根据选择性进行分类可以分为选择性除草剂和灭生性除草剂。

1）选择性除草剂。选择性除草剂对杂草具有一定的选择能力，只能杀死某种或者几种杂草，对其他杂草无作用。

2）灭生性除草剂。灭生性除草剂对一切杂草均有杀伤作用。

4. 影响除草剂效果的因素

（1）环境条件（主要针对茎叶处理除草剂）。

1）温度。一般情况下，除草剂的效果随着温度的升高而加快。一般在 10 ~ 15℃才有一定的作用效果，并且随着温度的升高作用越明显。气温若低于 10℃时，作用效果缓慢。

2）光照。对于需光的除草剂来说，需要在有光的情况下才能发挥除草效果，例如敌草隆、西玛津、扑草净等。一般来说，茎叶处理剂在有光照的条件下易吸收，见效快。例如百草枯在晴天用药，第二天便可见效，若是在阴天使用，要等 3 ~ 4d 才可见效。值得注意的是对于易光解的除草剂，光照会加速降解，降低其活性，应用时要注意其使用方法。

3）天气情况。一般应在晴天无风的天气进行，上午 9 时到下午 4 时为理想的使用时间。大风、有雾以及叶面上有露珠时不易喷药。

（2）土壤状况（主要针对土壤处理剂）。

1）土壤的性质。主要是由土壤的吸附作用影响药剂作用量。一般来讲土质越黏、有机质含量越多的土壤其吸附量就越大，除草剂的活性就越低，药效就越低。

2）土壤的 pH 值。pH 值影响一些除草剂的离子化作用和土壤胶粒表面的极性，进而影响到除草剂在土壤中的吸附力。例如，磺酰脲类除草剂在酸性土壤中降解快，在碱性土壤中降解慢。莠去津在碱性土壤中活性高，在酸性土壤中活性低。

3）土壤湿度。土壤湿度小不利于除草剂药效的发挥，所以为了保证药效，经常会加大用药量或者施药后及时浇水。

【学习评价】

学习评价采用多元化的评价体系，将学生专业知识、技能操作、技能成果和个人的职业素养有效地结合在一起（表 4-1-3）。

表 4-1-3　学生考核评价表

考核项目	权重	项目指标	考核等级				考核结果			总评
			A（优）	B（良）	C（及格）	D（不及格）	学生	教师	专家	
专业知识	25%	松土除草的作用	熟知	基本掌握	部分掌握	基本不能掌握				
		除草方式	熟知	基本掌握	部分掌握	基本不能掌握				
		除草剂类型	熟知	基本掌握	部分掌握	基本不能掌握				
技能操作	60%	松土范围及松土除草的深度	松土范围和松土除草的深度合理	松土除草的范围和深度操作基本正确	只进行了除草，但松土范围及深度不合格	只进行了除草，但松土范围及深度不合格				
		除草剂使用	除草剂用量、施药方法、对水量指标操作到位	1~2个指标掌握不好	2~3个指标操作不当	三个以上指标操作不当				
		树盘覆盖厚度	覆盖厚度合理	覆盖厚度基本合适	覆盖过厚或过薄	操作错误				
职业素养	15%	态度	认真，能吃苦耐劳；不旷课，不迟到早退	较认真，能吃苦耐劳；不旷课	旷课次数≤1/3或迟到早退次数≤1/2	旷课次数>1/3或迟到早退次数>1/2				
		合作	服从管理，能与同学很好配合	能与班级、小组同学配合	只与小组同学很好配合	不能与同学很好配合				
		学习与创新	能提前预习和总结，能解决实际问题	能提前预习和总结，敢于动手	没有提前预习或总结，敢于动手	没有提前预习和总结，不能处理实际问题				

【练习设计】

一、填空

1. 中耕是指对土壤进行_____。中耕的目的主要是_____，中耕一般结合除草，在降雨、灌溉后以及土壤板结时进行。

2. 除草剂依据使用时间分类，可分为_____、_____和_____。

二、选择

1. 封闭类除草剂，务必在杂草（　　　）使用，一旦杂草长出，抗药性增加，除草效果差。

A. 萌芽前　　　　　B. 萌芽后　　　　　C. 杂草旺盛生长期　　D. 杂草缓慢生长期

2. 化学除草要根据除草剂的性质确定正确的使用方法。施用草甘膦，务必做好（　　　）。

A. 定向喷雾　　　B. 需要混土　　　C. 无须定向　　　　D. 不用考虑是否有风

三、判断

1. 苗圃地中耕松土的深度，以不伤苗木根系为度，针叶树苗木、小苗宜深，阔叶树苗、大苗宜浅；株间宜深，行间宜浅。　　　　　　　　　　　　　　　　（　　　）

2. 使用化学除草剂，每种除草剂都有最佳药效浓度。喷施除草剂时一定要严格按照说明书进行兑水。　　　　　　　　　　　　　　　　　　　　　　　　（　　　）

3. 对于园林树木，松土除草深度应掌握靠近基干深、远离基干浅的原则。（　　　）

四、实训

调查本地园林绿地杂草种类，制定除草方案。

任务一总结

本任务主要介绍了园林植物土壤管理工作，主要内容有：园林植物栽植前整地、土壤改良以及中耕除草等技术；补充了有关园林树木栽植前整地的内容；介绍了园林绿地的土壤特点以及相应的土壤改良措施；针对苗圃地的特殊性，介绍了苗圃地的除草措施，并系统地补充了化学除草的内容。通过任务一的学习，学生可以全面系统地掌握园林植物土壤管理的知识与技能。

任务二　灌溉技术

【任务分析】

能根据园林植物需水特性、土壤类型以及当地的气候条件进行合理的水分管理工作，主要包括园林植物的灌排水工作。

【任务目标】

（1）了解园林植物对水分的需求规律。

（2）能根据各种园林植物的需水规律与实际土壤状况进行合理灌溉。

（3）能根据当地气候、实际园林植物的种类以及土壤的实际情况设计合理的排水方案。

技能　灌溉

【技能描述】

（1）能合理地进行木本园林植物的灌溉。

（2）能合理地进行草本园林植物的灌溉。

（3）能合理地进行草坪草的灌溉。

（4）能做好园林植物的排水工作。

【技能情境】

（1）场地：公园绿地、公路绿化带、苗圃、行道树、绿篱等。

（2）工具：浇水软管、喷灌或滴管等设备。

【技能实施】

1. 木本园林植物的灌溉

（1）灌溉时间。生产上通常在初春芽萌动前、春夏生长旺盛时期、秋冬土壤冻结前进行灌溉。原则上只要土壤水分不足应立即灌溉。土壤水分可根据土壤墒情进行判断，一般需调整墒情在黑墒与黄墒之间（表4-2-1）。采用小水灌透的方法，使水分慢慢渗入土中。春、夏季灌溉最好在清晨进行，也可在傍晚进行；冬季灌溉应在中午前后进行。

表4-2-1　土壤墒情检验表

类别	土色	潮湿程度（%）	土壤状态	作业措施
黑墒 （饱墒）	深暗	湿，含水量大于20%	手攥成团，揉搓不散，手上有明显水迹；水稍多而空气相对不足，为适度上限，持续时间不宜过长	松土散墒，适于栽植和繁殖
褐墒 （合墒）	黑黄偏黑	潮湿，含水量15%～20%	手攥成团，一搓即散，手有湿印；水气适度	松土保墒，适于生长发育
黄墒	潮黄	潮，含水量12%～15%	手攥成团，微有潮印，有凉感；适度下限	保墒、给水，适于蹲苗，花芽分化
灰（墒）	浅灰	半干燥，含水量5%～12%	攥不成团，手指下才有潮迹，幼嫩植株出现萎蔫	及时灌水
旱（墒）	灰白	干燥，含水量小于5%	无潮湿，土壤含水量过低，草本植物脱水枯萎，木本植物干黄，仙人掌类停止生长	需灌透水
假（墒）	表面看似合墒色灰黄	表潮里干	高温期，或灌水不彻底，或土壤表面因苔藓、杂物遮阴粗看潮润，实际内部干燥	仔细检查墒情，尤其是盆花；正常灌水

（2）灌溉量。每次灌水深入土层的深度，一般花灌木应达45cm，生理成熟的乔木应达80～100cm。

掌握灌溉量及灌溉次数的一个基本原则是保证植物根系集中分布层处于湿润状态，即根系分布范围内的土壤湿度达到田间最大持水量70%左右。

（3）灌溉方法。一般采用单株灌溉，先在树冠的垂直投影外开堰，利用橡胶管、水车或其他工具，对每株树进行灌溉。

2. 草本花卉灌溉

（1）灌溉的次数及时间。北京的花农常在移植后连续灌水3次，称为"灌三水"。即在移植后随即灌水一次；过3d后第二次灌水；再过5～6d第三次灌水，每次要把畦水放满。"灌三水"后进行松土。一般的幼苗在移植后均需连续灌水3次，有些花苗移植后易恢复生长，灌水2次就可松土，不必灌第三次水。生长较弱的花苗移植后不易恢复，可在第三次灌水10d后，灌第四次水。灌水后松土，以后正常灌水。灌水量和灌水次数根据季节、土质和花卉种类而定，夏季和春季干旱时期应多灌水。灌水时间因季节而定，夏季灌溉应在清晨和傍晚进行；冬季灌溉应在中午前后进行。

（2）灌溉的方法。灌溉可分为地面灌溉、地下灌溉、喷灌和滴灌等。草本花卉露地栽培主要采用地面灌溉。地面灌溉的方法主要是畦灌和浇灌。

畦灌，我国北方气候干燥、地势平坦的地区一般采用此法。用电力吸取井水，经水沟引入畦面。

浇灌，面积较小或土壤不太干燥的情况下常采用此法。用喷壶喷洒，或担水泼浇，或用橡胶管引自来水进行浇灌。

灌溉用水最好用河水，其次是池塘水和湖水。工业废水未经处理不可使用。井水温度较低，应先将井水抽出储于水池内，等水温升高后使用。有泉水的地方可用泉水灌溉。

3. 草坪灌水

（1）浇水时期。主要时期为出苗前后、苗期、干旱期。一般情况下，每周浇水2～3次。

（2）浇水量。以使20cm以上土层水分饱和为原则。浇水的同时要配合施肥、打药、修剪等养护措施。入冬前和初春两季浇水量相对较大；秋季封冻水一定要浇足；在冬季较温暖的中午也可以浇水，以保持草坪颜色和土壤含水量；春季的开冻水应浇早浇足，以利于草坪春季返青，提高与杂草的竞争力；夏季浇水是降温的手段之一，是保证夏季休眠的冷季型草安全越夏的一种措施。

（3）浇水方法。如有条件尽量使用喷灌设备，特别是在施工时喷灌可以保证草种不被水流冲跑。也可使用水车或水管浇水。

【技术提示】

（1）多年生园林植物若土壤含水量不足要浇足次水，尤其在入冬前和初春。

（2）浇水的时间依据季节而定，尽量缩小水温与土温的差距。夏季中午及气温较高时不宜浇水；冬季早晚气温较低不宜浇水。

（3）浇水前应做到疏松土壤，浇水后干土覆盖之后再进行中耕，切断土壤毛细管减少水分蒸发。

（4）不能浇未处理的工业废水。

（5）浇水量应根据植物种类有所不同。使园林植物根系集中分布区的土壤水分达到田间最大持水量的70%。

【知识链接】

（一）水分对植物的重要性

水分主要是指土壤中含水量和空气湿度。水分对园林植物的生长发育起着极其重要的作用，因为植物体内的含水量占总质量的80%以上。水分不仅是植物体内的重要组成部分，还是植物进行光合作用的原料，植物吸收土壤中的各种养分，必须在水溶条件下才能进行。植物依靠叶面的蒸腾作用来调节自身的温度，主要也是水的作用。总之，水分是植物体细胞进行正常代谢的保证，因此，没有水植物就根本不能生存。根据对水分不同的需要，一般将植物分为旱生植物、湿生植物和中生植物。

（二）如何进行合理灌溉

保持植物体内的水分平衡是植物正常生长的基础。如果植物体内水分过多，会造成植物徒长，降低植物的抗逆性；反之，如果植物体缺水，则会造成植物萎蔫，严重者还能够对植物体造成伤害。因此，进行合理灌溉在生产上有重要意义。

1. 要掌握植物的需水规律

（1）不同植物对水分的需要量不同。要根据个体的实际情况和生理情况来判定需水状况，不能简单地把各种植物的需水量认为是相同的。

（2）同一植物不同生育期对水分的需求量不同。因为在植物不断长大的过程中，蒸腾作用不断加强，需要的水分相对较多。例如紫茉莉在苗期，由于蒸腾面积较小，水分消耗量不大；进入分蘖期后，蒸腾面积扩大，气温也逐渐转高，水分消耗量也明显加大；到孕穗开花期，耗水量达到最大值；进入成熟期后，叶片逐渐衰老脱落，耗水量又逐渐减少。

（3）水分临界期。植物一生中对水分缺乏最敏感、最易受害的时期，称为水分临界期。例如，禾本科植物一生有两个临界期，一是在拔节到抽穗期，缺水能使一些器官的形成受到阻碍，产量降低；二是在灌浆到乳熟末期，这时缺水就会使籽粒瘦小。其他的植物也有各自的水分临界期。

2. 生产应用中，植物是否需要灌溉

灌溉量的多少可以依据气候特点、土壤墒情、植物形态及生理状况等指标加以判断。

（1）形态指标。在长期的园林生产中，经常应用到的就是看苗灌水，即根据植物体外部形态变化来确定是否灌溉。例如，幼嫩的茎、叶在中午前后会发生萎蔫，生长速度变慢，茎叶呈暗绿色或变红，这时就应当及时灌水。由于从缺水到引起作物形态变化有一个过程，当形态上出现缺水症状时，生理上已经受到一定程度的伤害了。

（2）生理指标。生理指标可以比形态指标更加及时，更准确地反映植物体的水分状况。植物叶片的细胞汁液浓度、渗透势、水势和气孔开度等均可作为灌溉的生理指标。叶片是反映植物体内生理变化最敏感的部位，当有关生理指标达到极限之前，就应及时进行灌溉。

（3）土壤指标。土壤含水量对灌溉有一定的参考价值，但土壤含水量不一定能准确地反映出植物的水分状况，所以最好以植物本身的形态特征、生理指标和土壤含水量综合考虑来进行合理灌溉。

（三）灌溉各要素的具体内容

1. 灌溉时期

（1）一天中的灌溉。一天内灌溉最好在清晨进行。早晨风小、光弱，植物蒸腾作用较低，且水温与地温相近，灌溉对根系生长活动影响小。夏季高温酷暑天气，切忌正午灌溉，因为正午气温高，灌入冷水后根系因不能适应骤凉而吸水困难，易造成暂时生理干旱，树叶萎蔫。冬季则因早晚气温较低，灌溉应在中午前后进行，一般不要在傍晚灌溉，湿叶过夜易引起病害。

（2）一年中的灌溉。

1）春季灌溉。春季气温逐渐回升，植物随之进入萌芽、展叶、抽枝等一系列过程，即新梢迅速生长期，此时水分是否充足直接影响植物的生长。北方一些地区干旱少雨多风，及时灌溉显得尤其重要，不但能补充土壤中的水分，供给植物地上部分生长发育，也能防止春寒及晚霜对树木造成的危害。

2）夏季灌溉。此时植物正处于生长旺盛时期，花芽分化、开花、结果需消耗大量的水分和养分，应结合植物生长阶段的特点及本地同期的降水状况，决定灌溉次数与量。夏季气温高、久旱无雨时，易引起树叶发黄或早落，应注意及时灌溉。对于一些进行花芽分化的花灌木要适当控水，以抑制枝叶生长，从而保证花芽的质量。

3）秋季灌溉。随气温的下降，植物生长减慢，应控制灌溉以促进植物组织生长充实和枝梢充分木质化，防止秋后徒长和花期延长，便于植物顺利越冬；但对于结果植物，在果实膨大期，要加强灌溉，以提高果实质量。

4）冬季灌溉。我国北方地区冬季严寒多风，为了防止植物受冻害或因植物过度失水而枯梢，在入冬前，即土壤冻结前进行适当灌溉，俗称"灌冻水"，由此提高植物的越冬能力，保护树木免受冻害和枯梢，达到防寒的目的。

总之，一年之中的重要灌溉有两次，一次是植物萌芽时，即春季第一次灌溉非常重要，如遇雨雪，可减少灌溉或不灌；另一次是灌溉冬水，确保根系与土壤密切结合，使植物安全越冬。

（3）移植、定植后灌溉。移植、定植后的灌溉也很重要。苗木移植使一部分根系受损，吸水力减弱，定植后植物根系尚未与土壤充分接触，尤其是大苗或大树带有较多的地上部分，蒸发量大，根系受损尚未恢复，抗旱能力较差。因此，植株移植、定植后的灌溉与成活关系甚大，若不及时灌水，植株会因干旱导致生长受阻，甚至死亡。

2. 灌溉量及灌溉次数

一般树木根系分布范围内的土壤含水量，以达到田间持水量的60% ~ 80%为宜。据此，灌溉量的计算公式为：

灌溉量＝灌溉面积×土壤浸湿深度×土壤容重×（田间持水量－灌溉前土壤含水量）

（1）不同植物种类的灌溉量及灌溉次数。木本植物根系比较发达，吸收土壤中水分的能力较强，灌溉的次数可少些；观花树种，特别是花灌木，灌水量和灌水次数要比一般树种多；较大乔木、灌木需水量大，要求一次灌溉量要大；一、二年生草本花卉及一些球根花卉由于根系较浅，容易干旱，灌溉次数应较宿根花卉多。耐旱的植物如松树、虎刺梅、多浆肉质类、蜡梅等，灌溉量及灌溉次数可少些；不耐旱的如垂柳、枫杨、蕨类、凤梨科等阴生湿生植物，灌溉量及灌溉次数要适当增多。从每次灌水渗入土层的深度看，生理成熟的乔木应达80 ~ 100cm，一般花灌木应达45cm，一、二年生草本花卉应达30 ~ 35cm。

（2）植物不同生长发育时期的灌溉量及灌溉次数。一般刚栽种的植物第一次灌溉应灌透，才能确保成活，3d 后灌第二次水，5~6d 后灌第三次水，然后松土。若根系比较强大，土壤墒情较好，也可灌两次水，然后松土保墒。若苗木较弱，移植后恢复正常需 4 次水，然后松土保墒，以后进行正常的灌水。园林树木栽植后也要间隔 5~6d 连灌 3 次水，且需要连续灌水 3~5 年，特别是花灌木应达 5 年。植物生长旺盛期、夏季开花期和秋季果实膨大期，灌水量应大些，每月可浇水 2~3 次，阴雨或雨量充沛的天气要少浇或不浇。秋季应减少浇水量，如遇天气干燥时，每月浇水 1~2 次。北方地区露地栽培的苗木，一年中分别在初春根系旺盛生长时、萌芽后开花前、开花后、花芽分化期、秋季根系再次旺盛生长时、入冬土壤封冻前的 6 个时期，各浇 1 次透水。

（3）不同质地、性质土壤的灌溉量及灌溉次数。黏重的土壤，其通气性和排水性较差，灌水次数要适当减少，但灌溉的时间应适当延长，最好采用间歇方式，给土壤留有足够的渗水时间；质地轻的土壤如沙地，或表土浅薄、下有黏土盘的土壤，其保水保肥性差，宜少量多次灌溉，以防土壤中的营养物质随水重力淋失而使土壤更加贫瘠；盐碱地的灌溉量每次不宜过多，以防返碱或返盐；土层深厚的沙壤土，一次灌水应灌透，待见干后再灌。

（4）不同天气状况的灌溉量及灌溉次数。春季干旱少雨天气，应加大灌溉量；夏季降雨集中期，应少浇或不浇；秋季干燥天气、晴天风大时应比阴天无风时多浇几次。

（5）注意事项。每次灌溉要灌透，水分要深入到整个栽植层，切忌仅灌湿表层。两次灌溉间隔时间不要过短，以免频繁灌溉致使植物根系长期浸泡在水中因缺氧而死亡。

3. 灌溉用水质量

园林植物的生长发育受灌溉用水质量的直接影响。水体要清洁，切忌使用工厂排出的废水、污水，且以软水为宜，例如，自来水、雨水、井水、河水、湖水、池塘水等，都可用来浇灌植物。灌溉时还要注意，所用水的酸碱度是否适宜植物的生长。北方地区的水质一般都偏碱性，对于一些要求土壤中性偏酸或酸性的植物种类来说，容易出现缺铁现象。

4. 灌溉方法

在园林绿地中灌溉的方法多种多样，应根据植物的栽植方式来选择。

（1）单株围堰灌溉（图 4-2-1）。对于露地栽植的单株乔灌木如行道树、庭荫树等，先在树冠的最大垂直投影范围处围堰（但由于地面条件限制很多，高大乔灌木难以达到标

图 4-2-1　单株围堰灌溉实例

准），高约 15～20cm。灌溉前先疏松盘内土壤，再利用橡胶管、水车或其他灌溉工具，对每株树木进行灌溉。灌水应使水面与堰埂相齐，待水慢慢渗下后，将围堰铲除覆盖在树盘内，以保持土壤水分。此法省水，成本较低。

（2）漫灌（图4-2-2）。这是传统灌溉方法，适用于地势较平坦的群植和林植的植物。这种灌溉方法最大缺点是耗水较多，且容易造成土壤板结，注意灌水后及时松土保墒，但在盐碱地使用此法有洗盐的作用。

图 4-2-2　漫灌实例

（3）沟灌（图4-2-3）。沟灌适合于列植的植物，如绿篱、规则式片林或行列栽植的花卉的种植形式。行间每隔一定距离挖一条沟，沟深 20～25cm，使水沿沟底流动浸润土壤，直至水分充分渗入周围土壤为止。注意灌溉后将沟整平保持水分。

图 4-2-3　沟灌实例

（4）喷灌（图4-2-4）。喷灌即用移动喷灌装置或安装好的固定喷头，对园林植物以人工或自动控制的方式进行灌溉。现在大多数城市都使用喷灌进行园林灌溉。这种灌溉方法基本上不产生深层渗漏和地表径流，省水、省工，效率高，能减轻或避免低温、高温、干热风对植物的危害，既可达到生理灌水的目的，又具有生态灌水的效果，与此同时也提高了植物的绿化效果。缺点是必须使用机械设备和"清洁"水源，投资较大。

图 4-2-4　喷灌实例

（5）滴灌（图 4-2-5）。滴灌是集机械化、自动化等多种先进技术于一体的灌溉方式。将一定粗度的橡胶水管埋在土壤中或树木根部，用自动定时装置控制水量和时间，将水一滴一滴地注入根系分布范围内。此法最大优点是可节约用水，在水资源短缺的地区应大力提倡，但一次性投资太大。

图 4-2-5　滴灌实例

（四）排水

在地势低洼或排水沟渠易堵塞处，雨季期间易出现积水现象，应做好排水工作，如果不及时排出积水，会影响植物生长。当土壤中水分过多时会致使土壤中缺氧，由此根系的呼吸、土壤中微生物的活动、有机物的分解等都会受到影响，严重时导致根系腐烂。灌溉中形成的不流动的浅水，加上日晒增温，对植株危害也很大，有时会导致植株死亡。不同种类的植物，其耐水力不同，一般不耐涝的乔、灌木，在积水中浸泡 3 ~ 5d，就会发生树叶变黄脱落的现象，幼龄苗和老年树本身生命力弱，更不抗涝，要特别注意防范。因此，要依据情况及时排水。绿化中常用排水方法有以下几种：

1. 地表排水法

这是最常用、最经济的排水方法。利用自然坡度排水，或将地面改造成一定坡度，保证雨水顺畅流走。坡度设置应合适，地面坡度以 0.1% ~ 0.3% 为宜。坡度过小易排水不畅，坡度过大则易造成水土流失，且地面要平坦，不要有坑洼处，以免造成积水。

2. 明沟排水法

在不易实现地表径流的绿化地段，挖一定坡度的明沟排水的方法，称为明沟排水，尤其适用于发生暴雨或阴雨连绵造成积水很深的地方。明沟沟底坡度以 0.1% ~ 0.5% 为宜，宽度视水情而定。

3. 暗沟排水法

在绿地下挖暗沟或铺设管道，借以排出积水。这种方法节约用地，既可保持地面原貌，又不影响交通。

4. 机械排水法

在地势低，采用沟排水有困难时，可采用抽水泵进行排水。此法适用于绿地面积不大、积水量不多或大雨后抢救性的排除积水。

【学习评价】

学习评价采用多元化的评价体系，将学生专业知识、技能操作、技能成果和个人的职业素养有效地结合在一起（表4-2-2）。

表4-2-2　学生考核评价表

考核项目	权重	项目指标	考核等级				考核结果			总评
			A（优）	B（良）	C（及格）	D（不及格）	学生	教师	专家	
专业知识	30%	需水规律	熟知	基本掌握	部分掌握	基本不能掌握				
		灌溉依据	熟知	基本掌握	部分掌握	基本不能掌握				
		排水方法	熟知	基本掌握	部分掌握	基本不能掌握				
技能操作	55%	灌溉时机的把握	能根据天气，土壤墒情、植物需水规律和植物种类四方面进行适时灌溉	灌溉时期选择依据的四个因素中有一个因素掌握不好	灌溉时期选择依据的四个因素中有两个因素掌握不好	灌溉时期选择依据的四个因素中两个以上因素掌握不好				
		灌溉量的掌握	根据天气、土壤和植物种类三方面因素准确掌握灌溉量	灌溉时期选择依据的三个因素中有一个因素掌握不好	灌溉时期选择依据的三个因素中有两个因素掌握不好	灌溉时期选择依据的三个因素都掌握不好				
		灌溉方法	灌溉方法合理	灌溉方法基本合理	灌溉方法能满足灌溉需要，但不是很适合	所应用的灌溉方法不能满足灌溉的需要				

（续）

考核项目	权重	项目指标	考核等级				考核结果			总评
			A（优）	B（良）	C（及格）	D（不及格）	学生	教师	专家	
职业素养	15%	态度	认真，能吃苦耐劳；不旷课，不迟到早退	较认真，能吃苦耐劳；不旷课	旷课次数≤1/3或迟到早退次数≤1/2	旷课次数>1/3或迟到早退次数>1/2				
		合作	服从管理，能与同学很好配合	能与班级、小组同学配合	只与小组同学很好配合	不能与同学很好配合				
		学习与创新	能提前预习和总结，能解决实际问题	能提前预习和总结，敢于动手	没有提前预习或总结，敢于动手	没有提前预习和总结，不能处理实际问题				

【练习设计】

一、填空

1. 植物一生中对水分缺乏最敏感、最易受害的时期，称为_____。

2. 灌水的方法有_____、_____、_____、_____、_____。

3. 园林植物一年中的灌溉重要的有两次，一次是_____，即春季的_____次灌溉非常重要；另外一次是灌溉_____，确保根系与土壤的密切结合，使植物安全越冬。

4. 排水的方法有_____、_____、_____、_____。

二、选择

1. 关于植物灌水错误的叙述是（　　）。

A. 北方地区一般在 11～12 月份灌封冻水

B. 因沙土容易漏水，保水力差，故应加大每次灌水量

C. 盐碱地要"明水大浇""灌榜结合"

D. 灌水应与中耕除草等土壤管理措施相结合

2. 草坪草灌溉在有条件的情况下，最好尽量采用（　　）方法。

A. 漫灌　　　　　B. 畦灌　　　　　C. 滴灌　　　　　D. 喷灌

3. 地表径流排水的地面坡度一般为（　　）。

A. 0.1%～0.3%　　　　　　　　B. 0.1%～0.2%

C. 0.2%～0.5%　　　　　　　　D. 0.3%～0.5%

三、简答

试述灌水的方法及特点。

四、实训

手测土壤墒情。

任务二总结

本任务主要介绍了园林植物灌溉内容，分别针对园林草本和木本植物、园林草坪草进行

了灌溉技能的介绍。了解植物的需水特性，是灌溉的依据。知识链接环节介绍了植物的需水规律，并系统全面地讲述了有关灌溉的各个相关技术环节，包括浇水时期、灌溉量和次数、灌溉水的质量以及灌溉方法，并简单地介绍了排水技术。通过任务二的学习，学生可以全面地掌握园林植物水分管理的知识与技能。

任务三　施肥技术

【任务分析】

能根据园林植物的需肥规律，进行合理的养分管理，具体包括：
（1）认识各种肥料的性状。
（2）合理施肥。

【任务目标】

（1）熟知有机肥与无机肥的性质与肥效。
（2）能准确地辨别各种常用化学肥料。
（3）能根据具体园林植物的需肥规律，制定合理的施肥方案。
（4）能采取适宜的施肥方式实施施肥。

技能一　识别化学肥料

【技能描述】

认识并能熟练识别当地常用品种的化学肥料。

【技能情境】

（1）场地：肥料仓库、肥料市场。
（2）材料与用具：木炭、铁片、火炉、纸条、试管、石蕊试纸、蒸馏水、酒精灯、烧杯、单质化肥与复合肥等。

【技能实施】

1. 准备常见的化学肥料
2. 对已知化肥进行外形观察
（1）结晶与否。结晶类的常用化肥有碳酸氢铵、尿素、硝酸铵、硫酸铵、硝酸钠、硝酸钾、硫酸钙、氯化钾、硫酸钾、钾镁肥、磷酸铵类肥料等；有色粉末类的常用化肥有石灰氮、过磷酸钙、沉淀过磷酸钙、钙镁磷肥、骨粉、钢渣磷肥、窑灰钾肥等。
（2）溶解程度。结晶类化肥均能溶解于水，有色粉末类化肥大多不溶解或少量溶解。
（3）气味。某些化肥有特殊的气味。如石灰氮有电石气味，过磷酸钙有酸味，碳酸氢铵和磷酸氢二铵有强烈的氨臭。打开标本瓶，用手挥之闻其气味。

3. 对已知化肥进行定性测定

（1）酸碱性测定。取各种化肥 1~2g 分别置于试管中，加水 10mL 左右，边振荡边观察其溶解与否、溶解快慢，再用广泛 pH 试纸测试溶液的 pH 值，了解各种化肥的化学酸碱性，并确定其所属：酸、微酸、中性、微碱、强碱性。某些化肥有明显的酸碱性，如碳酸氢铵、石灰氮、窑灰钾肥、磷酸氢二铵、钢渣磷肥、钙镁磷肥等呈碱性，而过磷酸钙呈酸性，磷矿粉呈中性。

（2）灼烧试验。取各种化肥 1g 左右进行灼烧试验。先观察化肥灼烧后是否分解、有无响声、分解快慢、爆炸发火与否及残留物颜色等特有性状。同时，观察烟雾颜色，并用手挥烟雾，闻其烟气，有否氨臭、硝烟味（氧化氮类）。因分解或升华往往在一瞬间完成，不易立即判别，故宜反复试之。

灼烧反应是在暗红的钢板上进行的，钢板温度宜控制在 550~600℃。温度太低，反应不明显；温度太高，反应瞬间即逝，不容易判别。应特别注意的是，为防止硝态氮肥爆炸伤人，供试化肥一次切勿超过 1g 左右。

如果有无色火焰喷灯，可进行化肥焰色反应，用白金丝（或镍丝）环挑取少许化肥，置于无色火焰中灼烧，观察其激发光色。凡亮黄者为钠盐，红色为钙盐，绿色为铜盐，紫色为钾盐（透过蓝色钴玻璃观察）。

根据各种肥料的助燃性、火焰颜色、熔融状况、烟味、残留物情况，可以区别以下几种肥料：

1）大量冒白烟、有氨臭味、无残渣的是碳酸氢铵。

2）大量冒白烟、有氨臭味、无残渣，但有酸味的是氯化铵。

3）大量冒白烟、有氨臭味和刺鼻二氧化硫味，残留物冒黄泡的是硫酸铵。

4）遇火迅速熔化、冒白烟，投入炭中能燃烧，玻璃片接触白烟时有白色结晶出现的是尿素。

5）遇火迅速熔化、冒泡、出现沸腾状、有氨味的是硝酸铵。

6）遇火熔化并燃烧、发出红色亮光、有白色残渣的是硝酸钙。

7）遇火熔化并发出哐哐声、火焰呈黄色、有灰色残余物是硝酸钠。燃烧出现紫色火焰的是硝酸钾。

8）在火上不燃烧、无变化的为过磷酸钙、钙镁磷肥、磷矿粉；变黑有焦味的为骨粉。

9）在火上可以燃烧、有氨味、有残渣的是磷酸铵类肥料。

10）在木炭上无变化、但是有爆炸声、无氨味的是硫酸钾或氯化钾。

（3）用化学试剂定性鉴定有关阴阳离子。在小试管中，各加入 5mL 待测肥料的水溶液，分别加数滴 3% 的氯化钡溶液和 1% 的硝酸银试剂，观察有无白色沉淀生成。如果有硫酸根离子存在，加氯化钡溶液后会产生白色沉淀，且该沉淀不溶于盐酸。如果有氯离子存在，加硝酸银溶液后，会产生白色絮状沉淀，该沉淀不溶于硝酸。

【技术提示】

（1）化肥辨别方法包括看、摸、烧、试、测，几种方法必要时需结合使用。

（2）在外形观察中，不能品尝。

（3）为防止硝态氮肥爆炸伤人的危险，供试化肥一次切勿超过 1g 左右。

【知识链接】

（一）常用肥料的分类

凡是施入土中或喷洒于植物地上部分（即根外追肥），能直接、间接供给植物养分，增加植物产量，改善产品品质或改良土壤性状，逐步提高土壤肥力的物质，都可称为肥料。

1. 根据肥料特点分类

（1）农家肥料，也称有机肥料。有机肥料是一种完全肥料，含有植物所需要的各种营养元素和丰富的有机质。常用的有人粪尿、厩肥、沤肥、堆肥、绿肥、土杂肥等。

虽然不同种类的有机肥料成分、性质及肥效各不相同，但有机肥料大多有机质含量高，有显著的改土作用，含有多种养分，有完全肥料之称，既能促进植物生长，又能保水保肥，且其养分大多呈有机态，供肥时间较长。不过，大多有机肥养分含量有限，尤其是氮含量低，肥效慢，施用量也相当大，因而需要较多的劳动力和运输力量，此外，有机肥施用时对环境卫生也有一定不利影响。

（2）化学肥料。化学肥料是指无机肥料或商品肥料，凡是用化学方法合成或者开采矿石经加工精制而成的肥料称为化学肥料，通常简称化肥。其养分形态为无机盐或化合物。某些有肥料价值的无机物质，如草木灰，虽然不属于商品性化肥，但习惯上也列为化学肥料，还有些有机化合物及其缔结产品，如硫氰酸化钙、尿素等，也常被称为化肥。化肥种类很多，按植物生长所需要的营养元素种类，可分为氮肥、磷肥、钾肥、钙肥、镁肥、硫肥、微量元素肥料、复合肥料、草木灰、农用盐等。

化学肥料大多属于速效性肥料，供肥快，能及时满足植物生长需要。化学肥料还有养分含量高施用量少的优点，但化学肥料能供给植物矿质养分，一般无改土作用，养分种类也比较单一，肥效不能持久，而且容易挥发、流失或发生强烈的固定，降低肥料的利用率，所以生产上一般以追肥形式使用，且不宜长期单一施用化肥，应该化学肥料与有机肥料配合使用，否则对植物、土壤都是不利的。

（3）微生物肥料，也称生物肥、菌肥、细菌肥及接种剂等，如根瘤菌肥、固氮菌肥、抗生菌肥。确切地说，微生物肥料是菌而不是肥，它本身并不含有植物需要的营养元素，而是通过含有的大量微生物的生命活动来改善植物的营养条件。依据生产菌株的种类和性能，微生物肥料大致有根瘤菌肥料、固氮菌肥料、磷细菌肥料及复合微生物肥料等几大类。微生物肥施用时需具备一定的条件来确保菌种的生命活力，一是要避开强光照射、高温、接触农药，主要依靠有益微生物的作用，提供或改善植物的生长和营养条件；二是固氮菌肥要在土壤通气条件好、水分充足、有机质含量稍高的条件下才能保证细菌的生长和繁殖；三是微生物肥料不宜单施，要与化学肥料、有机肥料配合施用，才能发挥肥效。

（4）间接肥料。主要用于改良土壤的物理性状和化学性状，并能直接供应植物钙、硫等养分，从而间接地改善植物营养条件，以保证植物的正常生长发育，如石灰、石膏等物质。

2. 根据化学成分分类

（1）单元素肥料，如氮、磷、钾肥。

（2）复合肥料，如磷酸钾、磷酸铵、硝酸钾等。

（3）微量元素肥料，如钼酸铵、硼砂、硫酸锰、硫酸锌等。

3. 根据肥效的快慢分类

（1）速效肥料，如硫酸铵、尿素等绝大多数化肥。

（2）缓效肥料，如饼肥、鱼肥、人粪尿、棒肥等。

（3）迟效肥料，如堆肥、磷矿粉等。

4. 根据状态分类

还可将肥料分为固体肥料、液体肥料和气体肥料。

（二）鉴别肥料的方法

肥料质量的鉴别方法可以概括为 5 个字，即看、摸、烧、试、测。这五个字的原理是根据各种化肥所特有的物理性状，如颜色、气味、结晶、溶解度、酸碱性等，来区别氮、磷、钾所属类别；再通过灼烧反应，即将化肥在红热的炭火或钢板上灼烧，视其分解与否、分解快慢、烟气颜色、烟气气味以及一些特有性状，进一步判定肥料种类。这种方法，设备到处可取。若要判定主成分离子，必须借助于化学试剂，以检出 SO_4^{2-}、Cl^-、NO_3^-、CO_2^{2-}、Ca^{2+}、K^+、NH^{4+} 等。

看：就是根据肥料的包装、结晶形状或颗粒成形、颜色、光泽等物理性状来比较判断；摸：就是凭手感，摸肥料的吸湿性、光滑感、流动性等；烧：就是看肥料的熔融性、燃烧性；试：就是测试肥料 pH 值、水中溶解度；测：就是根据国标测试肥料养分的准确含量。

这五个字就是根据肥料的物理、化学性质进行判断，一定能把肥料性质搞清楚。但是在购买化肥时，最直观的是看肥料的包装。肥料产品的包装应有标签或附具使用说明书，而且应阐明下列内容：

（1）肥料产品名称、通用名、生产厂名和厂址。

（2）产品规格、等级、主要成分名称及其含量、净重量（或容重）和剂型。

（3）肥料使用登记证号、生产许可证的标记、编号和批准日期。

（4）产品标准的代号、编号和名称。

（5）适用作物和区域，使用方法和注意事项。

（6）生产日期、产品批号和有效期。

（7）分装的肥料产品要注明分装单位的名称及其地址；包装袋内应有产品检验合格证明，该证明应该是有效的。

【学习评价】

学习评价采用多元化的评价体系，将学生专业知识、技能操作、技能成果和个人的职业素养有效地结合在一起（表 4-3-1）。

表 4-3-1　学生考核评价表

考核项目	权重	项目指标	考核等级				考核结果			总评
			A（优）	B（良）	C（及格）	D（不及格）	学生	教师	专家	
专业知识	25%	肥料类型	熟知	基本掌握	部分掌握	基本不能掌握				
		辨别化肥的方法	熟知	基本掌握	部分掌握	基本不能掌握				

（续）

考核项目	权重	项目指标	考核等级				考核结果			总评
			A（优）	B（良）	C（及格）	D（不及格）	学生	教师	专家	
技能操作	60%	肥料外形观察	通过肥料外形观察，能准确将15种以上肥料分开	通过肥料外形观察，能准确将13种以上肥料分开	通过肥料外形观察，能准确将10种以上肥料分开	通过肥料外形观察，能准确将10种以下肥料分开				
		肥料的定性测定	通过肥料定性测定，能准确将15种以上肥料分开	通过肥料定性测定，能准确将13种以上肥料分开	通过肥料定性测定，能准确将10种以上肥料分开	通过肥料定性测定，能准确将10种以下肥料分开				
职业素养	15%	态度	认真，能吃苦耐劳；不旷课，不迟到早退	较认真，能吃苦耐劳；不旷课	一般；旷课次数≤1/3 或迟到早退次数≤1/2	旷课次数>1/3 或迟到早退次数>1/2				
		合作	服从管理，能与同学很好配合	能与班级、小组同学配合	只与小组同学很好配合	不能与同学很好配合				
		学习与创新	能提前预习和总结，能解决实际问题	能提前预习和总结，敢于动手	没有提前预习或总结，敢于动手	没有提前预习和总结，不能处理实际问题				

【练习设计】

一、填空

1. 常用肥料的分类方法有_____、_____、_____、_____。

2. 肥料按其特点划分分为_____、_____、_____、_____。

3. 有机肥具有_____之称，既能促进植物生长，又能_____，且其养分大多呈有机态，供肥时间_____。

4. 化肥肥料大多属于_____，供肥快，能及时满足植物生长需要，其养分含量_____施用_____的特点。

二、多选

1. 下面属于有机肥的是（　　　　）。

A. 绿肥　　　　　　B. 菌肥　　　　　　C. 鸡粪　　　　　　D. 厩肥

2. 化学肥料的特点（　　　　）。

A. 肥效快　　　　B. 养分含量高　　　　C. 肥效持久　　　　D. 养分种类较为单一

三、判断

1. 草木灰属于有机肥料。　　　　　　　　　　　　　　　　　　　　（　　　）

2. 化肥除能供应植物生长所需养分外，还可改良土壤性状。　　　　（　　　）

3. 有机肥养分含量全面，称为完全肥料，其含营养成分很高。　　　（　　　）

四、实训

调查周边园林绿化区域肥料使用的情况，包括种类与用量。

技能二　施肥

【技能描述】

能根据土壤状况，园林植物需肥规律，熟练绿地施肥的技术、方法；掌握园林绿地配方施肥的要领。

【技能情境】

（1）场地：园林树木绿化带。

（2）材料与工具：园林树木、尿素（含氮46%）、过磷酸钙（含磷20%）及氯化钾（含钾60%）、铁锹、磅秤、铁锨、锄头、水桶等。

【技能实施】

（1）计算混合肥料中所需各种肥料的量，如配置 N:P:K 为 8:10:4 的混合肥料 1t。

1）根据元素比率计算所需肥料的比例。

例：需要尿素 $a$kg，过磷酸钙 $b$kg，氯化钾 $c$kg，则

$$46\%a:20\%b:60\%c = 8:10:4，推算出 a:b:c = 3.5:10:1.3$$

2）计算混合肥料中三种肥料的百分比。

尿素所占比例为：$3.5 \div (3.5 + 10 + 1.3) = 23.6\%$。

过磷酸钙所占比例为：$10 \div (3.5 + 10 + 1.3) = 67.6\%$。

氯化钾所占比例为：$1.3 \div (3.5 + 10 + 1.3) = 8.8\%$。

3）计算混合肥料中所需各种肥料的量。

计算所需氮肥的量：尿素 $a = 1000\text{kg} \times 23.6\% = 236\text{kg}$。

计算所需磷肥的量：过磷酸钙 $b = 1000\text{kg} \times 67.6\% = 676\text{kg}$。

计算所需钾肥的量：氯化钾 $c = 1000\text{kg} \times 8.8\% = 88\text{kg}$。

（2）按照计算结果，分别称取肥料。

（3）混合均匀。

（4）在树木滴水线下挖出条形、环状或放射形沟，深 30～50cm，视树木的大小每棵树施入混合肥 1～3kg。

（5）浇水。

【技术提示】

（1）肥料混合时要均匀，避免局部个别种类的肥分过高。

（2）挖施肥沟时，勿伤直径 1cm 以上的根。小树挖环状沟，大树为避免伤根过多，可挖条状沟或放射形沟。

【知识链接】

施肥要具有一定的科学性和规律性，各种肥料成分在施用时应有一定的比例，并要注意不同营养元素之间有互相促进和互相拮抗作用，如土壤中缺少氮素时，植物对磷吸收就会受到影响。掌握植物吸收养分的特点，做到合理施肥，提高肥料利用率。

（一）施肥依据

1. 气候

影响施肥后植物吸收的主要气候因素是雨量和温度。雨量多、温度高时，肥料分解快；在雨量少、温度低时，若需要施用肥料就应用充分腐熟的肥料；但是雨量大时，肥分易淋失，施用时要分几次进行，如夏天高温多雨，蒸发量大，宜薄肥勤施。

2. 土壤

（1）土壤腐殖质含量情况。含腐殖质多的土壤，结构性良好，保肥和保水能力很强，肥效持久，土壤微生物活动也旺盛，因而植物长得好，故设法多施有机肥，增加土壤中的有机质。

（2）土壤反应情况。土壤酸碱性对施肥有一定的影响。土壤呈微碱性，而多数观赏植物喜欢微酸性环境，因此宜施用生理酸性肥，如硫酸铵、过磷酸钙等。

（3）土壤质地情况。黏重土壤含水多，而通气不好，因此施用有机肥时应浅施，以加速其分解；沙质土壤保肥能力较差，雨水多了肥分易流失，因此宜分多次施。

3. 植物

各种园林植物都有不同的生物学特性，对三要素的需要各不相同。因此要科学合理地施肥，就必须了解各种树木花卉吸收养分的特点，同时与环境条件、栽培条件相联系，才能促进树木花卉的正常生长发育，从而达到最佳观赏效果。

（1）不同种类的植物对于肥料种类的要求不同。桂花、茶花等忌人粪尿；杜鹃花、米兰、茉莉、栀子花等忌碱性肥料；每年需重剪的花卉需要施大量磷、钾肥，以利于新枝条萌发；观叶类植物则因长叶的需要，往往要求氮肥多于磷、钾肥；对于观花类的植物特别是大花型的，在开花期必须根据生长发育情况施适量的完全肥料。

（2）花木在不同生长发育阶段，对养分的需求量和种类也各不相同。如在苗期，花草类氮的供应量应较多，以满足枝、叶、花迅速生长的需要；花芽分化孕蕾期，应增施磷、钾肥；坐果期，应适量控制施肥；后期增施磷肥，可促使花大、花多，提早开放。另外，在深秋、初冬施用磷、钾肥，可以促进木质化和增强植物的抗逆性和抗寒性。多施钾肥还可以提高植物的抗病能力，增加花的香味。

4. 耕作、栽培技术

（1）耕作。土壤耕作主要是为了创造良好的土壤结构、改善土壤的物理性质，此时施肥能提高植物对肥料的利用能力。

（2）栽培技术。各种植物因栽培方法不同，施肥也要相应配合。如月季花需要经常整枝，每次开花后要剪去枯萎的花枝，相应地必须在整枝后及时追肥，以补充养分的损失，促进栽培植物的正常生长。

5. 灌溉条件

植物的根只能吸收已被水所溶解的肥料，如果土壤缺水，植物吸收养料就困难。所以在天气干旱或土壤缺水时要注意灌溉。为了使植物同时不断得到养料和水分，可以施肥配合灌水，这样也会增加水的有效利用率。在灌水的时候，既不能太多，造成肥分流失；也不能太少，否则肥料作用难以发挥。

（二）常用施肥分类与方法

1. 按照施用时期、施用目的和方法分类

分为基肥、种肥和追肥等。

（1）基肥。在播种或定植前，把大量的肥料均匀撒施在田间或定植穴内，经翻耕掩埋在土内的是基肥。一般以有机肥料为主，如厩肥、绿肥、堆肥等。

（2）种肥。在播种或定植时施于种子附近或与种子混播的肥料，目的是供给幼苗生长所需的养分。在我国，种肥施用有多种方法：将肥料与植物种子拌和后播种，称拌种；植物种子用稀薄肥料溶液浸泡后播种，称浸种；植物移栽时将根在拌有泥浆的肥料中浸蘸，称蘸秧根；植物种子播种后用土粪、焦泥灰等覆盖于种子之上，称盖种肥。

（3）追肥。根据花木不同生长季节和生长速度的快慢，以满足花木生长发育需求而补充增施的肥料是追肥。一般以速效化肥为主，如硫铵、硝铵等。

2. 施肥方法

根据肥料的供应情况、土壤的肥沃程度及花木对肥料的需要情况而采用的施肥手段称施肥的方法。

（1）全面施肥。是播种、幼苗定植前，在土壤上普遍地施肥。一般是结合翻耕，采用施基肥的方式，常用的有绿肥、厩肥、堆肥等。

（2）局部施肥。根据花卉树木的生长状况及其对养分的需求，为了节约用肥、充分发挥肥效、达到促进花卉树木生长发育的目的，只在局部土壤上或地块上施肥，称为局部施肥，常用的有化肥、粪稀、人粪尿等。

3. 常见的施肥方法

（1）土壤施肥（图4-3-1）。

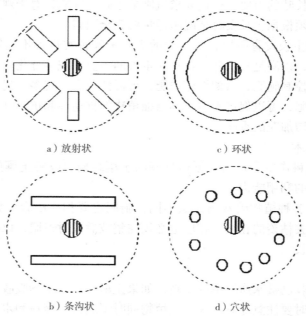

a）放射状　　　　　　　　c）环状

b）条沟状　　　　　　　　d）穴状

图4-3-1　土壤施肥

1）沟施。在花木根部附近开沟，将肥料均匀地撒入沟内，覆土盖严，主要有条沟、放射沟和环状沟，其中环状沟适合幼树。大树或果树施肥时，沿树周围开沟，将肥料填入沟内充分与土壤混合后覆土掩埋。

2）穴施。在花木根部附近挖穴，施肥后覆土掩埋。

3）撒施。直接用机械或人工将肥料撒布在局部地表上的一种施肥方法。

（2）根外追肥。在花木生长季节，根据花木生长情况，及时直接喷洒在植物体上的施肥，称为根外追肥，如微量元素肥料、尿素、硫铵溶液等的喷洒。根外追肥包括叶面施肥和树体输液两种形式。

【学习评价】

学习评价采用多元化的评价体系，将学生专业知识、技能操作、技能成果和个人的职业素养有效地结合在一起（表4-3-2）。

表4-3-2　学生考核评价表

考核项目	权重	项目指标	考核等级				考核结果			总评
			A（优）	B（良）	C（及格）	D（不及格）	学生	教师	专家	
专业知识	35%	施肥依据	熟知	基本掌握	部分掌握	基本不能掌握				
		基肥、追肥的概念	熟知	基本掌握	部分掌握	基本不能掌握				
		施肥方法	熟知	基本掌握	部分掌握	基本不能掌握				
技能操作	50%	计算混合肥料中所需肥料的量	能正确计算	会计算但结果计算错误	不会计算	不会计算				
		肥料混合	均匀	有少量不均匀，呈块状	不均匀	不均匀				
		施肥位置	合格	基本合格	不合格	不合格				
		挖沟深度	合格	基本合格	不合格	不合格				
职业素养	15%	态度	认真，能吃苦耐劳；不旷课，不迟到早退	较认真，能吃苦耐劳；不旷课	旷课次数≤1/3或迟到早退次数≤1/2	旷课次数＞1/3或迟到早退次数＞1/2				
		合作	服从管理，能与同学很好配合	能与班级、小组同学配合	只与小组同学很好配合	不能与同学很好配合				
		学习与创新	能提前预习和总结，能解决实际问题	能提前预习和总结，敢于动手	没有提前预习或总结，敢于动手	没有提前预习和总结，不能处理实际问题				

【练习设计】

一、填空

1. 在播种或定植前，将大量肥料经翻耕埋入地内，称为施基肥。一般以_____为主，如绿肥、厩肥，不但有利于植物生长，而且有利于改良土壤。

2. 在植物生长季节，根据植物生长情况，将肥料及时地喷洒在植物体上称为_____。

二、选择

1. 按照施肥的目的和施肥时期施肥的方式可分为（　　）。

A. 基肥　　　　　　B. 追肥　　　　　　C. 种肥　　　　　　D. 根外追肥

2. 常见的土壤施肥方法有（　　）。

A. 沟施　　　　　　B. 穴施　　　　　　C. 撒施　　　　　　D. 环状沟施

三、判断

1. 合理施肥应考虑气候条件，雨量大时，施肥时应一次性投入。　　　　　（　　）

2. 黏重土壤含水多，而通气不好，因此施用有机肥时应浅施，以加速其分解。（　　）

3. 在苗期，花草类氮的供应量应较多，以满足枝、叶、花迅速生长的需要；花芽分化孕蕾期，应增施磷、钾肥；坐果期，应适量控制施肥。　　　　　　　　　　（　　）

四、实训

选取周边园林绿化树木制定年施肥方案。

任务三总结

本任务主要介绍了园林植物养分管理工作，主要内容包括：肥料种类与特点；合理科学施肥的原则和方式方法；肥料性状识别和施肥两个技能训练。通过任务三的学习，学生可以全面系统地掌握园林植物养分管理的知识和技能。

任务四　园林植物整形修剪技术

【任务分析】

能进行园林植物整形修剪，包括：

（1）修剪工具的使用。

（2）整形修剪方法。

（3）造型修剪技术。

【任务目标】

（1）熟悉整形修剪工具，并能进行使用与维护。

（2）了解园林植物整形修剪的意义，理解园林植物整形修剪的作用、原则和方式。

（3）确定修剪时期，掌握园林中常见植物的整形修剪方法。

技能一　修剪工具

【技能描述】

会使用和维护园林植物整形修剪的常用工具。

【技能情境】

（1）场地：实验室（实训场地）。

（2）材料：修枝剪、手锯、绿篱修剪机、手套等各种修剪器具。

【技能实施】

（1）分小组进行方案设计，每组 5~6 人。

（2）查找资料。

（3）方案实施：

1）查资料，学习识别各种修剪工具的名称及其使用方法。

2）分组讨论，相互探讨各种修剪工具的使用方法。

3）小组互评，小组相互评议每个同学对于修剪工具的使用情况。

【技术提示】

（1）识记各种修剪工具的名称。

（2）常用工具修枝剪的正确使用。

【知识链接】

园林植物的种类不同，修剪的冠形各异，需选用相应功能的修剪工具，并要注意学会对工具的正确保养。

1. 常用修剪工具

（1）枝剪（图 4-4-1）。

1）修枝剪，主要用来修剪细小的枝条。剪刀要锋利，钢口软硬适中，软的不耐用，易卷刃；过硬易出缺口和断裂。剪簧也要软硬适中。

修枝剪

高枝剪

大平剪

图 4-4-1　常见枝剪工具

2）高枝剪，用来剪截树冠高出的小枝。剪子安装在一根长杆的顶端，杆长 3~4m；剪刀把的小环上系上一根尼龙绳，拉动尼龙绳，就可把小枝剪下。

3）大平剪，规格有大小不一，一般是修剪绿篱整平时使用。

（2）锯类。

1）手锯，锯断粗大枝干时用。手锯钢质软硬要适中，软了易弯曲，硬时容易掉齿，手锯的长度和锯片的宽度，应根据需要选择。另外，还有一种折叠式手锯，用时打开，不用时合上，携带方便，适用于剪中粗枝条。

2）刀锯，锯较粗的枝条时用。

3）高位树枝修枝锯简称高枝油锯，主要用来修剪一些比较高的枝杈。

4）绿篱修剪机，主要是用来修剪绿篱植物。使用时要根据绿篱植物的种类来选择相应型号的绿篱修剪机。

5）斧，包括小斧和板斧，主要是砍树枝或树木更新时砍树用。

6）其他。平铲，去蘖、抹芽用；扶梯、升降车，修高大树时使用；长粗绳，吊树冠用；短细绳，吊细枝用；安全带、安全绳、安全帽、工作服、手套、胶鞋等，劳动保护用具。

2. 工具的保养方法

（1）枝剪。为了剪时省力，便于操作，要经常磨剪刀，保持锋利。如果每天使用，最好在每天开始使用前或当天工作完毕后磨一次，只磨外面的斜面剪刃，不要磨剪托，否则会使剪刃不吻合，使用时容易缺口或夹枝，不便操作。新买的枝剪，一定要开刃，然后使用，开刃时要把刃面的弧度逐渐磨平。每次使用后，要把枝剪擦洗干净，用一块浸有少量油的布擦拭掉剪身上淤积的树脂杂物，然后涂上防锈油。杂物和树脂淤积在剪身上会严重影响工具的寿命。

（2）锯类。为了使用方便省力，锯子的锯齿要经常保持锋利。开始使用前，要用扁锉将锯齿锉锋利，齿尖最好是锉成三角形，边缘光滑，锯口平整。锯齿不要太张开。否则锯起来虽然比较省力又快，但锯口粗糙，树木伤口也不易愈合。锯子使用完毕保存时，也要涂油防锈。

（3）梯子及升降车。使用前应检查是否牢固，有无松动，使用后要妥善保存，防止受潮和雨淋，以免腐烂或生锈。

【学习评价】

学习评价采用多元化的评价体系，将学生专业知识、技能操作、技能成果和个人的职业素养有效地结合在一起（表 4-4-1）。

表 4-4-1　学生考核评价表

考核项目	权重	项目指标	考核等级				考核结果			总评
			A（优）	B（良）	C（及格）	D（不及格）	学生	教师	专家	
专业知识	25%	工具类型	熟知	基本掌握	部分掌握	基本不能掌握				
		工具保养	熟知	基本掌握	部分掌握	基本不能掌握				
技能操作	60%	工具使用	符合规范要求	符合规范要求	符合规范要求	符合规范要求				
		工具识别	能识别各种修剪、锯类工具	能识别常见修剪、锯类工具	能识别部分修剪、锯类工具	能识别常见修剪工具				
职业素养	15%	态度	认真，能吃苦耐劳；不旷课，不迟到早退	较认真，能吃苦耐劳；不旷课	旷课次数≤1/3或迟到早退次数≤1/2	旷课次数>1/3或迟到早退次数>1/2				
		合作	服从管理，能与同学很好配合	能与班级、小组同学配合	只与小组同学很好配合	不能与同学很好配合				
		学习与创新	能提前预习和总结，能解决实际问题	能提前预习和总结，敢于动手	没有提前预习或总结，敢于动手	没有提前预习和总结，不能处理实际问题				

【练习设计】

1. 常用修剪工具有哪些？
2. 常用修剪工具的保养方法？

技能二　整形修剪基本方法

【技能描述】

掌握不同时期内整形修剪的基本方法。

【技能情境】

（1）场地：实习实训基地。
（2）工具：修枝剪、绿篱机、手锯、扶梯、手套、清扫工具等。
（3）材料：各种需修剪的植物。

【技能实施】

（1）分小组进行方案设计，每组 5~6 人。
（2）查找资料，制定修剪方案；准备工具、材料。
（3）方案实施

1）选择：在不同的时期，选择相应的修剪方法对不同的植物进行修剪。

2）实施步骤。

①确定植物：选定需修剪的植物。

②确定修剪方法：为要修剪的植物选择合理的修剪方法，如短截、疏除、抹芽和除蘖等。

③开始修剪：针对不同的修剪方法采用不同的修剪要领。

3）清理现场：修剪后的枝条、枝叶要及时清理。

【技术提示】

（1）选择合适的修剪方法。
（2）掌握不同的修剪要领。
（3）修剪时注意剪口及剪口芽的位置。

【知识链接】

在园林绿化过程中，对任何园林植物都应根据其生长特性及其功能要求，修剪成一定的形状，使之与周围的环境相协调，发挥更好的绿化效果。因此整形修剪是园林植物栽培中重要的养护管理措施之一，它是调节树体结构、促进生长平衡、消除树体隐患、恢复树木生机的重要手段。

1. 整形修剪概述

修剪是指对植株的某些器官，如芽、干、枝、叶、花、果、根等进行短截、疏除或其他处理的具体操作。整形是指为提高园林植物的观赏价值，按其习性或人为意愿修整成为各种优美的形状与树姿。修剪是手段，整形是目的。在土、肥、水管理的基础上进行科学的修剪整形，是提高园林绿化水平的一项重要技术环节。

（1）整形修剪的目的与作用。

1）整形修剪的目的：创造最佳环境美化效果；调整个体与整体的关系；调节个体各部分的均衡关系；调节地上与地下的关系；调节营养器官与生殖器官的关系；调节树势、促进老树复壮更新。

2）修剪整形的作用：修剪整形对植物生长发育有局部促进和整体抑制双重作用；修剪整形对开花结果有影响，合理的修剪整形，能调节营养生长与生殖生长的平衡关系；修剪整形对树体内营养物质含量有影响，短截后的枝条及其抽生的新梢，含氮量和含水量增加，碳水化合物含量相对减少；修剪后，树体内的激素分布、活性也有所改变。

（2）整形修剪的原则。

1）根据园林植物在园林绿化中的用途。

不同的绿化目的各有其特殊的整形要求。如槐树，作行道树栽植一般修剪成杯状形，作庭荫树用则采用自然式整形；桧柏，作孤植树配置应尽量保持自然树冠，作绿篱树栽植则一般进行强度修剪、规则式整形；榆叶梅，栽植在草坪上宜采用丛状扁球形，配置在路边则采用有主干圆头形。

2）遵循植物的生长发育习性。园林树种不同，其分枝方式、干性、层性、顶端优势、萌芽力、发枝力等生长习性也有很大差异。修剪时必须尊重和顺应生长发育习性。

① 分枝特性。对于主轴分枝的树种，修剪时要注意控制侧枝、剪除竞争枝、促进主枝的发育，如钻天杨、毛白杨、银杏等树冠呈尖塔形或圆锥形的乔木，顶端生长势强，具有明显的主干，适合采用保留中央主干的整形方式；而具有合轴分枝的树种，易形成几个势力相当的侧枝、呈现多叉树干，如为培养主干可采用摘除其他侧枝的顶芽来削弱其顶端优势，或将顶枝短截剪口留壮芽，同时疏去剪口下3～4个侧枝促其加速生长；具有假二叉分枝（二歧分枝）的树种，由于树干顶梢在生长后期不能形成顶芽，下面的对生侧芽优势均衡影响主干的形成，可采用剥除其中一个芽的方法来培养主干；对于具有多歧分枝的树种，则可采用抹芽法或用短截主枝方法重新培养中心主枝。

修剪时应充分了解各类分枝的特性，注意各类枝之间的平衡。如强主枝具有较多的新梢，叶面积大具较强的合成有机养分的能力，进而促使其生长更加粗壮；反之，弱主枝则因新梢少、营养条件差而生长愈渐衰弱。欲借修剪来平衡各枝间的生长势，应掌握强主枝强剪、弱主枝弱剪的原则。

侧枝是构成树冠、形成叶幕、开花结实的基础，其生长过强或过弱均不易形成花芽，应分别掌握修剪的强度。如对强侧枝弱剪，目的是促使侧芽萌发、增加分枝、缓和生长势，促进花芽的形成，而花果的生长发育又进一步抑制侧枝的生长；对弱侧枝强剪，可使养分高度集中，并借顶端优势的刺激而抽生强壮的枝条，获得促进侧枝生长的效果。

② 萌芽与发枝力。整形修剪的强度与频度，不仅与树木栽培的目的有关，更是取决于植物萌芽与发枝力的强弱。如悬铃木、大叶黄杨、女贞等有很强的萌芽发枝能力，可多次修

剪；而梧桐、桂花、玉兰等萌芽发枝力较弱的树种，则应少修剪或只做轻度修剪。

③ 花芽的着生部位、花芽性质和开花习性。不同树种的花芽着生部位有差异，有的着生于枝条的中下部，有的喜生于枝梢顶部；花芽性质，有的是纯花芽，有的为混合芽；开花习性，有的是先花后叶，有的为先叶后花。所有这些性状特点，在花、果木的整形修剪时，都需要给予充分的考虑。

④ 树龄及生长发育时期。幼树修剪，为了尽快形成良好的树体结构，应对各级骨干枝的延长枝进行重短截，促进营养生长；为提早开花，对于骨干枝以外的其他枝条应以轻短截为主，促进花芽分化。成年期树木正处于成熟生长阶段，整形修剪的目的在于调节生长与开花结果的矛盾，保持健壮完美的树形；衰老期树木其生长势衰弱，树冠处于向心生长更新阶段，修剪主要以重短截为主，以激发更新复壮活力，恢复生长势，但修剪强度应控制得当，此期，对萌蘖枝、徒长枝的合理有效利用，具重要意义。

3）依据植物栽植地点的环境条件。植物在生长过程中总是不断地协调自身各部分的生长平衡，以适应外部生态环境的变化。如孤植树光照条件良好，因而树冠丰满，冠高比大；密林中的树木主要从上方接受光照，因侧旁遮荫而发生自然整枝，树冠狭窄、冠高比小。因此需针对植物栽植地点具体的环境特点，采取相应的修剪措施。

2. 整形修剪的时期

对于园林植物的整形修剪工作，随时都可以进行，如抹芽、摘心、除蘖、剪枝等。但有些植物，如一些树木因伤流等原因，要求整形修剪在伤流最少的时期内进行，因此绝大多数植物是以冬季和夏季为最好，即植物休眠期修剪和生长期修剪。

（1）休眠期修剪。休眠期内植物（树木）生长停滞，植物体内养料大部分回归根部，修剪后营养损失最少，且修剪的伤口不宜被细菌感染腐烂，对植物生长影响较小，因此植物中大部分的树木修剪工作在此时间内进行。冬季修剪的具体时间应根据当地的寒冷程度和最低气温来决定，有早晚之分。冬季修剪对树冠构成、枝梢生长、花果枝的形成等有重要作用，一般采用截、疏、放等修剪方法。

1）冬季严寒的北方地区的修剪时期。由于修剪后伤口易受冻害，因此早春修剪为宜，但不应过晚。早春修剪应在树木根系旺盛活动之前、营养物质尚未由根部向上输送时进行，可减少养分的损失，对花芽、叶芽的萌发影响不大。

2）有伤流现象的植物的修剪时期。这些种类植物在萌发后有伤流发生，如核桃、槭树等应在春季伤流期前修剪。伤流使植物体内养分与水分流失过多，造成植物生长势衰弱，甚至枝条枯死。伤流一般随地温、根压变化，温度低，流量就较少。一般可在果实采收后，叶片变黄之前进行为宜，此时修剪既无伤流又对混合芽的分化有促进作用，展叶后不宜进行。为了栽植和更新复壮的需要，常在栽植时或早春进行修剪。

（2）生长期修剪。常绿植物没有明显的休眠期，同时冬季低温，伤口不易愈合，易受冻害，所以一般在夏季修剪。

1）一年内多次抽梢开花的树木。花后及时修去花梗，抽出新枝，可使开花不断，延长观赏期，如紫薇、月季等观花植物。

2）嫁接树木。用抹芽、除蘖达到促发侧枝、抑强扶弱的目的，均在生长期内进行。

3. 修剪方法

修剪的基本方法有截、疏、伤、变、放、抹芽和除蘖等几种，也可以根据修剪的目的灵活采用。

（1）截，是将植物的一年生或多年生枝条的一部分剪去，以刺激剪口下的侧芽萌发，抽发新梢，增加枝条数量，多发叶多开花。

1）根据截取枝条的不同可分为短截和回缩。

短截：截取一年生枝条一部分。

回缩：截取多年生枝条一部分。

2）根据短截的程度，可分为轻短截、中短截、重短截和极重短截。

轻短截：剪去一年生枝条长度的 1/5 ~ 1/4。刺激单枝生长量小，萌发的侧枝长势较弱，能缓和树势，利于花芽的形成。

中短截：剪去一年生枝条长度的 1/3 ~ 1/2。侧芽萌发多，成枝力高，生长势强，枝条加粗生长快，一般用于延长枝和骨干枝。

重短截：剪去一年生枝条长度的 3/4 ~ 2/3。剪后发侧枝少，但枝条生长势旺，不易形成花芽，但过重修剪会削弱整个树木的生长量。

极重短截：枝剪留 1 ~ 2 个芽。在春梢基部留 1 ~ 2 个瘪芽，其余剪去，以后萌 1 ~ 2 个弱枝可降低枝位，多用于竞争枝的处理。

3）短截的应用情况。

① 规则式或特定形式整形修剪的植物，因枝条不断生长，常会干扰或损害现有的图案或几何形体，需经常短截长枝，保持造型的完美。

② 为使观花与观果植物多形成枝条，使树冠丰富，增加开花数量或结果量，用短截改变枝条的生长势，抑强扶弱或转弱为强，以达到调节营养生长与生殖生长关系的目的。

③ 当树冠内枝条分布和结构不理想，为了改变枝条的方向与夹角时，应进行短截。

④ 片林中为培养挺直和粗壮的树干，对易枯梢和主干弯曲的树木进行短截或回缩，使萌发通直高大的树干。

⑤ 由于枝条衰老、长势弱、病虫害或机械损伤等原因，树冠枯顶或生长不均衡，为使树冠重新萌发成丰满均衡形式，对上述枝条进行短截，留强芽抽壮枝。

⑥ 树木或多年生枝条衰老，需进行更新复壮时，进行回缩修剪或齐地面截去，用徒长的根蘖枝代替原有的树木或枝条。

4）摘心和剪梢（短截的一种方式）的应用情况。

① 在新梢抽出后，为了限制新梢继续生长，将生长点摘去或将新梢的一段剪去，解除新梢顶端优势，使抽生侧枝扩大树冠，易于开花。例如绿篱植物通过剪梢，可使绿篱带枝条密生，枝叶鲜嫩，观赏效果与防护功能增加；露地草花摘心是培养饱满株形、增加分枝数量、多开花和延长花期的主要措施之一。

② 摘心与剪梢的时期不同，产生的影响也不同。具体进行的时间依树种、目的要求而异。为了多发侧枝，扩大树冠，宜在新梢旺长时摘心；为促进观花树木多形成花芽开花，宜在新梢生长缓慢时进行；观叶植物随时都可进行。

（2）疏，又称疏剪或疏删，即把枝条从分枝点基部全部剪去。疏剪的对象主要是病虫枝、伤残枝、干枯枝、内膛过密枝、衰老下垂枝、重叠枝、并生枝、交叉枝及干扰树形的竞争枝、徒长枝、根蘖枝等。疏剪对全树的总生长量有削弱的作用，对局部的促进作用不如短截，但影响的范围比短截大；对全树生长的削弱程度与疏剪程度和疏去枝条的强弱有关；疏去强枝留下弱枝或疏剪枝条过多，对树木的生长产生较大的削弱作用；疏弱枝留强枝则可集中树体内营养，使枝条长势加强。

疏剪强度可分为轻疏（疏枝量占全树枝条的10%或以下）、中疏（疏枝量占全树的10%～20%）、重疏（疏枝量占全树的20%以上）。疏剪强度依树种、长势、年龄而定，萌芽力强成枝力弱的或萌芽力成枝力都弱的树种，少疏枝，如油松、雪松等枝条轮生，每年发枝数有限，尽量不疏枝；萌芽力成枝力都强的树种，可多疏，如法桐；幼树宜轻疏，以促进树冠迅速扩大，对于花灌木类则可提早形成花芽开花；成年树生长与开花进行盛期，枝条多，为调节营养生长与生殖生长关系，促进年年有花或结果，宜适当中疏；衰老期树木，发枝力弱，为保持有足够的枝条组成树冠，疏剪时要小心，只能疏去必须要疏除的枝条。

（3）伤，用各种方法损伤枝条，以缓和树势、削弱受伤枝条的生长势为目的。

1）环状剥皮。在发育盛期对不大开花结果的枝条，进行环状剥皮，有利于环状剥皮上方枝条营养物质积累和花芽的形成。宽度以一月内剥皮伤口能愈合为限，一般为枝粗的1/10左右。

2）目伤（刻伤）。在芽或枝的上方或下方进行刻伤，伤口形状似眼睛所以称为目伤。伤的深度达木质部。在春季树木发芽前，在芽的上方刻伤；如果在生长盛期在芽的下方刻伤。用于雪松偏冠及观花、观果树的光腿现象。

3）扭梢与折梢。在生长季内，将生长过旺的枝条，特别是着生在枝背上的旺枝，在中上部将其扭曲下垂称为扭梢；或只将其折伤但不折断（只折断木质部）称为折梢。扭梢与折梢是伤骨不伤皮，其阻止了水分、养分向生长点输送，削弱枝条生长势，利于短花枝的形成。

（4）变，改变枝条生长方向，控制枝条生长势的方法称为变。如用曲枝、拉枝、抬枝等方法，将直立或空间位置不理想的枝条，引向水平或其他方向，可以加大枝条开张角度，使顶端优势转位、加强或削弱。

（5）放，又称缓放、甩放或长放，即对一年生枝条不做任何短截，任其自然生长。利用单枝生长势逐年减弱的特点，对部分长势中等的枝条长放不剪，下部易发生中、短枝，停止生长早，同化面积大，光合产物多，有利于花芽形成。

（6）抹芽和除蘖，对于嫁接的植株需及时除去砧木上的枝或芽，这对接穗部分的生长尤为重要。根蘖性强的品种，应及时剪去强壮的根蘖，促使长枝，保证养料集中供给正常枝条的生长。及时除蘖抹芽可减少冬季修剪的工作量和避免伤口过多，对树木生长有利。

（7）其他方法，摘蕾、摘果也是一项修剪内容。蕾或果过多，影响开花质量和坐果率；月季、牡丹等花蕾多，为促使花朵硕大，常需及时摘除过多的花蕾；易落花的花灌木，一株上不宜保持较多的花朵，应及时疏花。

4. 修剪程序及需注意的问题

（1）修剪程序。概括地说就是"一知、二看、三剪、四检查、五处理"。

"一知"，修剪人员必须掌握操作规程、技术及其他特别要求。要了解操作要求，才可以避免错误。

"二看"，修剪前应对植物进行仔细观察，因树制宜，合理修剪。要了解植物的生长习性、枝芽的发育特点、植株的生长情况、冠形特点及周围环境与园林功能，结合实际进行修剪。

"三剪"，对植物按要求或规定进行修剪。修剪时最忌无次序，修剪观赏花木时，首先要观察分析树势是否平衡，如果不平衡，分析造成的原因。在疏枝前先要决定选留的大枝数及其在骨干枝上的位置，先剪掉大枝，再修剪小枝，宜从各主枝或各侧枝的上部起，向下依次进行。对于普通的一棵树来说，则应先剪下部，后剪上部；先剪内膛枝，后剪外围枝。

"四检查"，检查修剪是否合理，有无漏剪与错剪，以便修正或重剪。

"五处理"，包括对剪口的处理和对剪下的枝叶、花果进行集中处理等。

（2）修剪需注意的问题。

1）剪口与剪口芽。剪口的方向、剪口芽质量影响到被修剪枝条抽生新梢的生长与长势。剪口芽是靠近剪口旁的芽。

① 剪口。剪口要求的形状可以是平剪口或斜切口，一般采用斜切口。剪口距芽的距离以 $0.5 \sim 1cm$ 为宜，过长芽易发生弧形生长现象，而且芽上方过长的枝段，由于水分、养料不易流入，常干枯或腐烂；过短，修剪时易损伤芽，同时剪口蒸发使剪口芽失水过多，易干枯死亡。

② 剪口芽的选择。选择剪口芽应慎重考虑树冠内枝条分布状况和期望新枝长势的强弱。需向外扩张树冠时，剪口芽应留在枝条外侧；如欲填补内膛空虚，剪口芽方向应朝内；对生长过旺的枝条，为抑制其生长，以弱芽当剪口芽，扶弱枝时选留饱满的壮芽。

2）大枝的剪除。将枯枝或无用的老枝、病虫枝等全部剪除时，为了尽量缩小伤口，应自分枝点的上部斜向下部剪下，伤口不大，很易愈合；回缩多年生大枝时，往往会萌生徒长枝，为了防止徒长枝大量抽生，可先行疏枝和重短截；如果多年生枝较粗，必须用锯子锯除，可先从下方浅锯伤，再从上方锯下。

3）剪口的保护。对于剪口比较大的宜在剪口涂抹保护剂。常见的保护剂有保护蜡和豆油铜素剂，保护蜡是用松香、黄蜡、动物油按 5:3:1 比例熬制而成；豆油铜素剂是用豆油、硫酸铜、熟石灰按 1:1:1 比例制成。

4）注意安全。上树修剪时，所有用具、机械必须灵活、牢固，防止发生事故。

5）职业道德。修剪工具应锋利，修剪时不能造成树皮撕裂、折枝断枝。修剪病枝的工具，要用硫酸铜消毒后再修剪其他枝条，以防交叉感染。

【学习评价】

学习评价采用多元化的评价体系，将学生专业知识、技能操作、技能成果和个人的职业素养有效地结合在一起（表4-4-2）。

表4-4-2　学生考核评价表

考核项目	权重	项目指标	考核等级				考核结果			总评
			A（优）	B（良）	C（及格）	D（不及格）	学生	教师	专家	
专业知识	25%	修剪时期	熟知	基本掌握	部分掌握	基本不能掌握				
		修剪方法	熟知	基本掌握	部分掌握	基本不能掌握				
		修剪原则	熟知	基本掌握	部分掌握	基本不能掌握				
技能操作	45%	各种修剪技术	操作程序规范，修剪技术运用正确	操作程序规范，能基本上掌握修剪方法	操作程序规范，修剪方法有部分错误	操作程序不规范，不能正确掌握修剪方法				

（续）

考核项目	权重	项目指标	考核等级				考核结果			总评
			A（优）	B（良）	C（及格）	D（不及格）	学生	教师	专家	
技能成果	15%	剪口处理、留芽位置	剪口状态、留芽正确，大剪口涂保护剂	剪口状态、留芽一个正确，大剪口涂保护剂	剪口状态、留芽一个正确，大剪口没涂保护剂	剪口状态、留芽错误，大剪口没涂保护剂				
职业素养	15%	态度	认真，能吃苦耐劳；不旷课，不迟到早退	较认真，能吃苦耐劳；不旷课	旷课次数≤1/3或迟到早退次数≤1/2	旷课次数>1/3或迟到早退次数>1/2				
		合作	服从管理，能与同学很好配合	能与班级、小组同学配合	只与小组同学很好配合	不能与同学很好配合				
		学习与创新	能提前预习和总结，能解决实际问题	能提前预习和总结，敢于动手	没有提前预习或总结，敢于动手	没有提前预习和总结，不能处理实际问题				

【练习设计】

一、名词解释

修剪　截　疏　休眠期修剪　生长期修剪

二、选择

1. 一般树木适合施基肥、移植、整形修剪的时期是（　　　　）。

A. 生长盛期　　　　B. 休眠期　　　　C. 生长初期　　　　D. 生长末期

2. 轻疏，疏枝量占全树的（　　　　）。

A. 10%以下　　　　B. 10%～20%　　　　C. 20%以上　　　　D. 50%

3. 中疏，疏枝量占全树的（　　　　）。

A. 10%以下　　　　B. 10%～20%　　　　C. 20%以上　　　　D. 50%

4. 重疏，疏枝量占全树的（　　　　）。

A. 10%以下　　　　B. 10%～20%　　　　C. 20%以上　　　　D. 50%

5. 改变枝条生长方向，缓和枝条生长势的方法，称为（　　　　）。

A. 变　　　　B. 伤　　　　C. 疏　　　　D. 剪

6. 对于疏枝量占全树枝条的10%以下属于（　　　　）。

A. 轻短截　　　　B. 轻疏　　　　C. 中疏　　　　D. 回缩

7. 对于一年生枝条短截1/3～1/2部分称为（　　　　）。

A. 轻短截　　　　B. 中疏　　　　C. 中短截　　　　D. 重短截

8. 对于多年生枝条短截一部分称为（　　　　）。

A. 轻短截　　　　B. 轻疏　　　　C. 剪梢　　　　D. 回缩

9. 对于一年生枝条短截1/5～1/4部分称为（　　　　）。

A. 轻短截　　　　B. 轻疏　　　　C. 中疏　　　　D. 中短截

10. 对于一年生枝条短截2/3～3/4部分称为（　　　　）。

A. 轻短截　　　　B. 重短截　　　　C. 极重短截　　　　D. 重疏

三、简答题

1. 如何根据树木的年龄进行修剪整形？

2. 论述树木不同时期的修剪措施？

3. 修剪的程序及安全措施是什么？

技能三　常见园林植物整形修剪技术

【技能描述】

掌握不同植物整形修剪的方法和技术。

【技能情境】

（1）场地：实习实训基地。

（2）工具：修枝剪、绿篱机、手锯、扶梯、手套、清扫工具等。

（3）材料：各种需修剪的植物。

【技能实施】

（1）分小组进行方案设计，每组5~6人。

（2）查找资料，制定修剪方案；准备工具、材料。

（3）方案实施：

1）选择：对于不同种类的植物，选择相应的修剪方法进行修剪。

2）实施步骤：

① 确定植物：选定需修剪的植物。

② 确定修剪方法：对要修剪的植物选择合理的修剪方法和技术。

③ 开始修剪：针对不同的修剪方法采用不同的修剪要领。

3）清理现场：修剪后的枝条、枝叶要及时清理。

【技术提示】

（1）针对不同植物选择适合的修剪方法与技术。

（2）掌握常见植物的修剪方法。

（3）修剪时注意不同植物的修剪要求。

【知识链接】

（一）行道树的整形修剪

1. 行道树的基本概况

行道树要求枝条伸展、树冠开阔、枝叶浓密。行道树的冠形依栽植地点的架空线路及交通状况而定。在架空线路多的主干道及一般干道上，一般采用规则形树冠，整形修剪成杯状形；开心形、圆柱形、球形等立体几何形状；在无机动车辆通过的或狭窄的巷道内，可采用自然式树冠。

行道树一般使用树体高大的乔木树种，主干高要求在 2.5~6m，行道树上方有架空线路通过的干道，其主干的分枝点应在架空线路的下方，而为了车辆行人的交通方便，分枝点不得低于 2~2.5m。城郊公路及街道、巷道的行道树，主干高可达 4~6m 或更高。定植后的行道树要每年修剪扩大树冠，调整枝条的伸出方向，增加遮荫保湿效果，同时也应考虑建筑物、架空线与采光等影响。

2. 行道树的修剪季节

落叶行道树修剪一般在冬季落叶后或春季发芽前进行，一般在 12 月中、下旬至翌年 3 月份。冬季树木休眠时修剪可重新调整枝条的组合，使树体内的储藏养料在第二年春季发芽后能得到合理的分配；并使新发的枝条有适当的空间得到阳光照射进行光合作用，促使树木的生长，从而实现行道树的庇荫降温等功能；还可使行道树有统一整齐的树形，达到整齐美观的作用。

行道树除冬剪外，每年还要在 5~6 月进行 2~3 次的剥芽。除此外，对一些病虫枝、干扰架空线等的枝条还必须随时修剪，对冬剪切口上萌发的一些新枝如密生一簇者，也要适当进行疏剪。

常绿行道树一般在春季第一次生长高峰之前及秋季最后一次生长高峰之后进行修剪为最好，一般为早春 3~4 月份及秋季 10~11 月份。

3. 行道树主要整形修剪技术

（1）杯状形修剪。杯状形修剪多用于架空线下，主干高 2.5~4m，具有典型的"三股六杈十二枝"的冠形结构，即定干后，选留 3 个方向合适（相邻主枝间角度呈 120°，与主干约呈 45°）的主枝，再于各主枝的两侧各选留 2 个近于同一平面的斜生枝，然后同样再在各二级枝上选留 2 个枝，这个过程要分数年完成，才可形成杯状形树冠。行道树采用杯状形整枝，可根据树种而有变化。

骨架构成后，树冠很快扩大，疏去密生枝、直立枝，促发侧生枝，内膛枝可适当保留，增加遮荫效果。上方有架空线路的，切勿使枝与线路触及，一定要保持安全距离。行道树的枝条与架空线路间的安全距离含水平间距和垂直间距，视线路类别而异。一般情况下，1kW 以下的电力线路安全间距为 1m，1~20kW 线路下为 3m，30~110kW 高压线路下为 4m，150~220kW 超高压线路下要求达 5m。枝条与通信明线间的安全距离为 2m，与通信电缆的安全距离为 0.5m。近建筑物一侧的行道树，为防止枝条扫瓦、堵门、堵窗，影响室内采光和安全，应随时对过长枝条进行短截修剪。

生长期内要经常进行抹芽，抹芽时不要扯伤树皮，不留残枝。冬季修剪时把交叉枝、并生枝、下垂枝、枯枝、伤残枝及背上直立枝等截除。

（2）开心形修剪。开心形修剪是杯状形的改进形式，不同处仅是分枝点相对杯状形低、内膛不空、三大主枝的分布有一定间隔，多用于无中央主轴或顶芽能自剪的树种，树冠自然开展。如合欢，定植时，将主干留 2~2.5m，最高不超过 3m 或者截干，靠近快车道一侧的分枝点可稍高一些。春季发芽后，留 3~5 个位于不同方向、分布均匀的侧枝进行修剪，促进枝条生长成主枝，其余全部抹去。同一条路或相邻一段路上的行道树，主枝顶部要找平，如果确定距地面几米处剪齐，则分枝高的主枝多剪一些，而分枝低的主枝少剪一些，生长季只在主枝上保留 3~5 个方向合适的侧芽，来年萌发后选留 6~10 个侧枝，进行短截，促发次级侧枝，使冠形丰满、匀称。

（3）自然式修剪。在不影响交通和其他公共设施的情况下，行道树可以采用自然式冠形，如塔形、卵圆形等。

1）有主干枝的行道树。凡主轴明显的树种，分枝点的高度按树种特性及树木规格而定。栽培和修剪时应注意保护其顶芽向上直立生长，主干顶端如受损伤，应选择一个直立向上生长的枝条或在壮芽处短截，并把其下部的侧芽抹去，抽出直立枝条代替，避免形成多头现象。此类树种天津地区如雪松、杨树等。

针叶树应剪除基部垂地枝条，随树木生长可根据需要逐步提高分枝点，并保护主尖直立向上生长。

阔叶类树种如毛白杨，不耐重抹头或重截，应以冬季疏剪为主。修剪时应保持树冠与树干的适当比例，一般树冠高占 3/5，树干（分枝点以下）高占 2/5，在快车道旁的分枝点高至少应在 2.8m 以上。注意最下层的三大主枝上下位置要错开，方向匀称，角度适宜。要及时剪掉三大主枝上最基部贴近树干的侧枝，并选留好三大主枝以上枝条，使其呈螺旋形向上排列，萌生后形成圆锥状树冠。

银杏每年枝条短截，下层枝应比上层枝留的长，萌生后形成圆锥形树冠。形成后仅以枯病枝、过密枝为主进行疏剪，一般修剪量不大。

2）无主干枝的行道树。选用主干性不强的树种，如旱柳、榆树、栾树、国槐等，分枝点高度一般 2~3m，于分枝点附近留 5~6 个主枝，各层主枝间距短，使自然长成卵圆形或扁圆形的树冠。每年修剪的主要对象是密生枝、枯死枝、病虫枝和伤残枝等。

4. 几种常见行道树修剪

（1）悬铃木。悬铃木是具有顶芽的主轴式生长的树种，修剪方法有合轴主干形修剪与杯状形修剪两种，以杯状形修剪较多。杯状形修剪时需要在一定的高度以上截头定干，这样，会促使剪口下的芽萌动抽枝，此时可采用分期剥芽疏枝的方法，选留 3~5 枚壮芽或主枝，生长期可不断摘心，促壮其上侧枝（芽），待冬季停止生长后，在每个主枝中选择 2 个侧枝短截，这样就初步形成了"三股六权十二枝"的杯状形，再疏除原有的直立枝、交叉枝，以后每年冬季剪去主枝的 1/3，适当保留弱小枝为辅养枝，减去过密的侧枝，使其交互着生侧枝，但长度不应超过主枝。对强枝要及时回缩修剪，以防树冠过大，叶幕层过稀，同时还要及时剪除病虫枝、交叉枝、重叠枝和直立枝。成型后的大树，可 2 年修剪一次，这样可以防止种毛污染。

合轴主干形修剪悬铃木需要保健壮的顶芽、直立芽，养成健壮的各级分枝，使树冠不断扩大即可。

近年来，提倡悬铃木自然式修剪。自然式修剪的悬铃木即培养一、二级骨架，扩大树荫后，任其上部自然生长，日常修剪侧重于抹芽、修剪病虫枝、徒长枝、烂头等，尽量多保留健康枝条，增加绿量。

（2）合欢。合欢主要以自然开心形修剪为主，在主干高达 2~2.5m 及以上时即可进行定干修剪，选上下错落的侧枝作为主枝，切勿选择同基点处的侧生分枝作为主枝，以免树干一处所承受的力量过大，冬季对三个主枝进行短截，在各个主枝上再培养几个侧枝，互相错落分布，占有一定的空间。如果树冠扩展过远，要及时回缩修剪换头，选下部几处健壮的芽逐步取而代之，待翌春萌发时，可形成新的主干。如此循环往复，可形成自然开心形树冠，犹如一把大遮阳伞，充分展示了行道树所特有的功能。平时注意剪除枯死枝、病虫枝、过密枝、交叉枝等。

（3）栾树。栾树定干后，于当年冬季或翌春选留3～5个生长健壮、分布均匀的主枝，短截留40cm左右，剪除其余分枝。为了集中养分促进侧枝生长，夏季应及时剥去主枝上萌出的新芽，第一次剥芽，每个主枝选留3～5枚芽，第二次留2～3枚，留芽方向要合理，分布要均匀。

冬季进行疏枝短截，使每个主枝上的侧枝分布均匀，方向合理。短截2～3个侧枝，其余全部剪掉，短截长度60cm左右。这样短截3年，树冠扩大，树干也粗壮，形成球形树冠。

每年冬季，剪除干枯枝、病虫枝、交叉枝、细弱枝和密生枝。如果主枝的延长枝过长应及时回缩修剪，继续当主枝的延长头。对于主枝背上的直立徒长枝要从基部剪掉。保留主枝两侧一些小侧枝，这样既有空间，又不扰乱树形，也不影响主枝生长。

（二）庭荫树的整形修剪

1. 庭荫树的基本概况

庭荫树一般以自然树形为宜，于休眠期间将过密、伤残、枯死、病虫及扰乱树形的枝条疏除，也可根据配植需要进行特殊的造型和修剪。树干1～1.5m以下的枝条全部剪除，作为遮阳树，树干的高度相应要高些（1.8～2m），首先是培养一段高矮适中、挺拔粗壮的树干。

2. 修剪季节

庭荫树修剪一般在冬季落叶后或春季发芽前进行。一般在12月中、下旬至翌年3月份，因为冬季树木休眠时修剪可重新调整枝条的组合，使树体内的储藏养料在第二年春季发芽后能得到合理的分配，并使新发的枝条有适当的空间得到阳光照射进行光合作用，促使树木的生长，从而实现庭荫树的庇荫降温等功能。

3. 庭荫树整形修剪的原则

没有人车通过、道路管线的限制，庭荫树多采用自然式整形修剪，其生长能充分发挥其景观效果。

庭荫树的树冠应尽可能大些，以最大限度发挥其遮阳作用。一般认为，以遮阳为主要目的的庭荫树，其树冠占树高的比例以2/3以上为佳。

4. 庭荫树主要整形修剪技术

（1）自然式修剪。在树木的自然树形的基础上，稍加修整。只修剪破坏树形和有损树体健康与行人安全的过密枝、徒长枝、内膛枝、交叉枝、重叠枝及病虫枯死枝等。

1）无主干枝的庭荫树。选用主干性不强的树种，如旱柳、榆树、栾树、国槐等，分枝点高度一般2～3m，于分枝点附近留5～6个主枝，各层主枝间距短，使自然长成卵圆形或扁圆形的树冠。每年修剪的主要对象是密生枝、枯死枝、病虫枝和伤残枝等。

2）多主干形的庭荫树。2～4个主干，分层排列侧生的主枝。适用于生长较旺盛的树种，尤其是观花乔木、庭荫树的整形。

（2）混合式整形修剪。以树木原有的自然形态为基础，略加人工改造的整形方式。

5. 几种常见庭荫树修剪

（1）旱柳。旱柳作为庭荫树主要以自然式修剪为主，修剪时一般分枝点高度定于2～3m，于分枝点附近留5～6个主枝，各层主枝间距短，使自然长成卵圆形或扁圆形的树冠。

每年冬季修剪的主要对象是密生枝、枯死枝、病虫枝、伤残枝等。

（2）悬铃木。悬铃木作为庭荫树主要以自然式修剪为主，自然式修剪的悬铃木即培养一、二级骨架，扩大树荫后，任其上部自然生长，日常修剪侧重于修剪病虫枝、徒长枝、枯死枝等，尽量多保留健康枝条，增加绿量。

（3）国槐。国槐修剪可采用高干自然开心形和主干疏层形。自然开心形在主干上着生3～5个主枝，每个主枝上着生2～3个侧枝；主干疏层形全树有主枝5～7个，分2～3层着生在中心干上。冬季修剪选择3～5个生长健壮、方向合适、角度适宜、位置理想的枝条作主枝，所留主枝留60～80cm短截，剪口留外向芽，以便扩大树冠；对其余枝条进行合理疏枝，疏除轮生枝、丛生枝、细弱枝、病虫枝、过密枝、干枯枝等。

（三）灌木、小乔的整形修剪及主要修剪方法

1. 灌木、小乔的整形修剪

（1）春季开花的落叶树木，花后立即修剪，疏除过多、过密枝、老枝、萌蘖条和徒长枝等，太长或破坏树形的枝条应该短截，疏开中心，以利通风透光。对具拱形枝的种类，如连翘、迎春等，老枝应该重剪，以利抽生健壮的新枝，充分发挥其树姿的特点。

（2）夏秋开花的落叶树木，新梢开花，除应在休眠期修剪外，其方法与春季开花者相同。落叶小乔木或灌木，喜光耐旱耐水、萌芽力成枝力强、芽的潜伏力强、耐修剪，多采用自然开心形、疏散分层形或多干丛生形，如紫薇等。

（3）一年多次开花的灌木，在休眠期剪除老枝，在花后短截新梢，如月季、珍珠梅等。

（4）常绿阔叶灌木，一般生长慢、枝叶匀称而紧密，可少修剪。摘心或剪梢，疏除弱枝、病枝、枯枝和交叉枝。速生的可重剪。轻修剪可在早春生长之前进行，较重修剪应推迟至开花之后。

观形类灌木，如小叶黄杨、千头柏、海桐等，短截为主，适当疏剪，可在每次抽梢之后轻剪一次，以利树形的迅速形成。

（5）观果类花灌木，金银木、枸杞、火棘等是一类既可观花、又可观果的花灌木，它们的修剪时期和方法与早春开花的种类大体相同，但需特别注意及时疏除过密枝，确保通风透光，减少病虫害，促进果实着色，提高观赏效果。

2. 主要修剪方法

（1）自然开心形整形。

一年生苗冬季短截，疏二次枝。翌春留剪口下30cm整形带内的芽，其余抹去。新梢长20～30cm时选主干延长枝，其余剪去1/2。

第二年冬，在1.5m处短截主干延长枝，疏剪口下二次枝和辅养枝。翌春剪口下留3～4芽任其生长，其他短截。

第三年冬，短截三主枝延长枝，留外芽。适当疏剪或短截剪口附近的二次枝。每主枝在离主干50cm处留第一侧枝，适当短截。主枝上的其他枝疏密截稀，留2～3芽作开花母枝。

第四年冬，各主枝继续延长，并留第二侧枝，短截第一侧枝及所有花枝。

（2）疏散分层形。

一年生苗短截，翌春发3～4个新枝，剪口第一枝作主枝延长枝，其他2～3枝不断摘心，作第一层主枝。

第二年冬，主干延长枝短截1/3，第一层主枝轻短截。翌年夏选留第二层主枝2个，其

他未入选的摘心。

第三年冬，按上法短截主干延长枝，留一枝作第三层主枝，其余的短截。以后主干不再增高。

每年在主枝上选留各级侧枝和安排开花基枝。开花基枝留 2 ~ 3 芽短截，翌年剪去前两枝，第三枝留 2 ~ 3 芽短截。如此每年反复。

（3）放任灌木的修剪与灌木更新。

1）放任灌木修剪。多干丛生，参差不齐，内膛空虚，容易光腿，树形杂乱无章。总的要求：去老干促新干。

丛生的和萌蘖性强的灌木：如小檗、太平花、珍珠梅、八仙花，秋季或早春将老干全部切去，让其从地面重新萌生，经过一定时期，又可形成优良的树形。

乔木型或亚乔木型灌木：如金缕梅、木槿、紫薇、杜鹃、碧桃等只能剪除内向枝、病虫枝、徒长枝及受损枝，其他部分不需要进行重剪，更不能从地面剪除。

2）灌木更新。

更新前的特点：年龄老化，主枝光腿，弱干自疏，树形杂乱。

更新方法：更新修剪多在休眠期进行，但以早春开始生长前几周进行最好。

① 逐年疏干。

原则：去劣留优，去密留稀，去老留幼。

疏干顺序：先粗后细，从上抽出。

② 平茬：从基部剪去所有主枝，萌发后再选留 3 ~ 5 个主干。

③ 台刈：在一定高度剪除所有枝条。

3. 常见灌木、小乔的修剪

（1）紫荆的整形修剪。

1）紫荆单干式（小乔木形）整形。

第一年：保留中央一个粗壮的枝，其余丛生枝剪去。

第二年：剪除该枝下部的新生分枝及新生根蘖条，保留该枝上部的 3 ~ 5 个枝条；中央枝作为中干，其余作为主枝。

第三年：剪除主枝以下的新生枝及根蘖条，保留主枝和主枝以上中心干的新生枝。

2）紫荆丛状整形。通过平茬或留 3 ~ 5 个芽重短截，促进多萌条；然后，选留 3 ~ 5 个枝条作为主枝，留 3 ~ 5 个芽短截，促其多分枝，其余剪除；留下基部几个芽短截；剪去树冠内过密的枝及细枝。

（2）碧桃、榆叶梅等有主干的落叶灌木（或小乔木）。修剪时保留一定的主干 20 ~ 30cm，留 3 ~ 5 个主枝，侧枝剪去一半，保留 2 ~ 3 个壮芽；翌年再短截新梢长度的 1/3，疏除过密枝。

（3）玫瑰、连翘等无主干或丛生的灌木。修剪时选留 3 ~ 5 个细粗均匀的主枝，其余疏掉；选留的主枝一般进行中短截。

（四）藤本树木的整形修剪

1. 藤本植物基本概况

藤本植物，植物体细长，不能直立，只能依附别的植物或支持物，缠绕或攀援向上生长的植物。

藤本植物一直是造园中常用的植物材料，如今可用于园林绿化的面积越来越小，充分利用攀援植物进行垂直绿化是拓展绿化空间、增加城市绿量、提高整体绿化水平、改善生态环境的重要途径。

　　2. 藤本类的整形修剪方式

　　（1）棚架式。棚架式多用于卷须类及缠绕类藤本植物，常在近地面处重剪，使发生数条强壮主蔓，垂直诱引主蔓至棚架顶部，使侧蔓均匀分布架上，很快成为荫棚。主要是隔数年将病、老枝或过密枝疏剪，不必每年修整。

　　（2）凉廊式。常用于卷须类及缠绕类植物，也偶尔用于吸附类植物。因凉廊有侧方格架，所以主蔓勿过早诱引至廊顶，否则容易形成侧面空虚。

　　（3）篱垣式。篱垣式多用于卷须类及缠绕类藤本植物，主要是将侧蔓进行水平诱引，每年对侧枝施行短截，形成整齐的篱垣形式。长而较矮的篱垣常被称为"水平篱垣式"，又依水平分段层次可分为二段式、三段式等。"垂直篱垣式"，适于形成距离短而较高的篱垣。

　　（4）附壁式。附壁式多用于吸附类藤本植物，只需将藤蔓引于墙面即可自行靠吸盘或吸附根而逐渐布满墙面，注意使壁面基部全部覆盖，各蔓枝在壁面上分布均匀，勿使互相重叠交错，防基部空虚。可采用轻、重剪及曲枝诱引等方法，并加强栽培管理，以维持基部及整体枝条长期茂密。

　　（5）直立式。对于一些茎蔓粗壮的种类，如紫藤等，可以修剪整形成直立灌木式。此式如用于公园道路旁或草坪上，可以收到良好的效果。

　　3. 藤本类植物修剪方法

　　（1）吸附类藤本植物，如常春藤、扶芳藤、爬山虎、凌霄、络石等类植物应在生长季剪去未能吸附墙体而下垂的枝条；对于未完全覆盖的墙面，应短截空隙周围的植物枝条，以便发生副梢，填补空缺。

　　（2）钩刺类藤本植物，如藤本月季可按灌木修剪方法疏枝，当植物生长到一定程度，树势衰弱时，应进行回缩修剪，强壮树势。

　　（3）生长于棚架的藤本植物，如卷须类植物葡萄、山葡萄等和缠绕型植物如三叶木通、五叶木通等落叶后应疏剪过密枝条，清除枯死枝，使枝条均匀分布架面。

　　（4）成年和老年藤本植物应常疏枝，并适当进行回缩修剪。

　　4. 常见藤本类植物修剪

　　（1）紫藤。栽植藤本应视需要进行修剪，用于棚架和长廊绿化时，应将其主枝均匀分布绑缚架上，使其沿架攀缘，迅速扩展。休眠期的修剪主要是调整枝条分布，过密枝、细弱枝应从茎部剪除，使树体主蔓、侧蔓结构匀称清晰，通风透光，如图4-4-2所示。

　　（2）凌霄。定植后修剪时，首先选一健壮枝条作主蔓培养，剪去先端未死老化的部分，剪口下的侧枝疏剪掉一部分，以减少竞争，保证主蔓优势，然后牵引使其附着在支柱上。主干上生出的主枝只留2～3个作辅养枝，其余的全部疏剪掉。

【学习评价】

　　学习评价采用多元化的评价体系，将学生专业知识、技能操作、技能成果和个人的职业素养有效地结合在一起（表4-4-3）。

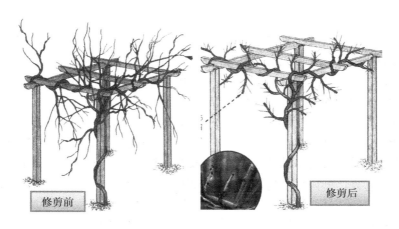

修剪前　　　　　　　　　　　　　　修剪后

图 4-4-2　紫藤修剪前后

表 4-4-3　学生考核评价表

考核项目	权重	项目指标	考核等级				考核结果			总评
			A（优）	B（良）	C（及格）	D（不及格）	学生	教师	专家	
专业知识	25%	修剪方法	熟知	基本掌握	部分掌握	基本不能掌握				
		修剪技术	熟知	基本掌握	部分掌握	基本不能掌握				
技能操作	40%	常见园林植物的修剪	能独立完成修剪，程序规范，方法正确	在老师指导下完成修剪，程序规范，方法正确	在老师指导下完成修剪，程序规范，方法有误	在老师指导下完成，程序不规范，方法错误				
技能成果	20%	修剪树形	符合要求	基本符合要求	基本不符合要求	不符合要求				
		剪口处理、留芽位置	剪口状态、留芽正确，大剪口涂保护剂	剪口状态、留芽一个正确，大剪口涂保护剂	剪口状态、留芽一个正确，大剪口没涂保护剂	剪口状态、留芽错误，大剪口没涂保护剂				
职业素养	15%	态度	认真，能吃苦耐劳；不旷课，不迟到早退	较认真，能吃苦耐劳；不旷课	旷课次数≤1/3或迟到早退次数≤1/2	旷课次数>1/3或迟到早退次数>1/2				
		合作	服从管理，能与同学很好配合	能与班级、小组同学配合	只与小组同学很好配合	不能与同学很好配合				
		学习与创新	能提前预习和总结，能解决实际问题	能提前预习和总结，敢于动手	没有提前预习或总结，敢于动手	没有提前预习和总结，不能处理实际问题				

【练习设计】

一、名词解释

行道树　整形　自然式修剪　自然与人工混合式整形　藤本植物

二、选择

1. 有一定的高度，无中心主干，主干上部分生 3~4 个主枝，均匀向四周排列，各主枝再分生 2 个枝即传统的"三叉六股十二枝"树形，此种整形方式是（　　　）。

A. 杯状形　　　　　B. 开心形　　　　　C. 中央主干形　　　D. 疏散分层形

2. 中心主干低矮，分枝较低，干上有 3~4 主枝，其夹角 90~120°，分别向外延伸，使中心开展，每主枝上配 2~3 骨干枝，骨干枝上配三级枝组的整形方式是（　　　）。

A. 杯状形　　　　　B. 开心形　　　　　C. 中央主干形　　　D. 疏散分层形

3. 留一强大的中央主干，在其上配列疏散的主枝。适用单轴分枝、轴性强的树种，能形成高大的树冠，宜作庭荫树、孤植树及松、柏类乔木的整形。此种整形方式为（　　　）。

A. 杯状形　　　　　B. 开心形　　　　　C. 中央主干形　　　D. 疏散分层形

4. 留 2~4 个中央主干，在其上配列侧生的主枝，形成均整匀称的树冠，本形适用于生长较旺的树种，可形成优美的树冠，宜作观花乔木、庭荫树的整形，此种整形方式为（　　　）。

A. 杯状形　　　　　B. 开心形　　　　　C. 中央主干形　　　D. 多主干形

5. 主干不明显，每丛自基部留 10 余个主枝，其中保留一~三年生主枝 3~4 个，每年剪去 3~4 个老主枝，更新复壮，此种整形方式为（　　　）。

A. 灌丛形　　　　　B. 自然开心形　　　C. 多主干形　　　　D. 疏散分层形

三、简答

1. 试述夏季银杏树整形修剪方法。

2. 试述园林树木自然与人工混合式整形。

3. 试述自然式冠形行道树的修剪整形。

4. 试述杯状形行道树的修剪与整形。

四、实训

藤本植物（紫藤）整形修剪。

技能四　常见园林植物造型修剪技术

【技能描述】

掌握不同植物造型修剪的方法和技术。

【技能情境】

（1）场地：实习实训基地。

（2）工具：修枝剪、绿篱机、手锯、扶梯、手套、清扫工具等。

（3）材料：各种需修剪的植物。

【技能实施】

（1）分小组进行方案设计，每组 5~6 人。

（2）查找资料，制定修剪方案；准备工具、材料。

（3）方案实施：

1）选择：对于不同种类的植物，选择相应的修剪方法进行修剪。

2）实施步骤：

① 确定植物：选定需修剪的植物。

② 确定修剪方法：对要修剪的植物选择适合的造型修剪方法和技术。

③ 开始修剪：针对不同的修剪方法采用不同的修剪要领。

3）清理现场：修剪后的枝条、枝叶要及时清理。

【技术提示】

（1）针对不同植物选择适合的造型修剪方法与技术。

（2）掌握常见造型植物的修剪方法。

【知识链接】

植物造型修剪也是植物整形修剪的一种形式，常见的形式有动物形状和其他物体形状两大类。适用于进行特殊造型的植物，必须枝叶茂盛，叶片细小，萌芽力和成枝力强，自然整枝能力差，枝干易弯曲造型，如罗汉松、圆柏、黄杨、金雀花、水蜡树、紫杉、女贞等。

对植物特殊的造型修剪，首先，要具有一定的雕塑基本知识，能对造型对象各部分的结构、比例有较好的掌握；其次，应从基部做起，循序渐进，切忌急于求成，有些大的整形还要在内膛架设钢铁骨架，以增强枝干的支撑力；最后，灵活并恰当运用多种修剪方法。常用的修剪方法是截、放、变三种形式。

1. 图案式绿篱的整形修剪

组字或图案式绿篱，采用矩形的整形方式，要求篱体边缘棱角分明，界限清楚，篱带宽窄一致，每年修剪的次数比一般镶边、防护的绿篱要多，枝条的替换、更新时间应短，不能出现空秃，以始终保持文字和图案的清晰可辨。用于组字或图案的植物，应较矮小、萌枝力强、极耐修剪，目前常用的是瓜子黄杨和雀舌黄杨。可依字图的大小，采用单行、双行或多行式定植。

2. 绿篱拱门的制作与修剪

绿篱拱门设置在用绿篱围成的闭锁空间处，为了便于游人入内，常在绿篱的适当位置断开绿篱，制作一个绿色的拱门，与绿篱连为一体，游人可自由出入，又具有极强的观赏、装饰效果。制作的方法是：在断开的绿篱两侧各种一株枝条柔软的小乔木，两树之间保持较小间距，然后将树梢向内弯曲并绑扎在一起。枝条柔软，造型自然，并能把整个骨架遮挡起来。绿色拱门必须经常修剪，防止新梢横生下垂，影响游人通行；并通过反复修剪，始终保持较窄的厚度，使拱门内膛通风通光好，不易产生光秃。

3. 造型树木的整形修剪

用各种侧枝茂盛、枝条柔软、叶片细小且极耐修剪的树木，通过扭曲、盘扎、修剪等手段，将树木整成亭台、牌楼、鸟兽等各种主体造型，以点缀和丰富园景，如图 4-4-3 所示。造型要讲究艺术构图的基本原则，运用美学原理，使用正确的比例和尺度，发挥丰富的联想和比拟等。同时做到各种造型与周围环境及建筑充分协调，创造出一种如画的图卷、无声的音乐、人间的仙境。

鸟兽造型

几何造型

图 4-4-3　造型树木修剪

　　造型树木的整形修剪，首先应培养主枝和大侧枝构成骨架，然后将细小的侧枝进行牵引和绑扎，使它们紧密抱合生长，按照仿造的物体形状进行细致的修剪，直至形成各种绿色雕塑的雏形。在以后的培育过程中不能让枝条随意生长而扰乱造型，每年都要进行多次修剪，对"物体"表面进行反复短截，以促发大量的密集侧枝，最终使得各种造型丰满逼真、栩栩如生。造型培育中，决不允许发生缺棵和空秃现象，一旦空秃难以挽救。

【学习评价】

　　学习评价采用多元化的评价体系，将学生专业知识、技能操作、技能成果和个人的职业素养有效地结合在一起（表4-4-4）。

表 4-4-4　学生考核评价表

考核项目	权重	项目指标	考核等级				考核结果			总评
			A（优）	B（良）	C（及格）	D（不及格）	学生	教师	专家	
专业知识	25%	修剪方法	熟知	基本掌握	部分掌握	基本不能掌握				
		修剪技术	熟知	基本掌握	部分掌握	基本不能掌握				
技能操作	35%	常见园林植物的造型修剪	能独立完成修剪，程序规范，方法正确	在老师指导下完成修剪，程序规范，方法正确	在老师指导下完成修剪，程序规范，方法有误	在老师指导下完成，程序不规范，方法错误				
技能成果	25%	植物造型	符合要求	基本符合要求	基本不符合要求	不符合要求				
		剪口处理、留芽位置	剪口状态、留芽正确，大剪口涂保护剂	剪口状态、留芽一个正确，大剪口涂保护剂	剪口状态、留芽一个正确，大剪口没涂保护剂	剪口状态、留芽错误，大剪口没涂保护剂				

（续）

考核项目	权重	项目指标	考核等级				考核结果			总评
			A（优）	B（良）	C（及格）	D（不及格）	学生	教师	专家	
职业素养	15%	态度	认真，能吃苦耐劳；不旷课，不迟到早退	较认真，能吃苦耐劳；不旷课	旷课次数≤1/3或迟到早退次数≤1/2	旷课次数>1/3或迟到早退次数>1/2				
		合作	服从管理，能与同学很好配合	能与班级、小组同学配合	只与小组同学很好配合	不能与同学很好配合				
		学习与创新	能提前预习和总结，能解决实际问题	能提前预习和总结，敢于动手	没有提前预习或总结，敢于动手	没有提前预习和总结，不能处理实际问题				

【练习设计】

简答

1. 造型修剪对植物有哪些要求？

2. 如何做好造型修剪以及造型修剪的主要修剪方法有哪些？

任务四总结

本任务主要介绍了园林植物整形修剪内容，包括以下四个方面的内容：修剪工具、整形修剪基本方法、常见园林植物的整形修剪以及常见园林植物造型修剪。通过任务四的学习，学生可以全面系统地掌握园林植物整形修剪的知识与技能。

任务五 园林植物自然灾害防治技术

【任务分析】

园林植物各种自然灾害主要防治措施。

【任务目标】

（1）了解园林植物自然灾害包括的内容。

（2）学会园林植物自然灾害的防治方法。

技能一 低温防治

【技能描述】

掌握植物低温伤害类型及防治措施。

【技能情境】

（1）场地：校内实习基地。

（2）工具：竹片、钢丝、钳子、木棍、防寒布、铁锹等。

（3）材料：绿篱。

【技能实施】

（1）分小组进行方案设计，每组 7~8 人。

（2）查找资料，制定防寒方案；准备工具。

（3）实施步骤：

1）砸立杆。

2）绑扎横杆。

3）拐角的处理。

4）绷布。

【技术提示】

（1）低温伤害要针对不同植物采取相应的防寒措施。

（2）做防寒措施前部分植物要浇一次封冻水，来年春天及时补充春水。

【知识链接】

（一）低温危害

冬害：植物在冬季休眠中所受到的低温伤害。

春（秋）害：植物在生长初（末）期因寒潮突然入侵和夜间地面辐射冷却所引起的低温伤害。

（二）低温伤害的基本类型

根据低温对植物伤害的机理，主要分为冻害、冻旱（干化）和寒害（冷害）。

1. 冻害

植物在 0℃ 以下，因组织内部结冰所引起的伤害。形成原因：温度降低，冰晶不断扩大，细胞失水，细胞液浓缩，原生质脱水，蛋白质沉淀；压力的增加，促使细胞膜变性和细胞壁破裂，植物组织损伤，导致树木明显受害。

（1）溃疡。低温下树皮组织的局部坏死。一般只局限于树干、枝条或分叉某一特定的较小范围。树干上普遍局限于树干的南向和西南向。

症状：树皮变色下陷，其后逐渐干枯死亡，皮部裂开和脱落。多为积雪冻害或一般冻害（图 4-5-1a）。

根颈：进入休眠最晚，易遭冻害，受冻后对树体影响最大。

成熟枝条：形成层最抗寒，皮层次之，而木质部、髓部最不抗寒。

枝条受冻常与冻旱、抽条同时发生，冻伤主要表现为组织变色，冻旱、抽条主要表现为枝条干缩。

根：粗根比细根耐寒；表层根系易受冻害；根在疏松的土壤比板结土壤中受冻厉害；干

燥土壤比潮湿土壤严重；新栽树木或幼树的根系易受冻害。

防治办法：适当深栽；地面覆盖；选择抗寒砧木；伤后修剪等。

（2）冻裂。冬季气温低且变化剧烈，易发生冻裂。多发生在树干的西南向。落叶树冻裂比常绿树严重。

轮裂：又称杯状环裂。在低温以后，树干外部组织在太阳照射下突然加热升温，使这些组织的膨胀比内面组织快，导致木质部沿某一年轮开裂。

径裂：沿直径的方向，特别是髓射线的方向，常发生在降温时（图4-5-1b）。

a）   b）

图4-5-1 树木常见冻害的类型

a）溃疡 b）冻裂

冻裂的树木，按要求对裂缝消毒和涂漆，在裂缝闭合时，每隔30cm弦向安装螺纹杆或螺栓固定，以防再次张开。

（3）冬日晒伤。冬季和早春，向南一面，结冻和解冻交互发生引起。温差可达28～30℃。多发生在寒冷地区的树木主干和大枝上。树干遮荫或涂白可减少伤害。

（4）冻拔。又称冻举，是温度降至0℃以下，土壤冻结并与根系联为一体后，由于水结冰体积膨胀，使根系与土壤同时抬高，解冻时，土壤与根系分离，在重力作用下，土壤下沉，苗木根系外露，似被拔出，倒伏死亡。多发生于含水量过高、质地黏重的土壤及根系浅的树木（如幼苗和新栽幼树）。

（5）霜害。温度急剧下降至0℃以下，空气中的饱和水汽与树体表面接触，凝结成冰晶（霜），使幼嫩组织或器官产生伤害。

早霜（秋霜）：凉爽夏季伴随温暖的秋天，使得生长季推迟，木质化程度低而遭初秋霜冻的危害。另一原因是秋季的异常寒流。

晚霜（春霜）：树木萌动后，气温突然下降至0℃或更低，导致阔叶树的嫩枝、叶片萎蔫、变黑和死亡，针叶变红和脱落。

霜穴（袋）：低洼地或山谷，南种北引易遭早霜；北种南引易遭晚霜。幼苗和树木的幼嫩部分容易遭受霜冻。

抗寒性强弱：休眠期＞营养生长阶段＞生殖阶段；茎＞叶＞花；实生起源＞营养繁殖起源。

2. 冻旱（干化）

因土壤冻结而发生的生理干旱。在冬季或春季晴朗时，常有短期明显回暖天气，树木地上部分蒸腾加速，但土壤仍然冻结，根系吸收的水分不能弥补丧失的水分而遭受冻旱危害。常绿树遭受冻旱的可能性更大。

症状：发生早期，常绿阔叶树的叶尖和叶缘焦枯、叶片颜色趋于褐色而不是黄色。在常绿针叶树上，针叶完全变褐或者从尖端向下逐渐变褐，顶芽易碎，小枝易折。

3. 寒害（冷害）

0℃以上的低温对植物所造成的伤害，多发生于热带或亚热带树种。喜温树种北移时，寒害是一重要障碍，同时也是其生长发育的限制因子。症状有叶黄、脱落。

寒害引起树木死亡的原因主要是细胞内核酸和蛋白质代谢受到干扰。

4. 抽条（灼条或烧条）

是指树木越冬以后，枝条脱水、皱缩、干枯的现象，实际上是低温危害的综合征。原因包括冻伤、冻旱、霜害、寒害及冬日晒伤。

大量失水抽条不是在严寒的1月份，而是发生在气温回升、干燥多风、地温低的2月中下旬至3月中下旬，轻者可恢复生长，但会推迟发芽；重者可导致整个枝条干枯。

（三）低温伤害的防治

1. 主要预防措施

（1）适地适树。选择抗寒的树种或品种，以乡土树种为主，合理选用引种树种。在一般情况下，对低温敏感的树种，应栽植在通气、排水性能良好的土壤上，以促进根系生长，提高耐低温的能力。

（2）加强抗寒栽培，提高树木抗性。春季加强肥水供应；夏季适期摘心，促进枝条成熟；后期控水，及时排涝，不施或少施氮肥，适量施用磷、钾肥，勤锄深耕；冬季修剪以及人工落叶等，减少蒸腾面积，加强病虫害的防治。

（3）改善小气候，增加温度与湿度的稳定性。

1）林带防护法：主要适用于专类园的保护。

2）喷水法：在将发生霜冻的黎明，向树冠喷水，能起到减缓降温，防止霜冻的效果。

3）熏烟法：形成烟幕，减少土壤辐射散热；同时烟粒吸附湿气，使水汽凝结成液体放出热量，提高温度，保护树木。但在多风或温度降至 -3℃ 以下时，效果不明显。

（4）加强树体保护，减少低温伤害（图4-5-2）。冻前灌水；全株培土，根颈培土（30cm），束冠；用7%～10%石灰乳涂白，配方为水10份，生石灰3份，石硫合剂原液0.5份，食盐0.5份，动植物油少许；主干包草1.3～1.5m高；搭风障；用腐叶土、泥炭藓或锯末等保温材料覆盖根区或树盘；喷洒蜡制剂或液态塑料；在树木已经萌动、开始伸枝展叶或开花时，根外追施磷酸二氢钾。

a）　　　　　　　　　　　　　　b）

图4-5-2　树木防低温伤害措施

a）风障　b）涂抹石硫合剂

（5）推迟萌动期，防晚霜危害。利用生长调节剂；早春多次灌返浆水；树干刷白或树冠喷白（7%～10%石灰乳）。

2. 受害植株的养护

合理修剪：将受害器官剪至健康部分，最好萌芽后进行。

合理施肥：7月前后适当施用化肥；越冬后对受害植株适当多施化肥。

伤口修整、消毒与涂漆，桥接修补或靠接换根。

（四）常见植物防寒措施

1. 绿篱防寒

（1）砸立杆：每延米1根（每根立杆基本在侧石缝处），立杆要求高出绿篱8～10cm。为保证立杆顶平侧直，工作时必须挂线找直、找上平；为保证立杆的稳定性，立杆入土地至少15cm，离侧石内侧的距离控制在2～3cm，必须保持一致。

（2）绑扎横杆：横杆上下两道，上道杆稍低于立杆0.5cm左右，下道杆高出侧石4～5cm，使用钢丝绑扎在立杆外侧（扎口留在里侧），两根横杆搭接20～30cm，大头与小头搭接，两道杆都要求平直，严禁出现起伏现象。

（3）拐角的处理：拐角处必须加一斜撑固定，外再绑扎一根立杆保证绷布后部不会被横杆捅破。

（4）绷布：此项工作是防寒中的关键一步，首先要选好防寒布的高度，压塑料膜的一侧朝向绿篱外侧，如果是上口敞开式，防寒布上沿高于横杆1.5cm找齐，横杆是竹片的高于竹片上沿1cm，整体要求平整不起皱。上口敞开式，绷布中缝针是一关键，要求立杆上中下各缝一针，两立杆之间的横杆中间上下各缝一针（"十"字结必须留在布外面）；缠绕式绷布，即布的上沿缠在横杆上，两针间的距离控制在10cm，每2m必须打一死结，防止一处断头造成整体脱落；穿针必须从里往外，从横杆的下方穿针，否则易出现松动；其他要求同敞开式。

2. 常绿植物防寒

针对常绿植物防寒风障，要求应搭设在迎风一侧和与其相临的两侧的迎风面方向，大小适合，高度超出植株高度0.5～1m，与植株水平距离保持0.5m。风障抗风能力要求达到八级以上，两根竖杆间距要求1～1.2m，横杆间距不大于0.5m，且要平直，风障主框架必须有斜撑加固。防寒立杆不能超出防寒布，并要求防寒布用尼龙草进行绑扎，间距不大于10cm。要求风障稳固，形状规整，高度一致、美观。

3. 落叶树木防寒

对需要进行防寒的乔木、灌木不管新老均在树干上先缠绕双层无纺布，然后在无纺布外侧紧密地缠绕一层地膜，无纺布和地膜的缠绕高度从根茎部位到树分枝点；或缠绕一层草绳，外边缠绕一层地膜，高度从根茎部位到树分枝。

【学习评价】

学习评价采用多元化的评价体系，将学生专业知识、技能操作、技能成果和个人的职业素养有效地结合在一起（表4-5-1）。

表 4-5-1　学生考核评价表

考核项目	权重	项目指标	考核等级				考核结果			总评
			A（优）	B（良）	C（及格）	D（不及格）	学生	教师	专家	
专业知识	25%	伤害类型	熟知	基本掌握	部分掌握	基本不能掌握				
		防寒措施	熟知	基本掌握	部分掌握	基本不能掌握				
技能操作	35%	防寒技术措施	操作熟练，技术达到要求	操作熟练，技术基本达到要求	操作在指导下完成	操作在指导下不能完成				
技能成果	25%	防寒方案	根据具体植物，正确制定方案	根据具体植物，方案基本正确	根据具体植物，方案部分正确	根据具体植物，不能制定方案				
职业素养	15%	态度	认真，能吃苦耐劳；不旷课，不迟到早退	较认真，能吃苦耐劳；不旷课	旷课次数≤1/3或迟到早退次数≤1/2	旷课次数>1/3或迟到早退次数>1/2				
		合作	服从管理，能与同学很好配合	能与班级、小组同学配合	只与小组同学很好配合	不能与同学很好配合				
		学习与创新	能提前预习和总结，能解决实际问题	能提前预习和总结，敢于动手	没有提前预习或总结，敢于动手	没有提前预习和总结，不能处理实际问题				

【练习设计】

一、名词解释

冻害　冻旱（干化）　　抽条

二、简答

1. 低温伤害的类型有哪些？

2. 如何对园林植物的低温伤害进行防治？

三、实训

校园绿化植物防寒处理。

技能二　高温防治

【技能描述】

掌握植物高温伤害因素及防治措施。

【技能情境】

（1）场地：新栽植幼树实训基地。

（2）工具：竹竿、木棍、钢丝、钳子、木棍、遮阳网、铁锹等。

（3）材料：新栽植幼树。

【技能实施】

（1）分小组进行方案设计，每组 7~8 人。

（2）查找资料，制定遮阳方案；准备工具。

（3）实施步骤：

1）砸立杆。

2）绑扎横杆。

3）固定遮阳网。

4）洒水降温。

【技术提示】

（1）当年新栽植幼树要做好遮阳防日灼工作。

（2）及时对植株喷水降温。

（3）秋季大树涂白也可以防日灼。

【知识链接】

（一）高温危害

以仲夏和初秋最为常见，对树体表现出直接和间接伤害。

1. 高温的直接伤害——日灼病

在强烈的阳光直接照射下，由于高温，水分不足、蒸腾作用减弱，致使树体温度难以调节，造成枝干的皮层或其他器官表面的局部温度过高，伤害细胞生物膜，使蛋白质失活或变性，导致皮层组织或器官溃伤、干枯死亡。

根颈伤害：又称灼环、颈烧、干切。土表温度为 40℃ 时就开始受害。幼苗易受害，且多发生于茎的南向，表现为茎的溃伤或芽的死亡。

形成层伤害：皮烧或皮焦，引起形成层和树皮组织的局部死亡。多发生在树皮光滑的成年树上，树皮呈斑块状死亡或片状脱落。

叶片伤害：叶焦，嫩叶、嫩梢烧焦变褐。

2. 高温的间接伤害——饥饿和失水干化

临界高温后，光合作用开始迅速降低，呼吸作用继续增加，消耗多、积累少；超过光饱和点，光合速率显著降低；蒸腾速率很高。

（二）影响高温伤害的因素

1. 树种、年龄、器官和组织状况

英桐、樱花、檫木、泡桐及樟树的主干易遭皮灼；红枫、银槭、山茶的叶片易得叶焦病。幼树皮薄、组织幼嫩易遭高温的伤害；新梢易遭高温的危害。

2. 环境条件和栽培措施

气候干燥、土壤水分不足会加剧叶子的灼伤；硬质铺装最易引起皮焦和日灼；遭蚜虫和其他刺吸式昆虫严重侵害时，常使叶焦加重；树木缺钾可加速叶片失水而易遭日灼。

生长环境突然变化，或根系受损等都易发生日灼。如新栽幼树，北树南移；去冠栽植、主干及大枝突然失去庇荫保护；习惯于密集丛生、侧方遮荫的树木，移植到空旷地，或高强度间伐突然暴露于强烈阳光下时。

（三）高温危害的防治

（1）适地适树：选择耐高温抗性强的树种或品种。

（2）栽植前抗性锻炼，并注意方向：如逐步疏开树冠和庇荫树，以便适应新的环境。

（3）移栽时尽量保留比较完整的根系，以利吸水。

（4）树干涂白：可反射阳光，缓和树皮温度的剧变，对减轻日灼和冻害均有明显的作用。涂白多在秋末冬初进行，有的地区也在夏季末进行。此外，树干缚草、涂泥及培土等也可防止日灼。

（5）加强树冠管理：易日灼的可适当降低主干高度，多留辅养枝避免枝、干的光秃和裸露。

（6）去头栽植或重剪应慎重：应分 2～3 年进行，避免一次透光太多；需要提高主干高度时，应有计划地保留一些弱小枝条自我遮荫，以后再分批修除。

（7）必要时可给树冠喷水或抗蒸腾剂。

（8）加强综合管理：生长季防干旱，防各种原因造成叶片损伤，防病虫害，合理施用化肥。

（9）加强受害树木的管理：伤口修整、消毒、涂漆，必要时还应进行桥接或靠接修补。

【学习评价】

学习评价采用多元化的评价体系，将学生专业知识、技能操作、技能成果和个人的职业素养有效地结合在一起（表 4-5-2）。

表 4-5-2　学生考核评价表

考核项目	权重	项目指标	考核等级				考核结果			总评
			A（优）	B（良）	C（及格）	D（不及格）	学生	教师	专家	
专业知识	25%	伤害症状	熟知	基本掌握	部分掌握	基本不能掌握				
		影响因素	熟知	基本掌握	部分掌握	基本不能掌握				
技能操作	35%	高温防治技术措施	操作熟练，技术达到要求	操作熟练，技术基本达到要求	操作在指导下完成	操作在指导下不能完成				
技能成果	25%	防高温方案	根据具体植物，正确制定方案	根据具体植物，方案基本正确	根据具体植物，方案部分正确	根据具体植物，不能制定方案				
职业素养	15%	态度	认真，能吃苦耐劳；不旷课，不迟到早退	较认真，能吃苦耐劳；不旷课	一般；旷课次数 ≤1/3 或迟到早退次数 ≤1/2	旷课次数 >1/3 或迟到早退次数 >1/2				
		合作	服从管理，能与同学很好配合	能与班级、小组同学配合	只与小组同学很好配合	不能与同学很好配合				
		学习与创新	能提前预习和总结，能解决实际问题	能提前预习和总结，敢于动手	没有提前预习或总结，敢于动手	没有提前预习和总结，不能处理实际问题				

【练习设计】

一、名词解释

日灼　根颈伤害　形成层伤害　叶片伤害

二、简答题

1. 试述影响高温伤害的因素。

2. 试述高温危害的防治。

技能三　风害防治

【技能描述】

掌握植物风害类型及预防措施。

【技能情境】

（1）场地：实习实训基地。

（2）工具：竹片、钢丝、钳子、木棍、防风布、铁锹等。

（3）材料：绿篱。

【技能实施】

（1）分小组进行方案设计，每组7～8人。

（2）查找资料，制定防风方案；准备工具。

（3）实施步骤：

1）砸立杆、做支撑。

2）绑扎横杆。

3）绷布。

【技术提示】

（1）做好新栽植树木的防风措施，做支撑等。

（2）大树移栽时，树根盘不宜过小，做到比例适中。

【知识链接】

（一）风害的影响因素

在多风地区，树木会出现偏冠和偏心现象。偏冠会给树木整形修剪带来困难，偏心的树木易遭受冻害和日灼，影响树木正常发育和功能作用的发挥。

1. 树种的生物学特性与风害的关系

（1）树种特性。浅根、高干、冠大、叶密的树种，如刺槐、加杨等抗风力弱，相反根深、矮干、枝叶稀疏坚韧的树种，如垂柳、乌桕等则抗风性较强。

（2）树枝结构。一般髓心大，机械组织不发达，生长又很迅速而枝叶茂密的树种，风害较重。一些易受虫害的树种主干最易风折，健康的树木一般是不易遭受风折的。

2. 环境条件与风害的关系

（1）行道树。如果风向与街道平行，风力汇集成为风口，风压增加，风害会随之加大。

（2）局部绿地。因地势低凹，排水不畅，雨后绿地积水，造成雨后土壤松软，风害会显著增加。

（3）风害也受绿地土壤质地的影响。如绿地偏沙或为煤渣土、石砾土等，因结构差、土层薄抗风性差；如为壤土或偏黏土等则抗风性强。

3. 人为经营措施与风害的关系

（1）苗木质量。苗木移栽时，特别是移栽大树，如果根盘起的小，则因树身大，易遭风害。所以大树移栽时一定要立支柱，在风大地区，栽大苗也应立支柱，以免树身被吹歪。移栽时一定要按规定起苗，起的根盘不可小于规定尺寸。

（2）栽植方式。凡是栽植株行距适度，根系能自由扩展的抗风强；如树木株行距过密，根系发育不好，再加上护理跟不上，则风害显著增加。

（3）栽植技术。在多风地区栽植坑应适当加大，如果小坑栽植，树会因根系不舒展，发育不好，重心不稳，易受风害。

（二）预防和减轻风害的措施

在风口、风道、易遭风害地区选择深根性、耐水湿、抗风力强的树种，如枫杨、无患子、柳树等。株行距要适度，采用低干矮冠整形。

改良栽植地（土质偏沙）土壤质地，大穴换土，适当深栽。

培育壮根良苗，大树移栽时，根盘不能起挖过小，栽后立即立支柱。

合理疏枝，控制树形，可减少阻风力，减轻风折、风倒。

对幼树、名贵树种可设置风障。

（三）风后的养护

对于遭受大风危害的树木，应根据受害情况及时做下列维护：

（1）对被风刮倒的树木及时顺势扶正。

（2）对折枝的根加以修剪，填土压实，培土为馒头形。

（3）修剪部分或大部分枝条，并立支柱。

（4）对于裂枝要吊枝或顶枝，捆紧基部受伤面，涂药膏促使其愈合，并加强肥水管理，促进树势的恢复。

【学习评价】

学习评价采用多元化的评价体系，将学生专业知识、技能操作、技能成果和个人的职业素养有效地结合在一起（表4-5-3）。

表4-5-3　学生考核评价表

考核项目	权重	项目指标	考核等级				考核结果			总评
			A（优）	B（良）	C（及格）	D（不及格）	学生	教师	专家	
专业知识	25%	影响因素	熟知	基本掌握	部分掌握	基本不能掌握				
		防治措施	熟知	基本掌握	部分掌握	基本不能掌握				

（续）

考核项目	权重	项目指标	考核等级				考核结果			总评
			A（优）	B（良）	C（及格）	D（不及格）	学生	教师	专家	
技能操作	35%	防风害的技术措施	操作熟练，技术达到要求	操作熟练，技术基本达到要求	操作在指导下完成	操作在指导下不能完成				
技能成果	25%	防风方案	根据具体植物，正确制定方案	根据具体植物，方案基本正确	根据具体植物，方案部分正确	根据具体植物，不能制定方案				
职业素养	15%	态度	认真，能吃苦耐劳；不旷课，不迟到早退	较认真，能吃苦耐劳；不旷课	一般；旷课次数≤1/3 或迟到早退次数≤1/2	旷课次数＞1/3 或迟到早退次数＞1/2				
		合作	服从管理，能与同学很好配合	能与班级、小组同学配合	只与小组同学很好配合	不能与同学很好配合				
		学习与创新	能提前预习和总结，能解决实际问题	能提前预习和总结，敢于动手	没有提前预习或总结，敢于动手	没有提前预习和总结，不能处理实际问题				

【练习设计】

简答

1. 风害的预防措施有哪些？

2. 风后如何养护？

技能四　雪害防治

【技能描述】

掌握植物雪害不同受灾情形及灾后的处理方法。

【技能情境】

（1）场地：实习实训基地。

（2）工具：木棍、钢丝、钳子、电锯、枝剪、铁锹等。

（3）材料：受雪灾的树木。

【技能实施】

（1）分小组进行方案设计，每组7～8人。

（2）查找资料，制定防雪灾方案；准备工具。

（3）实施步骤：

1）做支撑。

2）固定树木。

3）修剪枝叶，减少雪折。

【技术提示】

（1）做好雪灾前的预防工作。

（2）及时清除枯死植株。

（3）做好灾后病虫害的防治工作。

【知识链接】

（一）树木几种不同受灾情形

连续降雪造成树木受到冻害，主要有：

1. 雪折

因树冠和枝叶在较长的时间内承受超负荷的积雪重量，导致主干、大枝被压断或大枝劈裂的现象。主要发生在雪松、广玉兰、竹类等树种上。

2. 倒伏

主要发生在刚栽植不久、茎干较细或浅根性的树种上，如雪松、广玉兰、紫竹、侧柏、罗汉松等。

3. 全株冻死

主要发生在一些从南方引进的观赏树木上，由于未经历过严寒的适应性锻炼，在长时间持续低温的作用下，导致全株被冻死。

4. 叶片严重受冻

主要是受长时间持续低温的破坏，导致植株叶片组织坏死，全树冠叶片枯黄或呈深褐色。

（二）雪灾后的处理方法

1. 锯截断梢

对一些主梢被折断的观赏树木，如广玉兰、罗汉松等，可从主梢折断部位下方5cm处截断，截面处理干净后，根据树种的珍贵程度，选择涂抹伤口愈合剂或石硫合剂。待其截口下萌发新的枝梢时，选留粗壮的一根作为"接班"主梢，妥善加以保护。对从主干基部折断且有较强的萌发性的树木，如含笑类、罗汉松、竹柏、桂花等，可从地面截去，待其萌发新条再择优选留一个萌条代替主干。

2. 锯截断枝

对大枝被雪压断的观赏树木，根据不同萌芽习性采取相应的技术措施。比如对萌芽力强的桂花、广玉兰、罗汉松、香樟等，可在折断部位下方5~8cm处锯断，锯截口要求光滑、整齐。锯截口上涂抹伤口愈合剂或石硫合剂；对萌芽力不强的树木种类，如雪松、五针松、黑松等，可从断枝的基部与主干分叉处截去，锯截口涂抹伤口愈合剂或石硫合剂。注意对锯截去大侧枝的树木，要根据树冠受损情况，酌情对外凸的枝条做适度缩剪，使树冠保持匀称。

3. 扶持压倒木

对新栽不久或浅根性的桂花、雪松、广玉兰、龙柏、蜀桧、山茶等花木，在土壤比较湿润时，及时将其扶直，注意在其主干倾斜的一侧多培一些土，并将培土踩实，有必要时还应打桩支撑，也可进行一些必要的修剪。扶直后，及时用清水冲洗干净枝叶。

4. 删减枯死枝叶

对一些小枝及大量叶片被冻枯死的观赏树木，枯死的枝叶应尽快剪去，在春季发芽抽梢展叶之前，喷洒 2~3 次波尔多液，可防止次生病害的发生。

5. 检查西北向树木主干的树皮

对一些不太耐寒、树皮较薄、树皮含水量较高或树皮娇嫩的观赏树木，如广玉兰、深山含笑、乐昌含笑、杜英、（青皮）香樟等，应仔细检查树木主干西北向一侧的树皮，要及时刮去已坏死的树皮，至新鲜的韧皮部为止，同时涂抹伤口愈合剂。

6. 清除枯死株

对已经被完全冻死的树木，应及早将其清除。对没有萌芽能力、又被从主干中下部折断的五针松、黑松、湿地松、火炬松等，应及早连同根部一并清除。

7. 清沟滤水

对发生比较严重冻害的树木，要注意清沟滤水，强化其根系的吸收功能。

8. 及早培土

在完成清沟滤水、不破坏土壤结构的同时，要及时给予树蔸培土，特别是倾斜的树木尤为重要。

9. 清理枯枝落叶

对受冻树木的枯枝落叶，要及时将其清扫集中，用于填埋或烧毁，以免引发意外的病虫害（如根颈腐烂）。

10. 更换污染土

对主干道两侧因使用工业用盐作化雪剂，造成盐害的情况，可考虑更换根系外围稍低洼处的土壤，同时铲去大树下一层表土。

（三）后续复壮管理措施

1. 施肥复壮

当气温上升到 15℃ 以上时，可考虑适量埋施速效肥，如每株大树埋施 0.2~0.5kg 的尿素；当其树势恢复旺盛生长后，可考虑埋施复合肥或经过充分腐熟的有机肥，用以促进受冻树木的正常生长和尽快复壮。对于干径较粗的一些观赏竹雪折后，在从地面截干的同时，应及时给予竹腔施肥，即先用钢钎打通竹节，施入尿素、碳酸氢铵等速效肥，可促进当年春天竹笋、竹鞭的正常生长。

2. 修剪去萌

锯截后大部分种类都会出现较多的萌条，应及早选留粗壮结实、形状较好的萌条，使养分集中供应。

3. 病虫防治

树木的折断、韧皮部冻伤、根系工业用盐的影响、树叶和嫩枝的局部被冻坏，都有可能引发次生的病害，如褐斑病、叶枯病、茎腐病、根腐病等；一些主干性害虫，在树势生长不旺时也有可能乘虚而入，发生天牛等虫害的大面积侵入危害。

【学习评价】

学习评价采用多元化的评价体系，将学生专业知识、技能操作、技能成果和个人的职业素养有效地结合在一起（表4-5-4）。

表4-5-4　学生考核评价表

考核项目	权重	项目指标	考核等级				考核结果			总评
			A（优）	B（良）	C（及格）	D（不及格）	学生	教师	专家	
专业知识	25%	雪灾类型	熟知	基本掌握	部分掌握	基本不能掌握				
		雪灾后的处理方法	熟知	基本掌握	部分掌握	基本不能掌握				
技能操作	35%	防雪灾技术措施	操作熟练，技术达到要求	操作熟练，技术基本达到要求	操作在指导下完成	操作在指导下不能完成				
技能成果	25%	植物受雪灾后恢复状况	优	良	一般	差				
职业素养	15%	态度	认真，能吃苦耐劳；不旷课，不迟到早退	较认真，能吃苦耐劳；不旷课	旷课次数≤1/3或迟到早退次数≤1/2	旷课次数>1/3或迟到早退次数>1/2				
		合作	服从管理，能与同学很好配合	能与班级、小组同学配合	只与小组同学很好配合	不能与同学很好配合				
		学习与创新	能提前预习和总结，能解决实际问题	能提前预习和总结，敢于动手	没有提前预习或总结，敢于动手	没有提前预习和总结，不能处理实际问题				

【练习设计】

一、名词解释

雪折　倒伏　修剪去萌

二、简答

树木遭受雪灾的情形主要有哪些？

任务五总结

任务五主要介绍了园林植物自然灾害的防治工作，主要有以下四个方面的内容：低温伤害、高温伤害、风害和雪害。通过任务五的学习，学生可以全面系统地掌握园林植物自然灾害防治工作的知识与技能。

任务六　古树名木养护管理技术

【任务分析】

（1）古树名木养护管理措施。

（2）古树名木的复壮技术。

【任务目标】

（1）了解古树衰老的原因，掌握古树名木衰老的分析。

（2）能根据古树衰老的原因，及时采取措施，对古树名木进行正确的维护。

技能一　古树名木日常养护管理

【技能描述】

掌握古树名木养护管理措施。

【技能情境】

（1）材料：木馏油、3%的硫酸铜溶液、油漆、沥青、肥料、通气材料、生根素、植物生长调节剂、油灰等。

（2）用具：电工刀、裁纸刀、小刮刀、铁凿、一字起、锤子、刷子、木条、钢丝网、立柱或棚架、绳索等。

【技能实施】

1. 古树名木衰老分析

从现场观测，引起该古树衰老的主要原因有以下几种。

（1）病虫危害，树势衰弱，造成树洞。

（2）土壤密实度过高，导致土壤板结，土壤团粒结构遭到破坏，致使树木根系生长受阻，树势日渐衰弱。

（3）土壤理化性质恶化，树木营养失调。

2. 古树养护

（1）立标牌。标明树种、树龄、等级、编号，明确负责单位，设立宣传牌如图4-6-1所示。

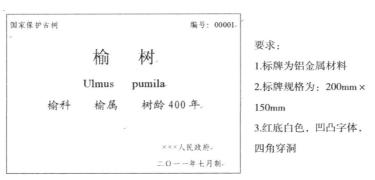

图4-6-1　古树名木标牌样式

（2）设围栏、堆土、筑台。距树干 3 ~ 4m，或在树冠投影范围外设围栏，地面做通气处理，如图 4-6-2 所示。

（3）设避雷针。古树防雷设施是由接闪器即避雷针、涂锌管引下线及接地体组成，其中避雷针是吸引闪电电流的金属导体，其将通过引下线把闪电流引到接地体上。而接地体是埋设在地下的导体，会将闪电电流泄放到大地中去，由此古树就能避免雷电瞬间放电产生的危害。

（4）灌水、松土、施肥。春夏灌水防旱，秋冬浇水防冻，灌水后松土保墒。施肥时在树冠投影部分开挖深0.3m、宽0.7m、长2m 的沟，沟内施腐殖土加稀粪等，增加土壤的肥力，但施用肥料必须谨慎，绝不能造成古树生长过旺，特别是原来树势衰弱的树木，如果在短时间内生长过盛会加重根系的负担，导致树冠与树干及根系的平衡失调，后果适得其反。

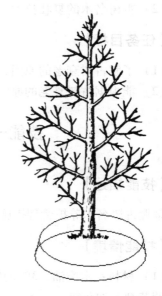

图 4-6-2　古树名木周边围护

（5）整形修剪。以少整枝、少短截，轻剪、疏剪为主，基本保持原有树形为原则。必要时也要适当整剪，以利通风透光，减少病虫害，促进更新、复壮。

（6）树体喷水。喷水清洗浮尘，增强光合作用。

（7）防治病虫害。3月天牛在古树上产卵时打乳剂封树；5月发现蚜虫、红蜘蛛要及时控制，向树体内注射内吸杀虫、杀螨药剂，经过树木的输导组织至树木全身达到较长时间的杀虫、杀螨目的。

（8）修补树洞。修补树洞按照以下程序进行：

1）清理树洞，将树洞内腐烂的木质部彻底清除，刮去洞口边缘的死伤组织，直至露出新的组织。

2）洞壁防腐消毒，为避免新伤口感染病虫害，在处理完树洞后要及时用药剂消毒并涂防护剂。

3）填充补洞，采用木炭、玻璃纤维等材料对树洞进行填充。

4）刮削洞口树皮，用刀片刮削洞口的腐烂树皮为下一步洞口的装饰做准备。

5）树洞外表修饰及仿真处理，为了增加美观，富有真实感，一般可在树洞外钉上一层真的树皮。

【技术提示】

针对不同受害类型采取相应的养护措施。

【知识链接】

（一）古树名木的定义及分级

所谓古树是指树龄在100年以上的树木，名木是指国内外稀有的、具有历史价值和纪念意义以及重要科研价值的树木。古树名木是自然与人类历史文化的宝贵遗产，是中华民族悠久历史和灿烂文化的佐证，它们历经沧桑，展现着古朴典雅的身姿，具有很高的观赏和研究价值。随着人类文明的不断发展，古树名木也越来越受到社会各界的关注和重视。我国幅员辽阔、地理地形复杂、气候条件多样、历史悠久，古树名木的资源极其丰富，如闻名中外的黄山"迎客松"、泰山"卧龙松"、北京市中山公园的"槐柏合抱"等，都是国宝级的文物。

古树分为国家一、二、三级，国家一级古树树龄 500 年以上，国家二级古树树龄 300 ~ 499 年，国家三级古树树龄 100 ~ 299 年。国家级名木不受年龄限制，不分级。

（二）古树名木衰老的原因

任何树木都要经历生长、发育、衰老、死亡的过程，这是自然界的客观规律，不可抗拒，但是通过探讨古树衰老原因，可以采取适当的措施来延缓衰老阶段的到来、延长树木的生命，甚至促使其更新复壮恢复生机，也是完全有可能做到的。

1. 自然灾害

（1）大风。7 级以上的大风，主要是台风、龙卷风和另外一些短时风暴，可吹折枝干或撕裂大枝，严重者可将树干拦腰折断，常常是危及古树的主要因素；而那些因蛀干害虫的危害，枝干中空、腐朽或有树洞的古树，更易受到风折的危害。枝干的损害直接造成叶面积减少，枝断者还易引发病虫害，使本来生长势弱的树木更加衰弱，严重时会导致古树死亡。

（2）雷电。古树高耸突兀且带电荷量大，遇暴雨天气易遭雷电袭击，导致树头枯焦、大枝劈断或干皮开裂，树体生长明显受损，树势明显衰弱。故给古树设置避雷针，是古树名木养护管理的重要措施。

（3）雨凇、冰雹。雨凇（冰挂）、冰雹是空气中的水蒸气遇冷凝结成冰的自然现象，一般发生在 4 ~ 7 月份，这种灾害虽然发生概率较低，但灾害发生时大量的冰凌、冰雹压断或砸断小枝、大枝，对树体会造成不同程度的破坏，进而影响树势。

（4）干旱。持久的干旱，使得古树发芽迟，枝叶生长量小，枝的节间变短，叶子因失水而发生卷曲，严重者可使古树落叶，小枝枯死，易遭病虫侵袭，从而导致古树的衰老。

（5）地震。地震这种自然灾害，虽然不是经常发生，但是一旦发生 5 级以上的强烈地震，对于多朽木、空洞、干皮开裂、树势倾斜的古树来说，往往会造成树木倾倒或干皮进一步开裂。

2. 病虫危害

古树由于年代久远，在其漫长的生长过程中，难免会遭受一些人为和自然的破坏造成各种伤残。例如主干中空、破皮、树洞、主枝死亡等现象，导致树冠失衡，树体倾斜，树势衰弱而诱发病虫害。但从对众多现存古树生长现状的调查情况来看，古树的病虫害与一般树木相比发生的概率要小得多，而且致命的病虫更少。不过，高龄的古树已经过了其生长发育的旺盛时期，开始或者已经步入了衰老至死亡的生命阶段，如果日常养护管理不善，人为和自然因素对古树造成损伤时有发生，古树树势衰弱已属必然，为病虫的侵入提供了条件。对已遭到病虫危害的古树，如得不到及时和有效的防治，其树势衰弱的速度将会进一步加快，衰弱的程度也会因此而进一步增强。

3. 人为活动的影响

大多数古树生长在人为活动所及的地域，由于人类的经济活动改变了其原生的生长环境，促使古树加速衰老过程的进程，一般人为活动的影响表现在以下几个方面：

（1）生长条件。

1）土壤条件对古树名木生长的影响。土壤是古树名木生存生长的重要基础之一。由于人为活动造成土壤条件的恶劣，主要在于致使土壤密实度过高、土壤理化性质恶化，这往往是造成古树名木树势衰弱的直接原因之一。

土壤密实度过高。古树名木大多生长在城市公园、宫、苑、寺庙、宅院内或农田旁，一般地质土壤深厚、土质疏松、排水良好、小气候适宜，比较适宜古树名木的生长。但是由于人类活动的延伸，这些地方已不像早时一般不会受到过多的干扰。特别是随着经济的发展，人民生活水平的提高，旅游已经成为人们生活中不可缺少的一部分，节假日中人们涌向城市公园、名胜古迹、旅游胜地、古建筑群等地，一些古树名木周围的地面受到大量频繁的践踏，使得本来就缺乏耕作条件的土壤，密实度日趋增高，导致土壤板结，土壤团粒结构遭到破坏，通气性能及自然含水量降低，树木根系呼吸困难，须根减少且无法伸展；水分遇板结土壤层渗透能力降低，大部分随地表流失；树木得不到充足的水分、养分与良好的通气条件，致使树木根系生长受阻，树势日渐衰弱。

土壤理化性质恶化，树木营养失调。不少公园在商业利益的驱使下，在古树附近开各式各样的展销会、演出会或是开辟场地供周围居民（游客）进行操练，随意排放人为活动的废弃物、污水造成土壤的理化性质发生改变，一般情况下土壤的含盐量增加、土壤 pH 值增高的直接后果是致使树木缺少微量元素，营养生理平衡失调。

树木通过根系从土壤中吸收的无机养分（或叶面追肥），是其进行正常生长发育所需营养的主要来源。但是古树名木在其生长发育过程中，一方面由于部分古树受到不良外界环境条件（如病虫害、干旱、地震、雷击、光照不足、人为破坏等）的影响，使其生理代谢功能减退，影响其有机养分的合成；另一方面，由于土壤的密实与土壤理化性质恶化等原因，使得根系从土壤中吸收必需养分的能力减弱；再有古树长期固定生长在某一地点，持续不断地吸收消耗土壤中的各种必需的营养元素，在得不到营养的自然补偿以及定期的人工施肥补偿时，常常形成土壤中某些营养元素的贫缺，致使古树长期在缺素条件下生长，促使其生理生化的改变和失调，加速了古树的衰老。

2）水分条件对古树名木生长的影响。古树名木大多生长在殿堂、寺庙或地势高燥之处，几乎处于一种自生、自长、自灭的环境中，很少进行人为的施肥与灌水，其生长所需水分，更多的是依赖于自然降水。然而在公园、名胜古迹点，由于游人增多，为了方便观赏，在树干周围用水泥砖或其他硬质材料进行大面积铺装，仅留下较小的树池。铺装地面平整、夯实，加大了地面抗压强度，既造成了土壤通气性能的下降，也形成了大量的地面径流，使根系无法从土壤中吸收到足够的水分。致使古树根系经常处于透气、营养与水分极差的环境中。

3）生长空间对古树生长的影响。有些古树名木生长在建筑物的周围，古树与建筑物相邻一侧，由于建筑物墙体的阻挡而使枝干生长发生改向，向外侧和上方发展。随着树木枝干的不断生长，久而久之就会造成大树的偏冠，树龄越大，偏冠现象就越发严重。这种树体的畸形生长，不仅影响了树体的美观，更为严重的是造成树体重心发生偏移，枝条分布不均衡，如遇冰雹、雨淋、大风等异常天气，在自然灾害的外力作用下，常使枝叶折损、大枝折断，尤以阵发性大风对高大树木破坏性更大。

（2）环境污染。人为活动造成的环境污染，直接和间接地影响了植物的生长，古树由于其高龄而更容易受到污染环境的伤害，加速了其衰老的进程。

1）大气污染对古树名木的影响和危害。当大气中的烟尘、二氧化硫、氮氧化物、氟化物、氯化物、一氧化碳、二氧化碳以及喷洒农药和汽车排放的尾气等有毒气体通过叶片进入树木体内后，在树木体内累积，使生物膜的结构、功能以及酶的活性等受到破坏，进而影响其生理代谢功能，尤其是影响光合作用和呼吸作用的正常进行，从而使树木的生长发育受到抑制。其主要症状为：叶片卷曲、变小、出现病斑，春季发叶迟，秋季落叶早，节间变短，开花、结果少等。

2）污染物对古树根系的直接伤害。有毒气体、工业及居民生活污水的大量排放，使一些病原菌及铅、汞、镉、铬、砷、铜等重金属，氟离子、酸、碱、盐类物质进入土壤，造成土壤的污染。对树木造成直接或间接的伤害。这些有毒物质对树木的伤害，一方面表现为对根系的直接伤害，如根系发黑、畸形生长，侧根萎缩、细短而稀疏，根尖坏死等；另一方面，表现为对根系的间接伤害，如抑制光合作用和蒸腾作用的正常进行，使树木生长量减少，物候期异常，生长势衰弱等，易遭受病虫危害，促使或加速其衰老。

3）直接损害。古树名木在其生长发育过程中，除受到自然灾害、病虫害、环境污染等方面的影响和危害外，还常遭到人为的直接损害，主要有：在树下摆摊设点；在树干周围乱堆东西（如建筑材料：水泥、沙子、石灰等），特别是石灰，遇水产生高温常致树干灼伤，严重者可致其死亡；在有些名胜古迹或旅游点的古树名木，树干遭到个别游客的乱刻乱画，或在树干上乱钉钉子；在农村，古树成为拴牲畜的桩，树皮遭受啃食的现象时有发生；有些人甚至以古树名木妨碍建筑或车辆通行为借口，不惜砍枝伤根，致其死之。由于高龄古树的生长势减弱，伤口的愈合十分缓慢，因此这些人为的直接伤害，是构成对古树生命威胁的主要因素，而这类影响有时不是一朝一夕就能发现的，但一旦出现生长受阻的情况，再要恢复就困难了。

（三）古树名木的养护管理技术措施

1. 支撑、加固

古树由于年代久远，主干或有中空，主枝常有死亡，造成树冠失去均衡，树体容易倾斜；又因树体衰老，枝条容易下垂，因而树干需用他物支撑。树体支撑采用软支撑和硬支撑相结合。树体高大、有倾倒或折断可能的古树，用钢缆将分枝或整株树木各部联结起来，进行软性支撑；或是倾斜古树旁边有其他硬性支撑物时，找好支撑点用钢缆将有断裂危险的古树与硬性支撑物连为一体，进行软性支撑。有些孤立的大树，无法或不好采用软支撑的，就用硬支撑。树体支撑材料包括铁环、钢缆、环形螺纹杆、橡胶垫、单腿钢架等。

软支撑是在支撑点处套上灵活的铁环（铁环大小可调整），钢缆系在铁环上，将有断裂危险的古树与硬性支撑物连为一体；另一种方法是用环形螺纹杆，用钻或钻孔机在树干上打孔，将螺纹杆置入预先打好的洞内，一端外用垫片或螺母固定，另一端用垫片或环形螺母，嵌环穿过环形螺母的眼拉住缆绳，与其他硬性支撑物联为一体。硬支撑（图4-6-3）是量身定做单腿钢架，钢架

图4-6-3　树干硬支撑

支撑点做成能紧包树体的铁箍，再垫层厚的橡胶，以保护树体不受摩擦伤害，树体与支撑钢管形成60°夹角。钢架基部埋土深80～100cm，用水泥浇筑。

树体支撑采用软支撑，树冠上几乎看不到缆绳，树冠保持具有韧性的安全结构，不会像铁箍那样挤压和损坏树皮而形成树瘤，既加固了树体，又不破坏景观。

2. 修补树洞

大树，尤其是古树名木，因各种原因造成的伤口长久不愈合，长期外露的木质部受雨水浸渍，逐渐腐烂，形成树洞，严重时树干内部中空，树皮破裂，一般称为"破肚子"，如不及时处理，树洞会越变越大，导致名木古树倾倒、死亡。树洞处理的方法：

（1）清理树洞。用铁刷、铲刀、刮刀、凿子等刮除洞内朽木，要求尽可能地将树洞内的所有腐烂物和已变色的木质部全部清除，至硬木即可，注意不要伤及健康的木质部。

（2）洞壁防腐消毒。选用国内木材防腐效果最佳的防腐剂季氨铜（ACQ）药剂用刷子或喷枪将药剂涂在洞壁。

（3）填充补洞（图4-6-4）。树洞填充的关键是填充材料的选择。所选的填充材料除了绿色环保外，还必须具备以下三点：一是pH值最好为中性，二是材料的收缩性与木材的大致相同，三是与木质部的亲和力要强。因此，填充材料要用木炭或同类树种的木屑、玻璃纤维、聚氨酯发泡剂或尿醛树脂发泡剂以及钢丝网和无纺布，封口材料为玻璃钢（玻璃纤维和酚醛树脂），仿真材料为地板黄、色料。

（4）刮削洞口树皮。待树洞填完后，用刮刀将树洞周围一圈的老皮和腐烂的皮刮掉，至显出新生组织为止，然后将愈伤涂膜剂直接涂抹于伤口，促进新皮的产生。

（5）树洞外表修饰及仿真处理。为提高

图4-6-4　树洞修补

古树的观赏价值，按照随坡就势、因树木做形的原则，可采用粘树皮或局部造型等方法，对修补完的树洞进行修饰处理，恢复原有风貌。在修饰外表时要根据不同树洞的形状，注意防止洞口边缘积水和有利于新生皮的包裹。然而，在具体处理不同形状的树洞时还得按照各自特点，做针对性的处理方案。

1）朝天洞的修补面必须低于周边树皮，中间略高，注意修补面不能积水。

2）通干洞一般只做防腐处理，尽可能做得彻底，树洞内有不定根时，应切实保护好不定根，并及时设置排水管。

3）侧洞一般只做防腐处理，对有腐烂的侧洞要清腐处理。

4）夹缝洞通常会出现引流不畅，必须得修补。

5）落地洞的修补要根据实际情况，落地洞分为对穿与非对穿两种形式，通常非对穿形式的落地洞要补，对穿的一般不修补，只做防腐处理。对于落地洞的修补以不伤根系为原则。

总之，在对树洞处理前，要分析树洞产生的原因，是病虫害危害造成的，还是外力碰伤所致，并及时处理。

3. 树干伤口的治疗

由于古树已到生长衰退年龄，对发生的各种伤害恢复能力减弱，更应注意及时处理。对于枝干上因病、虫、冻、日灼或修剪等造成的伤口，首先应当用锋利的刀刮净削平四周，使皮层边缘呈弧形，然后用药剂（2%~5%硫酸铜溶液、0.1%的升汞溶液、石硫合剂原液等）消毒。修剪造成的伤口，应将伤口削平然后涂以保护剂，选用的保护剂要求容易涂抹、黏着性好、受热不融化、不透雨水、不腐蚀树体组织，同时又有防腐消毒的作用，如铅油、接蜡等均可。大量应用时也可用黏土和鲜牛粪加少量石硫合剂的混合物作为涂抹剂。如用激素涂剂对伤口的愈合更有利，用含有0.01%~0.1%的α-萘乙酸膏涂在伤口表面，可促进伤口愈合。由于雷击使枝干受伤的树木，应将烧伤部位锯除并涂保护剂处理，以防扩大危害，导致树势衰弱。

4. 设置避雷装置

雷电不但可能会致人死亡，也会对树木造成致命伤害。因此，对于易遭受雷击的名木古树应安装上避雷装置，如生长在空旷地的高大古树、周围无建筑物遮挡的古树易受到雷击，都必须安装。

5. 灌水、松土、施肥

春、夏干旱季节灌水防旱，秋、冬季浇水防冻，灌水后应松土，一方面保墒，同时也增加通透性。古树的施肥方法，一般在树冠投影部分开沟（深0.3m、宽0.7m、长2m或深0.7m、宽1m、长2m），沟内施腐殖土加稀粪或施化肥，有的还可在沟内施马蹄掌或麻酱渣（油粕饼）等，增加土壤的肥力，但施用肥料必须谨慎，绝不能造成古树生长过旺，特别是原来树势衰弱的树木，如果在短时间内生长过盛会加重根系的负担，导致树冠与树干及根系的平衡失调，后果适得其反。

6. 树体喷水

由于城市空气浮尘污染，古树的树体截留灰尘极多，影响观赏效果和光合作用，北京市北海公园和中山公园常用喷水方法加以清洗。此项措施费工费水，只建议在重点区采用。

7. 整形修剪

以少整枝、少短截，轻剪、疏剪为主，基本保持原有树形为原则。必要时也要适当整剪，以利通风透光，减少病虫害，促进更新、复壮。

8. 防治病虫害

古树衰老，容易招虫致病，加速死亡。名木古树病虫害防治应遵循"预防为主、综合防治"的方针，平时要追踪检查，做到"早发现，早预防，早治疗"。

防治名木古树病虫害应采用专门的喷药器械和药剂。由于古树一般比较高大，树体比较庞大，对危害枝叶的害虫、蛀干害虫，在喷药防治时受到器械的限制，很难达到，防虫困难。同时，在用药时，还得充分考虑对环保和生态的影响，创新使用方法，减少对环境的污染和对鸟类、昆虫、地下水的影响，尽量使用无、低毒农药，禁止使用剧毒和高毒农药。因此，古树名木病虫害防治除了采用先进的高空喷药器械外，还得使用专门针对古树病虫害防治的新材料、新技术、新方法。

（1）浇灌法。利用内吸剂通过根系吸收、经过输导组织至全树而达到杀虫、杀螨等作用的原理，解决古树病虫害防治经常遇到的分散、高大、立地条件复杂等情况而造成喷药难、次数、杀伤天数、污染空气等问题。

具体方法是，在树冠垂直投影边缘的根系分布区内挖 3 ~ 5 个深 20cm、宽 50cm、长 60cm 的弧形沟，然后将药剂浇入沟内，待药液渗完后封土。

（2）埋施法。利用固体的内吸杀虫、杀螨剂埋施根部的方法，以达到杀虫、杀螨和长时间保持药效的目的。方法与上述相同，将固体颗粒均匀撒在沟内，然后覆土浇足水。

（3）注射法。对于周围环境复杂、障碍物较多，而且吸收根区很难寻找的古树，利用其他方法很难解决防治问题的可以通过此法解决。此方法是通过向树体内注射内吸杀虫、杀螨药剂，经过树木的输导组织至树木全身达到较长时间的杀虫、杀螨目的。

9. 设围栏、堆土、筑台

对于处于广场、铺装、游人容易接近地方的古树，要设围栏对古树进行保护。围栏一般要距树干 3 ~ 4m，或在树冠的投影范围之外，在人流密度大的地方，对于树木根系延伸较长者，围栏外的地面要做透气铺装处理；在古树干基堆土或筑台可起保护作用，也有防涝效果，砌台比堆土收效尤佳，应在台边留孔排水，切忌围栏造成根部积水。

10. 立标志、设宣传栏

安装标志，标明树种、树龄、等级、编号，明确养护管理负责单位。设立宣传栏，既需就地介绍古树名木的重大意义与现况，又需集中宣传教育，发动群众保护古树名木。对特别珍贵的古树还要设立警示碑，明文禁止在树冠垂直投影外沿 3m 范围内动土和铺不透气的地面砖；禁止在根系分布范围内设置临时厕所和排放污水的渗沟，不准在树下堆放能污染古树根系土壤的物品，如撒过盐的雪水、垃圾、废料和倒污水；不允许在树体上钉钉子、绕钢丝、挂杂物或作为施工的支撑点，不能刻划树皮和攀枝折条，使古树切实能被很好地保护起来。

【学习评价】

学习评价采用多元化的评价体系，将学生专业知识、技能操作、技能成果和个人的职业素养有效地结合在一起（表4-6-1）。

表4-6-1　学生考核评价表

考核项目	权重	项目指标	考核等级				考核结果			总评
			A（优）	B（良）	C（及格）	D（不及格）	学生	教师	专家	
专业知识	25%	分级	熟知	基本掌握	部分掌握	基本不能掌握				
		衰老原因	熟知	基本掌握	部分掌握	基本不能掌握				
技能操作	35%	常见古树名木养护管理措施	措施合理，操作正确，效果好	措施合理，操作基本正确，效果较好	措施有误，操作基本正确，效果一般	措施不合理，操作不正确，效果一般				
技能成果	25%	衰老原因分析	分析全面，准确	分析全面，基本准确	分析不全面，基本准确	分析不全面，不准确				
职业素养	15%	态度	认真，能吃苦耐劳；不旷课，不迟到早退	较认真，能吃苦耐劳；不旷课	旷课次数≤1/3或迟到早退次数≤1/2	旷课次数>1/3或迟到早退次数>1/2				
		合作	服从管理，能与同学很好配合	能与班级、小组同学配合	只与小组同学很好配合	不能与同学很好配合				
		学习与创新	能提前预习和总结，能解决实际问题	能提前预习和总结，敢于动手	没有提前预习或总结，敢于动手	没有提前预习和总结，不能处理实际问题				

【练习设计】

1. 自然灾害对古树的影响主要包括哪些?
2. 古树名木衰老的原因有哪些?

技能二　古树名木复壮技术

【技能描述】

掌握古树名木复壮技术措施。

【技能情境】

（1）材料：粗砂和陶粒、硫酸亚铁（$FeSO_4$）、通气材料、生根素、植物生长调节剂等。

（2）用具：电工刀、裁纸刀、小刮刀、铁凿、一字起、锤子、刷子、木条、钢丝网、立柱或棚架、绳索等。

【技能实施】

1. 挖复壮沟

在古树树冠投影外侧，从地表往下纵向分层，表层为 10cm 素土；第二层为 20cm 的复壮基质；第三层为树木枝条 10cm；第四层又是 20cm 的复壮基质；第五层是 10cm 树条；第六层为粗砂和陶粒厚 20cm。复壮基质采用松、栎的自然落叶，取 60% 腐熟加 40% 半腐熟的落叶混合，再加少量氮、磷、铁、锰等元素配制成。埋入各种树木枝条，采用紫穗槐、苹果、杨树等枝条，截成长 40cm 的枝段，埋入沟内，树条与土壤形成大空隙。

2. 增施肥料、改善营养

以铁元素为主，施入少量氮、磷元素。硫酸亚铁（$FeSO_4$）使用剂量按长 1m、宽 0.8m 复壮沟，施入 0.1~0.2kg 为宜。为了提高肥效一般掺施少量的麻酱渣或马掌而形成全肥，以更好地满足古树的需要，也可施入一定浓度的生长调节物质。

【技术提示】

（1）挖复壮沟时，注意深度和宽度的掌握。

（2）复壮基质配合比要合理。

【知识链接】

古树的复壮措施

1. 埋条法

分为放射沟埋条和长沟埋条。该方法主要是在古树根系范围，填埋适量的树枝、熟土等有机材料来改善土壤的通气性以及肥力条件，具体做法是：在树冠投影外侧挖放射状沟 4~12 条，每条沟长 120cm 左右、宽为 40~70cm、深 80cm。沟内先垫放 10cm 的松土，再把剪好的苹果、海棠、紫穗槐等树枝缚成捆，平铺一层，每捆直径 20cm 左右，上撒少量松土，同时施入粉碎的麻酱渣和尿素，每沟施麻酱渣 1kg、尿素 50g，为了补充磷肥可放少量动物骨头和贝壳等物，覆土 10cm 后放第二层树枝捆，最后覆土踏平。如果株行距大，也可以采用长沟埋条。沟宽 70~80cm、深 80cm、长 200cm 左右，然后分层埋树条施肥、覆盖踏平。

2. 地面铺梯形砖或带孔的石板、地被植物

此方法的目的是改变土壤表面受人为践踏的情况，使土壤保持与外界进行正常的水气交换。在铺梯形砖和地被植物之前对其下层土壤做与上述埋条法相同的处理，随后在表面上铺置上大下小的特制梯形砖，砖与砖之间不勾缝，留有通气口，下面用砂衬垫，同时还可以在埋树条的上面铺设草坪或地被植物（如白三叶），并围栏杆禁止游人践踏。北京采用石灰、砂子、锯末配制比例为 1:1:0.5 的材料衬垫，在其他地方要注意土壤 pH 值的变化，尽量不用石灰为好。许多风景区采用带孔的或有空花条纹的水泥砖或铺铁筛盖。

3. 挖复壮沟

此法的作用与埋条法基本相同，复壮沟深 80~100cm、宽 80~100cm，长度和形状随地形而定，采用直沟、半圆形或"U"字形均可。沟内可填充含复壮基质、各种树条以增补营养元素。具体操作见技能实施。

复壮基质采用松、枥的自然落叶，取 60% 腐熟加 40% 半腐熟的落叶混合，再加少量氮、磷、铁、锰等元素配制成。这种基质含有丰富的多种矿质元素，pH 值在 7.1~7.8 以下，富含胡敏素、胡敏酸和黄腐酸，可以促进古树根系生长。同时有机物逐年分解与土粒胶合成团粒结构，从而改善了土壤的物理性状，促进微生物活动，将土壤中固定的多种元素逐年释放出来。施后 3~5 年内土壤有效孔隙度可保持在 12%~15% 以上。

埋入各种树木枝条。采用紫穗槐、苹果、杨树等枝条，截成长 40cm 的枝段，埋入沟内，树条与土壤形成大空隙。从 1982 年起，经多年实验证明，古树的根可在枝条内穿伸生长，复壮沟内也可铺设两层树枝，每层 10cm。

增施肥料、改善营养。以铁元素为主，施入少量氮、磷元素。硫酸亚铁（$FeSO_4$）使用剂量按长 1m、宽 0.8m 复壮沟，施入 0.1~0.2kg 为宜。为了提高肥效一般掺施少量的麻酱渣或马掌而形成全肥，以更好地满足古树的需要。

4. 换土

古树几百年甚至上千年生长在一个地方，土壤肥分有限，常呈现缺肥症状，如果采用上述办法仍无法满足，或者由于生长位置受到地形、生长空间等立地条件的限制，而无法实施上述的复壮措施，可考虑更新土壤的办法。如北京市故宫园林科从 1962 年起开始用换土的方法抢救古树，使老树复壮。典型的例子有：皇极门内宁寿门外的一株古松，当时幼芽萎缩，叶子枯黄，好似被火烧焦一般，职工们在树冠投影范围内，对大的主根部分进行换土，挖土深 0.5m（随时将暴露出来的根用浸湿的草袋子盖上），以原来的旧土与沙土、腐叶土、大粪、锯末、少量化肥混合均匀之后填埋其上，换土半年之后，这株古松重新长出新梢，地下部分长出 2~3cm 的须根，终于死而复生。

5. 化学药剂疏花疏果

当植物在缺乏营养或生长衰退时出现多花多果的情况，这是植物生长过程中的自我调节现象，但结果却是造成植物营养的进一步失调，古树发生这种现象时后果更为严重。这时如采用疏花疏果则可以降低古树的生殖生长，扩大营养生长，恢复树势而达到复壮的目的。疏

花疏果关键是疏花，可采用喷洒喷施化学药剂来达到目的，一般喷洒的时间以秋末、冬季或早春为好。如国槐在开花期喷施 50mg/L 萘乙酸加 3000mg/L 的西维因或 200mg/L 赤霉素效果均较好。

6. 桥接

对树势衰弱的古树名木，可采用桥接法使之恢复生机。具体做法：在需桥接的古树周围均匀种植 2~3 株同种幼树，利用幼树的生长吸取土壤水肥，幼树生长旺盛后，将幼树枝条桥接在古树树干上，此法也可用于古树伤口愈合。如若创伤较深，那么在用钢筋水泥封后，再在其旁种植小树靠接。对一些特别珍贵并且生长衰退的古树名木都可采用桥接的方式复壮树体，这对恢复古树的长势有较好的效果。

7. 整形修剪

适当整剪，以利通风透光，减少病虫害，促进更新、复壮。

【学习评价】

学习评价采用多元化的评价体系，将学生专业知识、技能操作、技能成果和个人的职业素养有效地结合在一起（表4-6-2）。

表4-6-2　学生考核评价表

考核项目	权重	项目指标	考核等级				考核结果			总评
			A（优）	B（良）	C（及格）	D（不及格）	学生	教师	专家	
专业知识	25%	复壮措施	熟知	基本掌握	部分掌握	基本不能掌握				
技能操作	45%	常见古树名木复壮措施	措施合理，操作正确，效果好	措施合理，操作基本正确，效果较好	措施有误，操作基本正确，效果一般	措施不合理，操作不正确，效果一般				
技能成果	15%	复壮效果	好	较好	一般	差				
职业素养	15%	态度	认真，能吃苦耐劳；不旷课，不迟到早退	较认真，能吃苦耐劳；不旷课	旷课次数≤1/3或迟到早退次数≤1/2	旷课次数>1/3或迟到早退次数>1/2				
		合作	服从管理，能与同学很好配合	能与班级、小组同学配合	只与小组同学很好配合	不能与同学很好配合				
		学习与创新	能提前预习和总结，能解决实际问题	能提前预习和总结，敢于动手	没有提前预习或总结，敢于动手	没有提前预习和总结，不能处理实际问题				

【练习设计】

古树复壮的措施有哪些？

任务六总结

本任务主要介绍了两个方面的问题：古树名木的日常养护管理与古树名木的复壮技术。通过任务六的学习，学生可以获得进行古树名木日常养护与复壮技能。

项目四总结

项目四详细阐述了园林植物养护管理技术，主要包括园林植物栽植前整地、土壤改良以及中耕除草等技术；植物灌溉与排水；施肥；修剪工具、整形修剪基本方法、常见园林植物的整形修剪及常见园林植物的造型修剪；低温、高温、风害、雪害的灾害类型及防治措施；古树名木的日常养护管理和古树名木的复壮技术以及相关理论知识。通过学习，学生能够获得常见园林植物养护管理技能。

附录一　园林育苗工职业技能岗位标准

育苗工是从事园林植物繁殖并进行抚育管理的工种，适用于园林植物繁殖、抚育管理。

1. 专业名称：园林绿化
2. 岗位名称：育苗工
3. 岗位定义：从事园林植物的繁殖并进行抚育管理
4. 适用范围：园林植物的繁殖、抚育管理
5. 技能等级：初、中、高
6. 学徒期：两年，其中培训期一年，见习期一年

一、初级育苗工

1. 知识要求（应知）

（1）了解育苗在园林绿化中的重要意义和工作内容。

（2）了解育苗的主要生产工序及操作规程和规范。

（3）熟悉常见的苗木树种，并区分其形态特征。

（4）掌握常见树种的基本育苗方法。

（5）了解苗圃常见病虫害的防治方法和常用农药、肥料的安全使用与保管知识。

（6）按苗木株行距估算育苗面积和苗木产量。

2. 操作要求（应会）

（1）识别常见苗木60种以上（包括20种冬态苗木）。

（2）掌握常见苗木的移植、假植、出圃技术及整地、开沟做畦、中耕除草等苗木抚育技术。

（3）在中、高级技工的指导下完成繁殖、修剪、病虫防治和水、肥管理等工作。

（4）正确使用和保养苗圃常用工具。

二、中级育苗工

1. 知识要求（应知）

（1）掌握育苗操作规程。掌握苗木的繁殖方法、苗木质量标准等理论知识。

（2）掌握常见苗木的习性，了解常见苗木的物候期，熟悉季节变化与苗木生长的关系。

（3）掌握一般苗木病虫害的发生规律及防治方法。了解新药剂的应用。

（4）掌握一般土壤种类的应用和改良方法。掌握肥料的利用和科学施用，了解微量元素肥料对苗木生长的作用。

（5）掌握苗圃常用机具的性能及操作规程。了解一般原理及排除故障方法。熟悉各种育苗设备的应用知识。

2. 操作要求（应会）

（1）识别苗木种子40种以上。

（2）熟练掌握各种常见苗木的繁殖技术。

（3）根据苗木的不同生长习性，进行合理的修剪、定型。掌握大规格苗木的移植、出圃技术，并做好移植后的养护管理工作。

（4）对苗圃常见病虫害采取有效的防治措施。

（5）掌握苗木抚育的管理技术，包括苗木的质量、规格、产量等。

（6）正确使用苗圃常用机具及设备，并能判断和排除其一般故障。

三、高级育苗工

1. 知识要求（应知）

（1）熟悉苗木的生理、生态习性及其在育苗工作中的应用。

（2）熟悉苗圃的全年工作计划及育苗全过程的操作方法。

（3）熟悉生长激素和除草剂的配置、保管、使用。

（4）了解无土育苗的方法和引种驯化、苗木遗传育种的一般知识。了解国内外育苗新技术。

（5）掌握中、小型苗圃的建圃知识。

（6）熟悉苗木在园林绿化中的配置知识。

2. 操作要求（应会）

（1）识别播种繁殖小苗20种以上。

（2）掌握名贵苗木的繁殖、抚育及修剪造型。熟练掌握非移植季节苗木移植的方法。

（3）掌握建圃工料估算和苗圃土地区划的方法，并能进行小型苗圃的建圃施工。

（4）在专业技术人员的指导下，进行树木的引种驯化、遗传育种、新技术育苗等试验工作，并收集、整理和总结育苗的技术资料。

（5）为初、中级技工进行示范操作，向他们传授技能，解决他们操作中的疑难问题。

附录二　园林花卉工职业技能岗位标准

花卉工是从事花卉的繁殖、栽培、管理和应用的工种，适用于花卉栽培、管理和应用。

1. 专业名称：园林绿化
2. 岗位名称：花卉工
3. 岗位定义：从事花卉的繁殖、栽培、管理和应用
4. 适用范围：花卉栽培、管理和应用
5. 技能等级：初、中、高
6. 学徒期：两年，其中培训期一年，见习期一年

一、初级花卉工

1. 知识要求（应知）

（1）了解花卉在园林绿化中的作用和意义。

（2）了解本岗位技术操作规程和规范。

（3）了解常见花卉的形态特征，并掌握繁殖和栽培管理操作程序及方法。

（4）了解当地土地的性状和基质土配制的要求。

（5）了解常见花卉病虫害种类、防治方法和常用农药及肥料的安全使用与保管。

2. 操作要求（应会）

（1）正确识别常见花卉（50种以上）及花卉病虫害。

（2）从事常见花卉的繁殖和栽培技术工作。

（3）在中、高级技工的指导下，进行常用农药的配制和使用。

（4）正确操作和保养常用的花卉栽培设备和设施。

二、中级花卉工

1. 知识要求（应知）

（1）掌握常见花卉的生态习性及环境因子对花卉生长的影响和作用。

（2）掌握土壤分类及其特性、常用肥料的性能和施用方法并了解常用微量元素对花卉生长的作用。

（3）掌握常见花卉病虫害的发生时间、部位和防治方法。

（4）了解常见花卉栽培设备和设施。

（5）掌握一般花坛配置和花卉室内布置、展出及切花的应用等知识。

（6）了解常见花卉选育的一般知识。

2. 操作要求（应会）

（1）正确识别常见花卉80种以上。

（2）掌握常见花卉的各种繁殖技术并能培育有一定技术难度的花卉品种。

（3）掌握各种花卉培养土的配制，并能根据花卉的生长发育阶段进行合理施肥和病虫害防治。

（4）掌握花坛配置、插花制作以及室内花卉布置。

三、高级花卉工

1. 知识要求（应知）

（1）掌握不同类别花卉的生物学特性和所需的生态条件。

（2）了解防止品种退化、改良花卉品种及人工育种的理论和方法。

（3）掌握无土栽培在花卉生产中的应用。

（4）掌握常见花卉病虫害的发生规律及有效防治措施。

（5）了解国家检疫的一般常识。掌握花卉产品及用具消毒的主要操作方法。

（6）了解国内外先进技术在花卉培育上的应用。

（7）掌握建立中、小型花圃的一般知识。

2. 操作要求（应会）

（1）正确选择花卉品种，采取有效方法控制花期，达到预期开花的效果。

（2）掌握几种名贵花卉的培育，具有一门以上花卉技术特长并总结成文。

（3）应用国内外花卉栽培的先进技术。

（4）对初、中级技工进行示范操作、传授技能，解决本岗位技术上的关键性及疑难性问题。

附录三　园林绿化工职业技能岗位标准

绿化工是从事园林植物的栽培、移植、养护和管理的工种，适用于园林绿地建设和养护。

1. 专业名称：园林绿化

2. 岗位名称：绿化工

3. 岗位定义：从事园林植物的栽培、移植、养护和管理

4. 适用范围：园林绿地建设和绿地养护

5. 技能等级：初、中、高

6. 学徒期：两年，其中培训期一年，见习期一年

一、初级绿化工

1. 知识要求（应知）

（1）了解从事园林绿化工作的意义和工作内容。

（2）了解园林绿地施工及养护管理的操作规程和规范。

（3）认识常见的园林植物，会区分其形态特征。并了解环境因子对园林植物的影响。

（4）了解常见的园林植物病虫害和相应的防治方法，以及安全使用和保管药剂的知识。

（5）了解当地园林土壤的基本性状和常用肥料的使用和保管方法。

2. 操作要求（应会）

（1）识别常见的园林植物（至少50种）和园林植物病虫害（至少10种）。

（2）按操作规程初步掌握园林植物的移栽、运输等主要环节。

（3）在中、高级技工的指导下完成修剪、病虫防治和肥水管理等工作。

（4）正确操作和保养常用的园林工具。

二、中级绿化工

1. 知识要求（应知）

（1）掌握绿地施工及养护管理规程。了解规划设计和植物群落配置的一般知识，能看懂绿化施工图样，掌握估算土方和识别植物材料的方法。

（2）掌握园林植物的生长习性和生长规律及其养护管理要求。掌握大树移植的操作规程和质量标准。

（3）掌握常见的园林植物病虫害的发生规律及常用药剂的使用。了解新药剂（包括生物药剂）的应用。

（4）掌握当地土壤的改良方法和肥料的性能及使用方法。

（5）掌握常用园林机具的性能及操作规程。了解一般原理及排除故障的办法。

2. 操作要求（应会）

（1）识别园林植物 80 种以上。

（2）按图样放样，估算工料，并按规定的质量标准，进行各类园林植物的栽植。

（3）按技术操作规程正确、安全地完成大树移植，并采取必要的养护管理措施。

（4）根据不同类型植物的生长习性和生长情况提出肥水管理的方案，进行合理的整形修剪。

（5）正确选择和使用农药，控制常见病虫害。

（6）正确使用常用的园林机具及设备，并判断和排除一般故障。

三、高级绿化工

1. 知识要求（应知）

（1）了解生态学和植物生理学的知识及其在园林绿化中的应用。

（2）掌握绿地的布局和施工理论，熟悉有关的技术规程和规范。掌握绿化种植、地形地貌改造知识。

（3）掌握各类绿地的养护管理技术，熟悉有关的技术规程和规范。

（4）了解国内外先进的绿化技术。

2. 操作要求（应会）

（1）组织完成各类复杂地形的绿地和植物配置的施工。

（2）熟练掌握常用观赏植物的整形、修剪和艺术造型。

（3）具有一门以上的绿化技术特长，并能进行总结。

（4）为初、中级技工进行示范操作，向他们传授技能，解决他们操作中的疑难问题。

参 考 文 献

[1] 李承水. 园林树木栽培与养护 [M]. 北京：中国农业出版社，2007.

[2] 王玉凤. 园林树木栽培与养护 [M]. 北京：机械工业出版社，2010.

[3] 罗锸. 园林植物栽培与养护 [M]. 重庆：重庆大学出版社，2006.

[4] 佘远国. 园林植物栽培与养护管理 [M]. 北京：机械工业出版社，2007.

[5] 张秀英. 园林树木栽培养护学 [M]. 北京：高等教育出版社，2005.

[6] 龚维红，赖九江. 园林树木栽培与养护 [M]. 北京：中国电力出版社，2009.

[7] 郭学望，包满珠. 园林树木栽植养护学 [M]. 2版. 北京：中国林业出版社，2004.

[8] 庞丽萍，苏小惠. 园林植物栽培与养护 [M]. 郑州：黄河水利出版社，2012.

[9] 魏岩. 园林植物栽培与养护 [M]. 北京：中国科学技术出版社，2003.

[10] 陈有民. 园林树木学 [M]. 北京：中国林业出版社，1990.

[11] 《绿化施工养护》编写组. 绿化施工养护 [M]. 北京：城乡建设环境保护部市容园林局出版，1984.

[12] 吴泽民. 园林树木栽培学 [M]. 北京：中国农业出版社，2003.

[13] 吕晓琴，张彦林. 园林植物栽培与养护技术 [M]. 西安：西北农林科技大学出版社，2014.

[14] 赵彦杰. 园林实训指导 [M]. 北京：中国农业大学出版社，2007.

[15] 农业部农民科技教育培训中心，中央农业广播电视学校组编. 园林绿化工 [M]. 北京：中国农业大学出版社，2007.

[16] 何桂林，季志平，吕平会，等. 园林养护工培训教材 [M]. 北京：金盾出版社，2008.

[17] 郭世荣. 无土栽培学 [M]. 北京：中国农业出版社，2003.

[18] 杭州市园林文物局，杭州市劳动和社会保障局. 园林绿化：初、中级 [M]. 杭州：浙江科学技术出版社，2009.

[19] 祝遵凌，王瑞辉. 园林植物栽培养护 [M]. 北京：中国林业出版社，2005.

[20] 王振龙. 无土栽培教程 [M]. 北京：中国农业大学出版社，2008.

[21] 王秀娟，张兴. 园林植物栽培技术 [M]. 北京：化学工业出版社，2007.

[22] 王明启. 花卉无土栽培技术 [M]. 沈阳：辽宁科学技术出版社，2001.

[23] 石进朝. 园林植物栽培与养护 [M]. 北京：中国农业大学出版社，2012.

[24] 虞佩珍. 花期调控原理与技术 [M]. 沈阳：辽宁科学技术出版社，2003.

[25] 蔡绍平. 园林植物栽培与养护 [M]. 武汉：华中科技大学出版社，2011.

[26] 周兴元，李晓华. 园林植物栽培 [M]. 北京：高等教育出版社，2011.

[27] 潘文明. 园林技术专业实训指导 [M]. 苏州：苏州大学出版社，2009.

[28] 高新一，王玉英. 林木嫁接技术图解 [M]. 北京：金盾出版社，2009.

[29] 赵文东. 葡萄保护地栽培技术 [M]. 北京：中国农业出版社，1998.

[30] 朱更瑞. 大棚桃 [M]. 北京：中国农业科技出版社，1999.

[31] 住房和城乡建设部. CJJ 82—2012 园林绿化工程施工及验收规范 [S]. 北京：中国建筑工业出版社，2013.

[32] 国家质量技术监督局. GB 6000—1999 主要造林树种苗木质量分级 [S]. 北京：中国标准出版社，2004.

［33］朱华明，冯义龙．我国花卉的设施栽培现状分析［J］．江西农业学报，2007，19（9）：48－49，68.

［34］陈殿奎．我国设施园艺生产技术引进吸收情况［J］．农业工程学报，2000（06）：10.

［35］马红霞．花卉业九大待解决问题［J］．河南科技报，2001（11）：5－7.

［36］熊丽．云南花卉的栽培设施及发展思路［J］．农材实用工程技术：温室园艺，2005（1）：18－21.

［37］中国温室网．全球设施农业发展呈六大趋势［J］．农材实用工程技术：温室园艺，2003（5）：32.

［38］中国农业机械化科学研究院．国内外设施农业装备技术发展趋势［J］．农机科技推广，2004（12）：6－7，14.

［39］孟祥红，李红霞，薛玉祥，等．杏树日光温室栽培试验［J］．中国果树，2001（6）：15－17.

［40］王涛，陈伟立，陈丹霞，等．翠冠梨大棚栽培光温变化及生长发育规律研究［J］．安徽农学通报，2007，13（10）：78－80.

［41］王涛，林媚，王海琴，等．设施条件下4个中熟沙梨品种果实发育及糖酸含量的变化［J］．中国农学通报，2008，24（8）：350－354.

［42］冯孝严，李淑珍，蒋明杉，等.10个油桃品种温室栽培表现［J］．中国果树，2000（2）：18－19.

［43］邵泽信．保护地栽培葡萄间作草莓的技术［J］．落叶果树，2001，33（1）：36－37.

［44］刘华堂，周作山，李臣民，等．冬暖式大棚栽培甜油桃的实用技术［J］．落叶果树，2001，33（3）：24－25.

［45］史绪堂，李传鲁，时向东．早蟠桃设施栽培试验［J］．落叶果树，2000，32（3）：31－32.

［46］李宝田，谢犁春，李晓春，等．极晚熟桃延迟成熟日光温室盆栽技术［J］．中国果树，2001（2）：37－39.

［47］吴力军，赖圣聪，陈海潮．南方巨峰葡萄避雨栽培研究［J］．中国南方果树，1997，26（1）：44.

［48］张才喜，史益敏，李向东．南方葡萄设施栽培的现状与趋势［J］．上海农学院学报，1998，16（1）：54－58.

［49］赵再兵．葡萄避雨栽培的优点及配套管理技术［J］．柑橘与亚热带果树信息，2002，18（3）：36－37.

［50］王涛．植物扦插繁殖技术［M］．北京：北京科学技术出版社，1989.

教材使用调查问卷

尊敬的教师：

　　您好！欢迎您使用机械工业出版社出版的"高职高专园林专业系列规划教材"，为了进一步提高我社教材的出版质量，更好地为我国教育发展服务，欢迎您对我社的教材多提宝贵的意见和建议。敬请您留下您的联系方式，我们将向您提供周到的服务，向您赠阅我们最新出版的教学用书、电子教案及相关图书资料。

　　本调查问卷复印有效，请您通过以下方式返回：

邮寄：北京市西城区百万庄大街 22 号机械工业出版社建筑分社（100037）

　　　时　颂　（收）

传真：010-68994437（时颂收）　　　　　　E-mail：2019273424@ qq. com

一、基本信息

　　姓名：＿＿＿＿＿＿　职称：＿＿＿＿＿＿＿＿＿　职务：＿＿＿＿＿＿＿＿

　　所在单位：＿＿＿＿＿＿＿＿＿＿＿＿＿＿＿＿＿＿＿＿＿＿＿＿＿＿＿＿

　　任教课程：＿＿＿＿＿＿＿＿＿＿＿＿＿＿＿＿＿＿＿＿＿＿＿＿＿＿＿＿

　　邮编：＿＿＿＿＿＿＿　地址：＿＿＿＿＿＿＿＿＿＿＿＿＿＿＿＿＿＿＿

　　电话：＿＿＿＿＿＿＿　电子邮件：＿＿＿＿＿＿＿＿＿＿＿＿＿＿＿＿＿

二、关于教材

1. 贵校开设土建类哪些专业？

☐建筑工程技术　　　　☐建筑装饰工程技术　　　　☐工程监理　　　　☐工程造价

☐房地产经营与估价　　☐物业管理　　　　　　　　☐市政工程　　　　☐园林景观

2. 您使用的教学手段：　☐传统板书　　☐多媒体教学　　☐网络教学

3. 您认为还应开发哪些教材或教辅用书？＿＿＿＿＿＿＿＿＿＿＿＿＿＿＿＿＿

4. 您是否愿意参与教材编写？希望参与哪些教材的编写？

　　课程名称：＿＿＿＿＿＿＿＿＿＿＿＿＿＿＿＿＿＿＿＿＿＿＿＿＿＿＿＿

　　形式：　☐纸质教材　　☐实训教材（习题集）　　☐多媒体课件

5. 您选用教材比较看重以下哪些内容？

☐作者背景　　☐教材内容及形式　　☐有案例教学　　☐配有多媒体课件

☐其他＿＿＿＿＿＿＿＿＿＿＿＿＿＿＿＿＿＿＿＿＿＿＿＿＿＿＿＿＿＿＿

三、您对本书的意见和建议（欢迎您指出本书的疏误之处）＿＿＿＿＿＿＿＿＿

＿＿＿＿＿＿＿＿＿＿＿＿＿＿＿＿＿＿＿＿＿＿＿＿＿＿＿＿＿＿＿＿＿＿＿

＿＿＿＿＿＿＿＿＿＿＿＿＿＿＿＿＿＿＿＿＿＿＿＿＿＿＿＿＿＿＿＿＿＿＿

四、您对我们的其他意见和建议＿＿＿＿＿＿＿＿＿＿＿＿＿＿＿＿＿＿＿＿

＿＿＿＿＿＿＿＿＿＿＿＿＿＿＿＿＿＿＿＿＿＿＿＿＿＿＿＿＿＿＿＿＿＿＿

＿＿＿＿＿＿＿＿＿＿＿＿＿＿＿＿＿＿＿＿＿＿＿＿＿＿＿＿＿＿＿＿＿＿＿

请与我们联系：

100037　北京百万庄大街 22 号

机械工业出版社·建筑分社　时颂　收

Tel：010-88379010（O），6899 4437（Fax）

E-mail：2019273424@ qq. com

http：//www. cmpedu. com（机械工业出版社·教材服务网）

http：//www. cmpbook. com（机械工业出版社·门户网）

http：//www. golden-book. com（中国科技金书网·机械工业出版社旗下网站）